CATALOGUE

DE LA

BIBLIOTHÈQUE

DE LA VILLE DE LOUVIERS.

CATALOGUE

DE LA

BIBLIOTHÈQUE

DE LA VILLE DE LOUVIERS

Publié en exécution de l'article 38 de l'Ordonnance
royale du 22 Février 1839

PAR L. BRÉAUTÉ

BIBLIOTHÉCAIRE

ROUEN
IMPRIMÉ CHEZ ALFRED PÉRON
SUCCESS. DE N. PERIAUX
RUE DE LA VICOMTÉ, 55.

—

1843

NOTICE

SUR LA

BIBLIOTHÈQUE DE LOUVIERS.

Le fonds de la Bibliothèque de la ville de Louviers est formé des Bibliothèques de la Chartreuse, de Bon-Port et des Deux-Amants [1]. Saint-

---

[1] La *Chartreuse*, commune d'Aubevoie, près de Gaillon. — *Bon-Port* (ordre de Cisteaux), près de Pont-de-l'Arche. — Les *Deux-Amants*, prieuré situé sur la côte de ce nom, commune d'Amfreville-sous-les-Monts. Cette commune, dans la première division territoriale, dépendait du district de Louviers.

François et Sainte-Barbe [1] possédaient aussi quelques livres. Nous ignorons si les dépouilles de ces monastères ont été jetées dans les charrettes qui, vers 1793, ont transporté à l'hôtel de ville ces milliers de volumes restés sans maîtres après l'évacuation des maisons religieuses. Les archives de la mairie ne fournissent aucune note sur cette translation; même lacune dans celles du département.

Une délibération du 20 octobre 1806, concernant le budget pour 1807, est le premier acte municipal qui révèle l'existence d'une Bibliothèque à Louviers. 300 fr. sont mis à la disposition du maire pour rétablir quelque ordre dans cette Bibliothèque, et en faire dresser le Catalogue. Dans les années suivantes, on voit encore le Conseil donner un souvenir à ces malheureux livres entassés pêle-mêle dans les greniers de l'hôtel de ville. On voit même figurer dans le

---

[1] *Saint-François* (tiers ordre), couvent de Louviers, rue de l'Ile, dont le local sert aujourd'hui de maison d'arrêt. — *Sainte-Barbe* (même ordre), près de Louviers, sur le bord de la route d'Evreux.

budget le traitement d'un bibliothécaire. (Compte des recettes et dépenses pour 1809. — 7 août 1810, discussion du budget pour 1811, — 20 septembre 1811, compte d'administration de 1810. — 11 août 1812, cahier d'observations, — 5 juillet 1813, cahier d'observations.)

Il n'est plus question de la Bibliothèque jusqu'en 1831. Le 11 mars 1831, le Conseil nomme une Commission qui est chargée d'examiner l'état des livres, et de faire un rapport sur le parti à prendre à cet égard. Les changements survenus dans le Conseil municipal, par suite de la loi du 21 mars 1831, nécessitent la nomination d'une Commission nouvelle, qui, dans son rapport du 6 août de cette même année, propose la mise en ordre des livres et leur placement dans un local dépendant de l'hôtel de ville. Le Conseil adopte les conclusions de la Commission. Plus tard, par délibération du 21 novembre 1832, il vote des fonds pour faire face aux dépenses de premier établissement, et décide en même temps la vente des livres doubles et dépareillés, vente qui a eu lieu au commencement de 1833. La Biblio

— 4 —

thèque possède seulement, aujourd'hui, environ 5,000 volumes de l'ancien fonds. Il en a été vendu un nombre à peu près égal ; mais les richesses des maisons religieuses étaient beaucoup plus considérables [1]. Les pertes s'expliquent par le désordre de la translation [2], et par le pillage inexcusable auquel, au vu et au su de tout le

---

[1] En admettant que, parmi les 5,000 volumes vendus, il se soit trouvé un millier de volumes d'ouvrages complets, et en ne donnant qu'un frère à chacun des quatre autres mille volumes, nous établissons le calcul suivant :

Ouvrages complets, vendus (doubles et autres).	1,000 vol.
Ouvrages dépareillés, vendus.	4,000 vol.
Nombre égal présumé.	4,000 vol.
Ouvrages restants	5,000 vol.
Ce calcul fait conjecturer que la collection de livres dévolue à notre Bibliothèque, par la loi qui dépossédait les établissements religieux, était d'environ.	14,000 vol.

[2] Cependant, l'Assemblée nationale avait pris des mesures pour la conservation des Bibliothèques appartenant aux monastères. (*Voir* les décrets des 14-27 novembre 1789, 20-26 mars 1790, 13-19 octobre 1790.) C'est probablement en exécution de ces décrets qu'ont été faites les copies (appartenant à la Bibliothèque des Sciences, Arts et Belles-Lettres d'Evreux), des Catalogues de *la Chartreuse*, *de Bon-Port et des Deux-Amants*.

monde, les livres ont été abandonnés depuis leur entrée sous les combles de l'hôtel de ville jusqu'à l'époque du classement en 1832.

L'inauguration de la Bibliothèque a eu lieu le 14 avril 1833. Le discours d'ouverture a été prononcé par M. Lambert, maire.

M. Lambert mérite un souvenir honorable pour avoir fait mettre en ordre les quelques milliers de volumes qui gisaient dans la poussière depuis près de quarante ans.

Le Gouvernement nous a donné le grand ouvrage sur l'Égypte, le Voyage en Grèce, par Choiseul-Gouffier, le Voyage dans l'Arabie Pétrée, par M. Léon de Laborde, l'Expédition scientifique de la Morée, etc., etc., etc.

Depuis sa mise en ordre, la Bibliothèque n'a pas cessé d'avoir son article au budget municipal.

Un décret de la Convention du 22 germinal an II, prescrivait aux administrations de districts la rédaction des Catalogues de leurs Bibliothèques. Ce dernier décret ne paraît pas avoir été exécuté à Louviers. En toutes choses, quand il y a du mal, il faut presque toujours absoudre la loi, et n'accuser que les passions ou l'incurie de l'homme.

Sous l'administration du maire actuel, M. Guillaume Petit, elle a été dotée, sur ce budget, de quelques ouvrages appropriés aux besoins de notre population industrielle, et, entre autres, des Annales de chimie depuis 1789.

Le classement des livres et le Catalogue sont l'ouvrage de M. Bréauté, bibliothécaire. Bien que les membres du Comité de la Bibliothèque [1], et particulièrement M. Léopold Marcel, aient eu

---

[1] Le Comité a été nommé par arrêté de M. le Ministre de l'Instruction publique du 15 avril 1842, en exécution de l'ordonnance royale du 22 février 1839. Ce Comité, dont la plupart des membres avaient donné leurs soins à la Bibliothèque, antérieurement à l'arrêté qui les nomme, est composé de

MM.

Antoine, licencié-ès-sciences, directeur de l'Ecole supérieure ;
Cheuret, notaire, adjoint au maire ;
Dibon, membre de la Société des Antiquaires de Normandie ;
Duvaltier (Jules), propriétaire, secrétaire de la sous-préfecture ;
Guernet, président du Tribunal civil ;
Houel, ancien président du Tribunal civil ;
Marcel (Léopold), notaire ;
Renault, avocat,
Le comité délibère sous la présidence du maire.

quelque part à cet immense travail [1], il est juste de constater ici que si la ville a une Bibliothèque digne de ce nom, c'est au dévouement de M. Bréauté qu'elle en est redevable. On doit aussi des remerciements à M. Eugène Marcel [2], pour la rédaction du Catalogue des manuscrits.

---

[1] La plupart de ceux qui lisent ne se doutent guère de ce que c'est qu'un Catalogue. Imaginons-nous ce qu'il faut de connaissances, pour la rédaction d'un catalogue comme celui de la Bibliothèque royale. Quel travail persévérant, quels soins minutieux pour enregistrer généalogiquement toùt ce qui a été écrit par Dieu, sur Dieu, contre Dieu; sur la législation grecque, romaine, barbare, française, étrangère; sur la philosophie, les sciences, les arts, depuis la peinture et la musique jusqu'à l'art du nageur et du joueur de cartes; sur tous les sujets où s'est exercée la pensée de l'homme, en prose et en vers; enfin, sur l'histoire de tous les temps et de tous les lieux! Au milieu de cette immensité, vous trouvez sans peine, à l'aide d'un bon Catalogue, le livre dans lequel est traitée la science dont vous faites votre étude, le livre qui contient le fait historique que vous cherchez.

Nous ne voulons pas comparer les petites choses aux grandes; mais le Comité manquerait de justice envers le Bibliothécaire, s'il ne mettait pas nos concitoyens à portée d'apprécier les soins qu'il a fallu donner à la bibliothèque pour classer et cataloguer les 6,000 volumes que nous possédons.

[2] M. Marcel, actuellement notaire au Havre, a long-temps fait partie de la Commission de la Bibliothèque.

Il est à regretter qu'il n'ait pas eu à y inscrire tous ceux que nous ont laissés nos monastères.

Cette notice n'apprendra rien aux contemporains, mais elle dira à nos neveux d'où nous viennent nos livres et qui les a mis sur des rayons. Si on la jugeait inutile, n'aurions-nous pas une excuse en disant, avec l'un de nos plus célèbres bibliographes, qu'*après le plaisir de posséder des livres, il n'y en a guère de plus doux que celui d'en parler.* (Préface des *Mélanges.....*, par M. Charles Nodier.)

Août 1843.

CATALOGUE

DE LA

BIBLIOTHÈQUE

DE LA VILLE DE LOUVIERS.

THÉOLOGIE.

I. ÉCRITURE SAINTE.

1. *Texte et versions de la Bible; Livres séparés de l'Ancien Testament, en différentes langues.*

1. Biblia polyglotta, Mich. le Jay. *Parisiis, Vitré*, 1545, in-fol., 10 vol.
2. Biblia cum concordantiis veteris et novi Testamenti et sacrorum canonum. *Lugduni* impressum, per *Joan. Moylin*, 1520, in-fol., goth., fig. en bois.
3. Biblia sacra, emendata studio et opera Rob. Stephani. *Parisiis*, ex officinâ *Rob. Stephani*, 1540, gr. in-fol.

THÉOLOGIE.

4. Biblia sacra. *Lugduni*, 1541, in-fol., goth.

5. Biblia sacra, Vulgatæ editionis Sixti V et Clementis VIII auctoritate recognita, versiculis distincta, auctore J.-B. Duhamel. *Parisiis, Mariette*, 1706, in-fol.

6. Romanæ correctionis in latinis Bibliis editionis vulgatæ, jussu Sixti V, pont. max., recognitis, loca insigniora observata à Franc. Luca. *Antuerpiæ*, ex off. *Plantiniana*, 1608, in-4.

7. Biblia sacra, Vulgatæ editionis Sixti V, pont. max., jussu recognita, et Clementis VIII auctoritate edita. *Parisiis, è Typogr. regia*, 1653, in-4.

8. Le sainte Bible, traduite en français, le latin de la Vulgate à côté, avec de courtes notes tirées des SS. Pères et des meilleurs interprètes... et la concordance des quatre Évangélistes, en latin et en français, etc. *Liége, Broucard*, 1701, 4 tomes en 2 vol. in-fol., fig.

9. Le Psaultier de David, contenant 150 Pseaumes, avec les hymnes et cantiques de toute l'année; par le commandement du roy. *Paris, Mettayer*, 1586, in-4.

10. Les Pseaumes de David, traduits sur l'hébreu, avec des notes. (Dom Maur Dantine.) *Paris, Osmont*, 1739, in-12.

11. Job et les Psaumes, traduction nouvelle d'après l'hébreu; par Laurens. *Montauban, Forestié*, 1839, grand in-8.

2. *Textes et versions du Nouveau Testament et de ses livres séparés, en différentes langues.*

12. Novum Testamentum, græcè. *Lutetiæ, Rob. Stephanus*, 1546, in-16.
13. Novum Testamentum, græco-latinum, Vulgata interpretatione latina, à theologis Lovaniensibus quam diligentissimè recognita et emendata. *Coloniæ*, ex off. *Birckmannica*, 1592, in-8.
14. Novum Testamentum, græcè, cum Vulgata interpretatione latina, græcè contextus lineis inserta. Ex off. *Commeliniana*, 1599, in-8.
15. Novum Jesu-Christi Testamentum complectens præter Vulgatam, Guidonis Fabricii è Syriaco, et Benedicti Ariæ Montani translationes, insuper D. Erasmi Roterodami authoris damnati versionem permissam. *Antuerpiæ, Joan. Keerbergius*, 1616, in-fol.
16. Novum Testamentum græcum, cum vulgata interpretatione latina græcè contextus lineis inserta. *Genevæ, Crispinus*, 1622, in-12.
17. Sanctorum Apostolorum acta, ex arabica translatione latinè reddita : addita obscurorum aliquot difficiliumque locorum interpretatione, per Franciscum Junium Biturigem. *Francofurti, Wechelus*, 1581, in-8.

A la suite : 1° S. Pauli apostoli ad Corinthios epistolæ duæ, ex arabica translatione recens latinè factae, ab eodem auctore.—2° Ecclesiastici, sive de natura et administrationibus ecclesiae Dei libri tres, ab eodem auctore.

18. Nuevo Testamento de nuestro redemptor y sinor Jesu Christo, in-12.
Le titre manque.

3. *Harmonie et concorde des Evangiles; concordance de l'Ecriture sainte.*

19. Harmonia evangelica, auth. Prothasius Henriet. *Parisiis, Thierry,* 1660, in-4.

20. Evangeliorum Harmonia graeco-latina, authore Nicolao Toinard. *Parisiis, Martin,* 1709, gr. in-fol.

21. Sacrorum bibliorum Vulgatae editionis Concordantiae, ad recognitionem jussu Sixti V, pont. max., Bibliis adhibitam, recensitae atque emendatae, primum à Fr. Luca, nunc denuò variis locis expurgatae ac locupletatae cura et studio Huberti Phalesii..... *Antuerpiae,* ex off. *Plantiniana,* 1642, in-fol.

22. Sacrorum bibliorum Concordantiae, etc. *Lugduni, Jullieron,* 1665, in-4.

23. Sacrorum bibliorum Vulgatae editionis Concordantiae. *Lugduni, De Ville,* 1677, in-4.

24. Bibliorum sacrorum Concordantiae morales et historicae. *Antuerpiae,* ex offic. *Plantin.,* 1625, in-4.

25. Concordia librorum Regum et Paralipomenon, complectens historiam regum Israel et Juda, cum annotationibus (autore J.-B. Lebrun Desmarettes, juvante Nic. Le Tourneux.) *Lutet. Parisiorum, Guil. Desprez*, 1691, in-4.

4. *Histoires abrégées et figures de la Bible entière, ou relatives à quelques-unes de ses parties.*

26. Theatrum terræ sanctæ, et biblicarum historiarum, cum tabulis geographicis ære expressis; auctore Christiano Adrichomio, Delpho. *Colon. Agrippinæ*, ex off. *Birckmannica*, 1629, in-fol.

27. Compendium biblicum metro-memoriale in quo universa veteris et novi Testamenti loca insigniora ita comprehenduntur, ut quà facilitate res memoratur, eâdem etiam ubi extet, resciatur; per Gasparem Simonidem. *Lugduni Batavorum, Commelinus*, 1628, in-12.

28. Histoire sainte, par Nicolas Talon, jésuite. *Paris, Sébastien Cramoisy*, 1659, in-fol., frontisp., 2 vol.

29. Figures de la Bible. *La Haye, Pierre de Hondt*. 1728, gr. in-fol.
(Donné par M. Guillaume Petit.)

30. Allegoriæ simul et Tropologiæ in locos utriusque Testamenti selectiores judicio collectæ. *Parisiis, Guillard*, 1551, in-8.

31. Florus biblicus, sive Narrationes ex historia sacra

THÉOLOGIE.

Testamenti veteris selectæ, à Michaele Pexenfelder. *Straubingæ, Haan,* 1772, in-fol., frontisp.

32. Vita Jesus Christi domini ac salvatoris nostri, ex evangelio, et approbatis ab ecclesia catholica, doctoribus sedulè collecta per Ludolphum de Saxonia, cum annotationibus Jodoci Badii Ascensii. *Parrhisiis* impressa, per *Uldaricum Gering* et *Bertholdum Rembolt,* socios, 1502, in-fol., goth.

33. Ludovici Saxonis vita Christi. *Parrhisiis* impressa, per *Uldaricum Gering* et *Bertholdum Rembolt,* socios, 1502, in-fol., goth.

34. Vita Jesu Christi redemptoris, per Ludolphum de Saxonia... *Parrhisiis, Joan. Parvus,* 1529, in-fol., goth., frontisp.

35. Ludolphus Carthusiensis in vita Christi. In-fol., goth., sans date.

36. La vie de Jésus-Christ notre sauveur, ou à vrai dire le patron et l'exemplaire de la vie des chrétiens, traduite du latin de Ludolphe de Saxe, par le sieur de Fresnoy, avocat au Parlement. *Paris, De la Noüe,* 1582, in-fol., 2 vol.

37. Explication de l'ouverture du côté et de la sépulture de Jésus-Christ, suivant la concorde (par Duguet). *Bruxelles, Foppens* (Paris), 1731, in-8.

38. Genealogia Jesu Christi redemptoris nostri secundum Mattheum accuratissimè explicata, auctore fratre Stephano de Salazar, monacho Cartusiano. *Lugduni, Carolus Pesnot,* 1584, in-8.

A la suite : Concio habita ad capitulum generale sacri Ordinis cartusiensis, hoc anno 1584, per V. P. D. Alph. Salazar. *Lugduni, Ancelin,* 1584.

5. *Interprètes juifs et chrétiens de l'Ecriture sainte.*

39. Plantavitis, seu Thesaurus synonimicus hebraico-chaldaico-rabbinicus; auctore J. Plantavitio Pausano. *Lodovæ,* 1645, in-fol., frontisp.

40. Nicolai de Lyra postillæ in vetus Testamentum. In-fol., goth., tomes 1 et 3.

41. Textus Biblie, cum glossa ordinaria, Nicolai de Lyra postilla, moralitatibus ejusdem; Pauli Burgensis additionibus; Matthiæ Thoring replicis. In-fol., goth., tomes 1 et 6.

42. Biblia sacra, cum postillis Nicolai de Lira, cumque additionibus Pauli Burgensis ac replicis Matthiæ Dorinck. *Venetiis, Nicolaus Jenson,* 1488, in-fol., goth., 4 vol.

43. Repertorium alphabeticum sententiarum præstantium, et scitu dignarum vet. et nov. Test. content. excerptarum ex glossa ordinaria, glossa interlineari, postilla literali et morali Nicolai de Lira. 1508, in-fol.

44. Biblia maxima, cum annotationibus Nicol. de Lyra, Joan. Gagnæi, Guil. Estii, Joan. Menochii, et Jac. Tirini; auctore Joan. de La Haye. *Lutet. Parisiorum,* 1660, in-fol., 19 vol., frontisp. et portrait de La Haye.

45. Biblia sacra, cum glossa ordinaria, primum quidem à Strabo Fuldensi monacho benedictino; nunc verò novis patrum, cum græcorum, tum latinorum explicationibus locupletata, et postilla Nicolai de Lyra, necnon additionibus Pauli Burgensis episcopi, et Matthiæ Thoringi replicis, opera et studio theologor. Duacensium diligentissimè emendatis. *Duaci, Baltazar Bellerus,* 1617, in-fol., 6 vol., frontisp.

46. Cornelius à Lapide Commentar. in sacr. scripturam. *Antuerpiæ,* 1648, in-fol., frontisp., 11 v.

47. Alphonsi Tostati hispani Abulensis episcopi opera omnia. *Coloniæ Agrippinæ,* 1613, in-fol., frontisp., 13 vol.

48. Domini Hugonis de Sancto Charo expositio in evangelia et in psalmos Davidicos. *Parisiis, Jehan Petit,* 1530, in-fol., goth., 2 vol.

49. S. P. N. Eustathii archiepiscopi Antiocheni et martyris, in Hexahemeron commentarius, ac de Engastrimytho dissertatio adversus Origenem. — Item Origenis de eadem Engastrimytho. — Leo Allatius primus in lucem protulit, latinè vertit : notas in Hexahemeron adjecit ; dissertationem de Engastrimytho syntagmate illustravit. *Lugduni, Durand,* 1629, in-4.

50. Nouvelles Dissertations sur plusieurs questions importantes et curieuses qui n'ont point été traitées dans le commentaire littéral sur tous les

livres de l'ancien et du nouveau Testament; par dom Calmet. *Paris*, 1720, in-4.

6. *Interprètes des livres séparés de l'ancien et du nouveau Testament.*

51. R. P. Benedicti Pererii Valentini Commentar. et Disputationes in Genesim. *Moguntiæ, Joan. Albinus*, 1612, in-fol.

52. Commentarii illustres planèque insignes in quinque masaicos libros, Thomæ de Vio Caietani, quondam cardinalis Sancti-Xisti, adjectis ad marginem annotationibus à Franc. Antonio Fonseca, Lusitano. *Parisiis, Joan. Parvus*, 1539, in-fol.

53. Pentateuchus historicus, sivè quinque libri historici, Josue, Judices, Ruth, ac I et II Regum, cum commentariis. *Parisiis, Jac. Quillau*, 1704, in-4.

54. Explication littérale de l'ouvrage des six jours, mêlée de réflexions morales (par Duguet). *Bruxelles, Foppens*, 1731, in-12.

55. Commentaire littéral sur le 4e livre des Rois et les deux livres des Paralipomènes (par dom Calmet). *Paris, Emery*, 1712, in-4.

56. Jacobi Perez de Valentia expositio in psalmos; accessit præterea expositio in cantica novi veterisque Testamenti; habetur insuper tractatus contra judæos... *Lutetiæ, Regnault*, 1533, in-fol., goth.

57. Liber psalmorum cum argumentis, paraphrasi et

annotationibus. *Lutetiæ Parisiorum, Pralard*, 1683, in-4.

58. Cornelii Jansenii episcopi Gandavensis Paraphrasis in omnes psalmos Davidicos, cum argumentis et annotationibus. *Antuerpiæ*, è typ. *Gisleni Jansenii*, 1614, in-fol., portrait de Jansenius.

59. D. Richardi Pampolitani anglo-saxonis eremitæ, in psalterium Davidicum atque alia quædam sacre scripture monumenta compendiosa juxtaque pia enarratio. *Coloniæ*, ex off. *Melchioris Novesiani*, 1536, pet. in-fol.

60. Catena aurea super psalmos. *Parisiis*, 1520, in-4, goth.

61. Psalmi Davidis vulgata editione, calendario hebræo, syro, græco, latino, argumentis et commentariis genuinum et primarium psalmorum sensum hebraïsmosque locuplitiùs quam priore editione aperientibus, à G. Genebrardo. *Parisiis, Lhuillier*, 1587, in-fol.

62. Interprétation des Pseaumes de David. *Paris, Cramoisy*, 1687, in-4, fontisp. et cartes.

63. Paraphrase des Pseaumes de David, par Ant. Godeau. *Paris*, 1648, in-4.

64. Paraphrase des cent-cinquante Pseaumes de David, tant littérale que mystique, par Antoine de Laval. *Paris, Ve Abel l'Angelier*, 1619, in-4, frontisp.

65. Paraphrase des cent-cinquante Pseaumes de Da-

vid, tant littérale que mystique, par Antoine de Laval. *Paris, L'Angelier*, 1614, in-4, frontisp.

66. Les Proverbes de Salomon traduits en français, avec une explication tirée des SS. Pères et des auteurs ecclésiastiques. *Paris, Desprez*, 1711, in-8.

67. Canticum canticorum Salomonis, versibus et commentariis illustratum; auctore Gilb. Genebrardo. *Parisiis, Gorbinus*, 1585, in-8.

68. Paraphrase en vers sur le Cantique des cantiques de Salomon, et sur quelques Pseaumes de David, in-8.

Le titre manque.

69. Isaïe, traduit en françois, avec une explication tirée des SS. Pères et des auteurs ecclésiastiques. *Paris, Josset*, 1675, in-8.

70. Jérémie et Baruch, traduits en françois, avec une explication tirée des SS. Pères et des auteurs ecclésiastiques. *Paris, Desprez*, 1690, in-8.

71. Hieronimi Prandi, et Joan. Bapt. Villalpandi in Ezechielem, explanationes et apparatus urbis ac templi hierosolymitani, commentariis et imaginibus illustratus. *Romœ*, 1596, in-fol., frontisp. et fig., 3 vol.

72. Ezéchiel traduit en françois, avec une explication tirée des SS. Pères et des auteurs ecclésiastiques. *Paris, Desprez*, 1698, in-8.

73. Susanna Danielica F. Joannis Dagoneau Cartusii

professi in monte Dei; accesserunt ad eam notæ. *Parisiis*, *Chappletus*, 1611, in-8.

74. Les douze petits prophètes traduits en françois, avec l'explication du sens littéral et du sens spirituel, tirée des SS. Pères et des auteurs ecclésiastiques. *Paris*, *Desprez*, 1694, in-8.

75. Benedicti Ariæ Montani hispalensis commentaria in duodecim prophetas. *Antuerp.*, ex off. *Plantiniana*, 1571, in-fol.

76. Nicolaus de Lyra in novum Testamentum. Impressum *Venetiis*, opera et impensis *Octaviani Scoti*, 1488, in-fol., goth.

77. Explication de saint Augustin et des autres pères latins sur le Nouveau Testament. *Paris*, *Roulland*, 1682, in-4, 2 vol.

78. Postille domini Hugonis cardinalis super epistolas et evangelia, tam de tempore, quam de sanctis. In-4, goth., sans date ni lieu d'impression.

79. Domini Hugonis cardinalis Postilla, seu divina expositio in quatuor evangeliorum apices. Impressa *Parrhisiis*, typis et caracteribus *Petri Vidouet*, 1530, in-fol., goth.

80. Angelici doctoris sancti Thomæ Aquinatis in evangelium beati Joannis evangelistæ aurea expositio. *Parrhisiis*, *Joan. de Porta*, 1520, in-fol., goth.

81. Commentaire littéral sur l'Évangile de saint Matthieu, par dom Augustin Calmet. *Paris*, *Pierre Emery*, 1715, in-4, cartes.

PHILOLOGIE SACRÉE.

82. Les Actes des Apôtres, traduits en françois, avec une explication tirée des SS. Pères et des auteurs ecclésiastiques. *Paris, Desprez,* 1770, in-8.
83. S. Thomæ de Aquino explanatio in epistolas beati Pauli. *Parisiis, Prevost,* 1532, in-fol., goth. Le titre manque.
84. Absolutissima in omnes beati Pauli et septem catholicas Apostolorum epistolas Commentaria. Auct. Guill. Estio. *Parisiis, Dupuis,* 1672, in-fol., 3 t. en 2 vol.
85. Observations historiques et théologiques sur l'Épistre de saint Paul aux Romains, avec une exacte traduction du grec, par François, archevesque de Rouen. *Gaillon,* 1641, in-8.
86. Le même ouvrage, même édition.

II. PHILOLOGIE SACRÉE.

Introduction à l'étude de l'Écriture sainte. Traités critiques sur les textes et versions de l'Écriture sainte, etc.

87. Dissertation préliminaire, ou Prolégomènes sur la Bible, par Louis Ellies Du Pin. *Paris, Pralard,* 1701, in-8, 3 vol.
88. Règles pour l'intelligence des saintes Écritures. *Paris, Jacques Estienne,* 1716, in-12.
89. De la Lecture de l'Écriture sainte contre les

paradoxes extravagans et impies de M. Mallet, docteur de Sorbonne, chanoine et archidiacre de Rouen, dans son livre intitulé : De la Lecture de l'Écriture sainte en langue vulgaire; (par Antoine Arnauld.) *Anvers, Simon Matthieu,* 1680, in-8.

90. Apparatus biblicus, sive manductio ad sacram scripturam tum clariùs tum faciliùs intelligendam. Auctore Bernardo Lamy. *Lugduni, Certe,* 1696, in-8, fig.

91. Apologia D. Friderici Staphyli recens aucta et recognita. De vero germanoque scripturæ sacræ intellectu. De sacrorum Bibliorum inidioma vulgare tralatione. De luteranorum concionatorum consensione latinitate donata, opera F. Laurentii Surii Carthusiani. *Coloniæ,* 1562, in-12.

92. Traitez de la vérité et de la connoissance des livres de la sainte Écriture, par dom Jean Martianay, de la congrégation de Saint-Maur. *Paris, Huart,* 1697, in-12.

93. Histoire critique du vieux Testament, par Richard Simon. *Amsterdam,* 1685, in-4.

94. Nouvelle Défense de la traduction du nouveau Testament imprimé à Mons; contre le livre de M. Mallet, docteur de Sorbonne, chanoine et archidiacre de Rouen, où les passages qu'il attaque sont justifiez, ses calomnies confonduës, et ses erreurs contre la foy réfutées (par Ant. Arnauld). *Cologne, Symon Schouten,* 1680, in-12.

PHILOLOGIE SACRÉE.

95. Isaaci Vossii de septuagenta interpretibus, eorumque tralatione et chronologiâ dissertationes. *Hag. Comitum, Ulacq*, 1661, in-4.

Dans le même volume: 1° Isaaci Vossii chronologia sacra; 2° Isaaci Vossii de vera ætate mundi; 3° Is. Vossii castigationes ad objecta Georgii Hornii; 4° Is. Vossii ad V. Cl. Andream Colvium epistola; 5° Is. Vossii responsio ad objecta Christiani schotani.

96. Disquisitiones biblicæ quatuor libris comprehensæ. Autore R. P. C. Frassenio Peronensi. *Lutetiæ Parisiorum, Roulland*, 1682, in-4.

97. Contradictiones apparentes sacræ scripturæ, in breviorem methodum olim collectæ à P. Dominico Magrio; nunc verò dimidia parte auctiores et correctiores prodeunt; auctore Jacobo Fabro. *Parisiis, Dubois*, 1685, in-12.

98. Critici sacri : sive Annotata doctiss. virorum in vetus ac novum Testamentum. *Amstelædami*, 1698, in-fol., 9 vol.

99. Synopsis criticorum aliorumque sacræ scripturæ interpretum, opera Matthæi Poli. *Londini*, 1669-80, 5 vol. gr. in-fol.

100. De tabernaculo fœderis, de sancta civitate Jerusalem et de templo ejus, libri septem; authore Bernardo Lamy. *Parisiis, Mariette*, 1720, in-f., fig.

101. Traité historique de l'ancienne Pâque des Juifs,

où l'on examine à fond la question célèbre : si J.-C. Notre-Seigneur fit cette Pâque la veille de sa mort; et ce que l'on en a cru. Avec de nouvelles preuves des deux prisons de saint Jean-Baptiste; par Bernard Lamy. *Paris*, 1693, in-12.

102. Dissertation sur sainte Marie-Magdeleine, pour prouver que Marie-Magdeleine, Marie, sœur de Marthe, et la femme pécheresse, sont trois femmes différentes ; par Anquetin, curé de Lyons. *Rouen, Maurry*, 1699, in-8.

103. Francisci Valesii de iis quæ scripta sunt physicè in libris sacris, sive de sacra philosophia, liber singularis. Cui, propter argumenti similitudinem, adjuncti sunt duo alii : nempè Levini Lemnii de plantis sacris; et Francisci Ruei de gemmis. *Lugduni, Soubron*, 1622, in-8.

104. Dictionnaire universel de l'Ecriture sainte; par Charles Huré. *Paris, Fr. Godard*, 1715, 2 vol. in-fol.

III. LITURGIE.

1. *Traités sur les Offices divins, les Rites et Cérémonies de l'Eglise.*

105. Rerum liturgicarum libri duo. Auctore Joan. Bona. *Parisiis, Billaine*, 1672, in-4, portrait.

106. Rationale divinorum officiorum Guilhelmi

LITURGIE.

Mimatensis ecclesiæ episcopi. Pet. in-fol., goth., sans date.

107. Ruperti abbatis monasterii Tuitiensis, è regione Agrippinæ Coloniæ, de divinis officiis libri XII Francisc. Birckman, 1526, in-fol.

108. Gabrielis Biel sacri canonis missæ tam mystica quam litteralis expositio. *Lugduni, Cleyn*, 1514, in-fol.

109. Idem opus. *Basileæ*, 1510, in-fol., goth.

110. Traité historique de la liturgie sacrée, ou de la messe, par Lazare-André Bocquillot. *Paris, Anisson*, 1701, in-8.

111. Examen et Résolutions des principales difficultés qui se rencontrent dans la célébration des saints mystères, par l'auteur du Traité des dispenses (Pierre Collet). *Paris*, 1753, in-12.

112. Les anciennes Liturgies, ou la manière dont on a dit la messe dans chaque siècle, dans les églises d'Orient, et dans celles d'Occident. *Paris, Nully*, 1697, in-8.

113. Elucidatorium ecclesiasticum ad officium ecclesiæ pertinentia planius exponens et quatuor libros complectens. *Parisiis*, ex offic. *Henr. Steph.*, 1515, in-fol.

114. De divina Psalmodia... Tractatus historicus, symbolicus, asceticus, autore Joanne Bona. *Parisiis, Ludovicus Billaine*, 1663, in-4.

115. De antiquis ecclesiæ ritibus libri quatuor,

opera et studio Edmundi Martene. *Rotomagi, Behourt*, 1700, in-4, 3 vol.

116. Psalterium Davidicum cum aliquot canticis, ecclesiasticis, litanie, hymni ecclesiastici. *Parisiis*, 1502, in-8, goth.

117. Cæremoniale episcoporum Clementis VIII, nunc denuò Innocenti papæ X auctoritate recognitum. *Romæ*, 1651, in-4, frontisp. et fig.

2. *Liturgie des Eglises grecques, orientales; de l'Eglise romaine et gallicane.*

118. Liturgiarum orientalium collectio, opera et studio Eusebii Renaudotti. *Paris, Coignard*, 1716, in-4, 2 vol.

119. Missale SS. Patrum latinorum, sive Liturgicon latinum, juxta veterum ecclesiæ catholicæ ritum; à Jacobo Pamelio. *Coloniæ, Quentilius*, 1609, in-4, 2 vol.

120. Heures en vers françois, dédiées à la Reyne, par Claude Sanguin. *Paris*, aux dépens de l'auteur, 1670, in-4, rel. mar. doré sur tr., avec des H couronnées sur les plats.

121. L'Ordre et les Cérémonies du Sacre et Couronnement du très chrestien Roy de France, latin et françois, traduict par M. Réné-Benoist Angevin, curé de Sainct-Eustache, à Paris. *Paris, Chesneau*, 1575, in-8.

3. *Liturgies particulières.*

122. Graduale ad usum sacri Ordinis cartusiensis, missis conventualibus tam de tempore quam de festo ac votivis inserviens. *Castris, Robert,* 1756, in-fol.
123. Idem opus, eadem editione.
124. Missale secundum Ordinem cartusiensium, in Cartusia Papie monachorum cura. 1561, in-fol., goth., frontisp. et fig. en bois.
125. Missale secundum Ordinem cartusiensium. 1556, in-fol., goth., fig. en bois.
126. De antiquis Monachorum ritibus libri quinque; studio et cura Edmundi Martene. *Lugduni,* 1690, in-4, 2 t. en 1 vol.
127. Idem, eâdem editione.
128. Cérémonial monastique des religieuses de l'abbaye royale de Montmartre-lez-Paris, ordre de Saint-Benoist, par dom Pierre de Sainte-Catherine. *Paris, Vitré,* 1669, in-4.

IV. CONCILES.

1. *Traités touchant les Conciles et les Synodes; Collections de Conciles.*

129. Notitia conciliorum sanctæ ecclesiæ; auctore Joan. Cabassutio. *Lugduni, Borde,* 1668, in-8.

130. Conciliorum omnium generalium et provincialium collectio regia. *Parisiis*, 1644, in-fol., frontisp., 37 vol.

Les tomes 24 et 29 manquent.

131. Sacro-sancta Concilia, ad regiam editionem exacta, studio Philippi Labbei et Gabr. Cossartii. *Lutetiæ Parisiorum*, impensis Soc. typogr. librorum ecclesiast., 1671, in-fol., 18 vol.

132. Concilia generalia græco-latina ecclesiæ catholicæ, Pauli V pont. max. auctoritate edita. *Romæ*, 1628, in-fol., 4 vol.

133. Codex canonum ecclesiæ primitivæ vindicatus ac illustratus; auctore Guilielmo Beveregio. *Londini*, *Roycroft*, 1678, in-4.

134. Omnium conciliorum historica synopsis; studio Phil. Labbe. *Lutetiæ Parisiorum*, 1661, in-4.

135. Tractatus historico-canonicus exhibens scholia in omnes canones conciliorum tam græcos quam latinos unanimi utriusque ecclesiæ græcæ et latinæ consensu probatos. Authore Zegero-Bernardo Van Espen. *Leodii*, *Hoyoux*, 1693, in-4.

136. Joannis Zonaræ monachi in omnes SS. apostolorum et sacrorum conciliorum, tam æcumenicor. quam provincialium, Commentarii, à viris doctissimis latinitate donati et annotationibus illustrati. *Lutetiæ Parisiorum, Typis regiis*, 1618, in-fol.

137. Nova collectio conciliorum. Steph. Balazius in unum collegit. *Parisiis*, *Muguet*, 1683, in-fol.

138. Summa omnium conciliorum et pontificum, collecta per F. Bartho. Carrauzam; accesserunt etiam Statuta quædam synodalia parisiensis et senonensis Ecclesiæ, etc. *Rothomagi, Du Petit-Val*, 1655, in-8.

2. *Conciles généraux, nationaux, provinciaux et diocésains.*

139. Sacro-sancti Concilii tridentini Paulo III, Julio III et Pio IV, PP. MM. celebrati canones et decreta. *Parisiis, Frédéric Léonard*, 1697, in-16, frontisp.

140. Sacros. Concilium tridentinum, additis declarationibus cardinalium, ex ultima recognitione Joannis Gallemart, et citationibus Joan. Sotealli... *Parisiis, Frédéric Léonard*, 1676, in-8.

141. Le saint Concile de Trente, célébré sous Paul III, Jules III et Pie IV; par l'abbé Chanut. *Paris, Cramoisy*, 1686, in-12, portr.

142. Le même. 1674, in-4.

143. Le saint Concile de Trente, œcuménique et général, célébré sous Paul III, Jules III et Pie IV, souverains pontifes, nouvellement traduit par l'abbé Chanut. 4e édition. *Rouen, Le Prévot*, 1705, in-8.

144. Notes sur le Concile de Trente, touchant les points les plus importants de la discipline ecclé-

siastique. (Recueillies par Étienne Rassicod, avocat des conférences tenues par De Caumartin, Bignon, Le Pelletier et De Besons.) *Cologne, Balthazar d'Egmont,* 1706, in-8.

145. Concilia, Decreta, Leges, Constitutiones in re ecclesiarum orbis britannici, opera Henrici Spelman. *Londini, Badger,* 1639, in-fol.

146. Concilium provinciale Ebrudini habitum anno domini 1727. *Gratianopoli,* 1728, in-4.

147. Synodicon ecclesiæ parisiensis, auctoritate Franc. de Harlay, parisiensis archiepiscopi. *Parisiis, Muguet,* 1674, in-8.

148. S. Rotomagensis ecclesiæ concilia ac synodalia decreta in unum corpus collecta, à Franc. Pommeraye. *Rotomagi,* 1677, in-4.

149. Idem opus, eâdem editione.

150. Acta Ecclesiæ mediolanensis, à Carolo cardinali, S. Praxedis archiep., condita. *Mediolani,* 1599, in-fol., 2 vol.

SAINTS-PÈRES.

1. *Introduction à l'étude des SS. Pères; Collections, Extraits et Fragments des ouvrages des SS. Pères.*

151. Maxima Bibliotheca veterum patrum et antiquorum scriptorum ecclesiasticorum. *Lugduni, Anisson,* 1677, in-fol., 27 vol.

152. Bibliotheca græcorum patrum Auctarium novissimum.... Opera et studio Fr. Combefis. *Parisiis, Fosset*, 1672, in-fol.

153. Græco-latinum patrum novum Auctarium. Tomus duplex, alter exegeticus, alter historicus et dogmaticus, opera et studio F. Combefis. *Parisiis, Ant. Bertier*, 1648, 2 vol. in-fol.

154. Bibliotheca græco-latina veterum patrum, seu scriptorum ecclesiasticorum. *Parisiis*, 1624, in-fol., 2 vol.

155. Veterum aliquot scriptorum, qui in Galliæ bibliothecis maxime Benedictinorum latuerant, Spicilegium; opera et studio Lucæ d'Acheri. *Parisiis, Carolus Savreux*, 1655, in-4, 11 vol.

156. La Méthode dont les SS. Pères se sont servis en traitant des mystères, par l'abbé de Moissy. *Paris, Coignard*, 1683, in-4.

157. Extraits des ouvrages de plusieurs Pères de l'église et auteurs modernes, sur différents points de morale (par Ambroise Lallouette.) *Paris, Jacques Estienne*, 1711, in-12.

158. Divers ouvrages de piété tirez des SS. Pères, traduits par le sieur de Laval (le duc de Luynes.) *Paris, Savreux*, 1664, in-8.

159. Sentences et Instructions chrestiennes tirées des anciens Pères de l'église, par le sieur de Laval (le duc de Luynes.) *Paris, Pierre Le Petit*, 1680, in-12, 2 vol.

160. Thesaurus novus anecdotorum, complectens epistolas et diplomata, opera et studio Edmundi Martene et Ursini Durand. *Lutetiæ Parisiorum*, 1717, 5 vol. in-fol.

161. Tradition des Pères et des auteurs ecclésiastiques, sur la contemplation, par Honoré de Sainte-Marie. *Paris*, *Nully*, 1708, 2 vol. in-8.

162. Ouvrages des SS. Pères qui ont vécu du temps des apôtres, contenant la lettre de saint Barnabé, le pasteur de Saint-Hermas, les lettres de saint Clément, de saint Ignace et de saint Polycarpe, avec des notes (par le père Legras), de l'Oratoire. *Paris*, 1717, in-12.

163. Homeliæ patrum Gregorii, Augustini, Hieronymi, Ambrosii, etc., super evangelia. In-fol., goth., sans date.

164. Museum Italicum, seu Collectio veterum scriptorum ex bibliothecis italicis eruta à D. Joanne Mabillon et D. Michaele Germain. *Paris*, 1687, in-4, 2 tomes en 1 vol., planches.

2. *Ouvrages des SS. Pères grecs.*

165. S. Joannis Chrysostomi opera, græce. *Etone*, *Norton*, 1613, in-fol., frontisp., 8 vol.

166. Divi Joan. Chrysostomi opera, latinè. *Lutetiæ Parisiorum, Chevallon,* 1536, in-fol., 5 vol.

167. Discours de S. Jean Chrysostome, où il prouve

que personne ne souffre de véritables maux que ceux qu'il se fait à soy-même, traduit par Charles Oudin. *Paris, Lambert,* 1664, in-12.

168. Divi Joannis Chrysostomi in textum Geneseos librum homeliæ sexaginta sex. *Paris, Jehan Petit,* 1524, in-fol.

169. Joannis Chrysostomi quatuor homeliæ in psalmos et interpretatio Danielis, gr. et lat. *Lutetiæ Parisiorum, Billaine,* 1661, in-4.

170. Homélies ou Sermons de S. Jean Chrysostôme, sur l'épistre de saint Paul aux Romains (traduites par Fontaines.) *Paris, Roulland,* 1675, in-8.

171. Homélies ou Sermons de saint Jean Chrysostôme, traduits en françois par Paul-Antoine de Marsilly. *Paris, Le Petit,* 1664, in-4, 2 vol.

172. Divi Chrisostomi homeliæ. In-fol., goth., sans date.
Le premier volume manque.

173. Homélies ou Sermons de saint Jean Chrysostôme, sur l'épistre de saint Paul aux Romains *Paris, Roulland,* 1684, in-8.

174. Basilii Magni Cæsariensium in Cappadocia Antistitis sanctissimi opera. Impressa impensis *Jodoci Badii Ascensii,* 1521, in-fol.

175. S. Basilii Magni opera quæ ad nos latine pervenerunt omnia, emenda studio Andre Schotti, cum notis ejusdem, et Frontonis Ducæi. *Antuerpiæ, Aertsius,* 1616, in-fol.

176. Philonis Judæi omnia quæ extant opera græco-latina, ex accuratissima Sigismundi Gelenii et aliorum interpretatione. *Lutet. Parisiorum,* 1640, in-fol.

177. Les œuvres de Philon le juif, mises en françois par Pierre Bellier. *Paris, Sonnius,* 1575, in-fol., fig.

178. S. Patris nostri Cyrilli Hierosolymorum archiepiscopi Opera quæ supersunt omnia græco-latina. *Oxoniæ,* 1703, in-fol.

179. Polycarpi et Ignatii epistolæ unà cum vetere vulgata interpretatione latina ex trium manuscriptorum codicum collatione.... *Oxoniæ, Licfield,* 1644, in-4.

180. S. Patris nostri Justini philosophi et martyris opera; item Atenagoræ atheniensis, Theophili anthiocheni, Tatiani assyrii et Hermiæ philosophi tractatus aliquot, quæ omnia græcè et latinè emendatiora prodeunt. *Parisiis, Sonnius,* 1636, in-f., portrait.

181. D. Epiphanii opera græco-latina. *Basileæ,* 1578, in-fol.

182. S. Dionysii areopagitæ opera omnia quæ extant græco et latina, studio et opera Balthasaris Corderii. *Lutetiæ Parisiorum, Cottereau,* 1644, in-fol., 2 vol.

183. S. Isidoris Pelusiotæ epistolarum ampliùs mille

ducentarum libri tres, nunc primùm græce editi. *Parisiis, Guil. Chaudière*, 1585, in-fol.
184. Origenis in sacras scripturas Commentaria græco-latina. *Rothomagi, Berthelinus*, 1608, gr. in-fol., 2 vol.
185. Divi Clementis opera quæ ad hunc usque diem extare comperta sunt. Accesserunt sermones apostolorum per eumdem Clementem in unam congesti, unà cum interpretatione Gregorii Holoandri. *Parisiis, Roigny*, 1544, in-fol.

3. *Ouvrages des SS. Pères et de quelques autres écrivains ecclésiastiques.*

186. Les Instructions de S. Dorothée, père de l'église grecque, et abbé d'un monastère de la Palestine, traduites de grec en françois (par l'abbé de Rancé.) *Paris, Muguet*, 1686, in-8.
187. S. Aurelii Augustini Hipponensis episcopi Opera; opera et studio monachorum ord. S. Bened. è congreg. S. Mauri. *Parisiis, Muguet*, 1679, in-fol., 7 vol.
188. S. Aur. Augustini operum omnium ante annum 1614, tam Basileæ quam Lutetiæ, Antuerpiæ, Lugdini et Venetiis editorum supplementum. *Parisiis, Piget*, 1654, in-fol., 2 vol.
189. Aurelii Augustini opus de civitate Dei. *Venetiis* impressum, *Nicolao Jenson*, 1475, pet. in-fol.

C'est le premier livre avec les épîtres de saint Jérôme, qui a été imprimé en caractères ronds.

190. Augustinus de civitate Dei cum commentar. 1490, in-fol., goth., fig. en bois.

191. S. Augustini milleloquium veritatis, opera Joannis Collierii. *Lutetiæ Parisiorum*, *Huré*, 1649, in-fol., 2 vol.

192. D. Augustini in sacras Pauli epistolas, nova et hactenus abscondita interpretatio, per venerabilem Bedam ex innumeris illius codicibus mira industria, summoque labore collecta. In-fol., goth.
Il manque des feuillets à la fin.

193. Les lettres de saint Augustin, traduites en françois sur l'édition nouvelle des PP. Bénédictins de la congrég. de Saint-Maur (par Dubois). *Paris*, *Coignard*, 1684, in-fol., 2 vol.

194. Meditationes S. Augustini et S. Bernardi. *Lugduni*, *Juntas*, 1570, in-16.

195. D. Augustini confessionum libri tredecim. *Coloniæ Agrippinæ*, *Birckman*, 1604, in-16.

196. Les Confessions de saint Augustin, traduites en françois par Arnaud d'Andilly, avec le latin en regard. *Paris*, *Pierre Le Petit*, 1667, in-8.

197. Les Confessions de saint Augustin; traduction nouvelle sur l'édition latine des PP. Bénédictins de la congrég. de Saint-Maur. *Paris*, *Coignard*, 1686, in-12.

198. Les Confessions de saint Augustin, traduites en françois, par Arnaud d'Andilly, huitième édition. *Paris*, *Le Petit*, 1660, petit in-8.

199. Concordantiæ Augustianæ, sive Collectio sententiarum quæ sparsim reperiuntur in omnibus S. Augustini operibus, ad instar concordantiarum sacræ scripturæ. Labore Davidis Lenfant. *Lutetiæ Parisiorum, Cramoisy*, 1656, in-fol.

200. S. Augustini vita et indices; opera et studio monachorum ordinis S. Bened. è congr. S. Mauri. *Paris, Muguet*, 1700, in-fol., portrait.

201. Præclarissima D. Aur. Augustini sermonum opera. *Haguenaw, Henr. Grau*, 1521, in-fol., goth.

202. Le mystère de l'Eucharistie, expliqué par saint Augustin, avec un advis aux ministres de ne plus entreprendre d'alléguer saint Augustin pour eux; par Monseign. l'archev. de Rouen. *Paris, Boulanger*, 1633, in-8.

203. Traité de saint Augustin sur la grâce de Dieu, le libre arbitre de l'homme et la prédestination des Saints. *Paris, Cavelier*, 1757, in-12, 3 vol.

204. Les livres de la doctrine de saint Augustin, traduits en françois sur l'édition latine des PP. Bénédictins de la congrég. de S.-Maur (par De Villeflore.) *Paris, Coignard*, 1701, in-8.

205. Divi Gregorii primi opera. Impressum est *Parrhisiis*, apud *Claudium Chevallon*, 1532, in-f., goth.

206. B. Gregorii papæ opera. In-fol., goth.
   Le titre manque.

207. S. Gregorii papæ opera. *Lutetiæ Parisiorum,* impensis *Societatis typograph.* libr. officii eccles. 1675, in-fol., 3 vol.

208. Gregorii magni moralia. Impressum *Parisiis,* per *Uldaricum Gering* et *Berth. Rembolt,* 1495, in-fol., goth.

209. Dialogues et entretiens de S. Grégoire-le-Grand. *Paris,* 1691, in-12.

210. Les quarante Homélies ou Sermons de saint Grégoire-le-Grand, sur les évangiles de l'année, (par le duc de Luynes.) *Paris, Pierre Le Petit,* 1665, in-4.

211. S. Hieronymi omnia opera quæ extant; Mariani Victorii Reatini labore et studio. *Parisiis,* 1643, 9 t. en 4 vol. in-fol., portrait.

212. Epistolæ beati Hieronymi. 2 vol. pet. in-fol. goth., *Bâle,* 1492, frontisp.

213. Liber epistolarum S. Hieronymi. 1508, in-fol., 3 vol., frontisp.

214. Divi Hieronymi stridonensis episcopi Epistolæ selectæ; opera Petri Canisii. *Ticini,* 1627, in-8.

214 bis. Idem. *Parisiis, Léonard,* 1666, in-12, portrait.

215. Divi Hieronymi stridonensis Epistolæ selectæ, et in libros tres distributæ, opera D. Petri Canisii. *Parisiis, Léonard,* 1666, in-12.

216. Les Epistres familières de S. Hiérosme, in-4.
    Le titre manque.

217. Lettres de S. Jérosme, divisées en trois livres, traduction nouvelle, dédiée à Monseig. le Dauphin. *Paris, Léonard*, 1672, in-8.

218. Les mêmes, même édition.

219. Les Épistres de S. Hiérosme, appellées familières ; de la traduction de Pierre Bonnet, avignonois. Seconde édition. *Paris*, 1657, in-8.

220. Épistres familières de S. Hierosme, divisées en trois livres ; traduites du latin en françois par Jean de Lavardin. *Paris, Chaudières*, 1600, in-12.

221. D. Cœcilii Cypriani carthaginiensis episcopi opera. *Parisiis*, 1633, in-fol.

222. S. Cœcilii Cypriani opera, Nicolai Rigalti observationibus ad veterum exemplarium fidem recognita et illustrata. *Parisiis, Du Puis*, 1649, in-fol.

223. Les OEuvres de S. Cyprien, évesque de Carthage, traduites par Lombert. *Rouen, Le Prevost.* 1716, in-4, 2 t. en 1 vol.

224. Les mêmes. *Paris, Pralard*, 1672, in-4.

225. D. Bernardi opera omnia. *Parisiis, è Typographia regia.* 1640, gr. in-fol., 6 vol., frontisp.

226. Sermones beati Bernardi abbatis Clarevallis. Petit in-fol., goth., sans date ni lieu d'impression.

227. S. Bernardi sermones de tempore et de sanctis. *Parisiis, Léonard*, 1666, in-4.

228. Les Sermons de S. Bernard, sur le Cantique

des cantiques. (Traduits par Pierre Lombert.) *Paris, Jean du Puis*, 1663, in-4.

229. Les lettres de S. Bernard, traduites par dom Gabriel de Sainct-Malachie. *Paris, Méturas*, 1649, in-4, 2 vol.

230. S. Ambrosii mediolanensis episcopi Opera, ad manuscriptos codices, vaticanos, gallicanos, belgicos, etc. Nec non ad editiones veteres emendata, studio et labore monachorum ord. S. Bened. è congr. S. Mauri. *Paris, Coignard*, 1686, in-fol., 2 vol., frontisp. et portrait de Harlay.

231. D. Ambrosii epistolæ. *Mediolani*, per *Ant. Zoratum*, 1491, pet. in-fol.

232. S. Ambrosii opusculum de officiis. Impressum per *Uldericum Seinzenzeler*, 1488, in-4.

233. Joannis Gersonis opera. *Parrhisiis*, apud *Joannem Parvum*, 1521, in-fol., 4 t. en 2 vol., goth.

234. Prima pars operum magistri Johannis de Gerson. 1494, in-fol., goth., fig. en bois.

235. Joannis Gersonii opera omnia, opera et studio Lud. Ellies du Pin. *Antuerp.*, 1706, in-fol., 5 vol.

236. Brunonis Carthusianorum patriarchæ sanctissimi opera et vita. *Parisiis, Jod. Badius Ascensius*, 1524, in-fol., fig.

C'est dans cette édition que l'on a représenté, par de petites figures en bois, l'aventure supposée d'un chanoine de Paris, qui, étant mort, se leva dans son cercueil, et déclara qu'il était accusé, jugé et condamné.

237. Opera omnia S. Brunonis chartusianorum patriarchæ præstantissimi, studio Theodori Petrei. *Coloniæ, Gualtherus*, 1611, in-fol., frontisp.

238. Joannis Cassiani opera omnia, cum commentariis D. Olardi Gazæi, ord. S. Bened. *Parisiis, Cottereau*, 1642, in-fol.

239. D. Joan. Cassiani Monasticorum institutionum libri IV. De capitalibus vitiis, libri VIII. Collationes SS. Patrum XXIV. De verbi incarnatione libri VII. Opera et studio Henr. Cuyckii. *Antuerp., Plantinus*, 1578, in-8.

240. Joannis Cassiani eremitæ, de institutis renuntiantium libri XII. Collationes Sanctorum Patrum XXIV. Adjectæ sunt quarundam obscurarum dictionum interpretationes ordine alphabeti dispositæ, etc. Accessit regula S. Pachomii, quæ à S. Hieronymo in latinum sermonem conversa est. *Lugduni*, sumptibus *Petri Landry*, 1606, in-8.

241. Les Institutions de Cassien, traduites en françois, par De Saligny. *Paris, Savreux*, 1667, in-8.

242. Les Conférences de Cassien, traduites en françois, par De Saligny. *Paris, Savreux*, 1663, in-8.

243. S. Bonaventuræ opera, Sixti V pont. max. jussu diligentissimè emendata. *Moguntiæ*, 1609, in-fol., 7 t. en 3 vol., frontisp. et portrait.

244. Divus Bonaventura in tertium et quintum lib. sententiarum. Impressum per *Anthonium Roberger*, 1500, in-fol., goth.

245. M. Aurelii Cassiodori senatoris V. C. opera omnia quæ extant. *Genevæ*, 1637, in-4.

246. M. Aurelii Cassiodori opera omnia, opera et studio J. Garetii, monachi ord. S. Bened. è congr. S. Mauri. *Rotomagi, Dezallier*, 1679, in-fol., 2 vol.

247. Divi Anselmi archiepiscopi Cantuariensis opera omnia, studio et opera D. Joannis Picardi Bellovaci canonici regularis ad S. Victoris Parisiensis. *Coloniæ Agripp.*, ex off. *Cholin*, 1612, in-fol., portr.

248. Opuscula beati Anselmi, archiepiscopi Cantuariensis, ord. S. Bened. *Parisiis, J. Parvus*, 1505, in-4, goth.

249. S. Optati Milevitani episcopi opera, cum observationibus et notis integris G. Albaspinæi, Franc. Balduini.... Accedunt Facundi Hermianensis episcopi pro tribus capitulis Concilii calched. libri XII, cum annotationibus Jac. Sirmondi et alia ejusdem Facundi opuscula. Adjectæ sunt quoque G. Albaspinæi observationes ecclesiasticæ, cum aliis ejusdem operibus. *Lut. Parisiorum, Du Puis*, 1676, in-fol.

250. Beati Lanfranci Cantuariensis archiepiscopi et Angliæ primatis, ord. S. Bened., omnia opera quæ reperiri potuerunt, ex editione Lucæ d'Acherii. *Lutetiæ Parisiorum, Billaine*, 1648, in-fol.

251. S. Isidori Hispalensis episcopi opera omnia quæ

extant, studio et labore Jac. Du Breul. *Parisiis, Sonnius,* 1601, in-fol.

252. S. Brunonis Astensis Signiensium episc. opera, cum expositione in psalmos Oddonis Astensis monachi benedictini.... Studio et labore Mauri Marchesii Casinensis decani. *Venetiis*, apud *Bertanos,* 1651, in-fol., 2 t. en 1 vol.

253. Divi Paulini episcopi Nolani opera; accedunt notæ Amoebææ Frontonis Ducæi et Heriberti Ros-Weydi. *Antuerpiæ,* ex off. *Plantin.,* 1622, in-8.

254. Venerabilis Bedæ opera quotquot reperiri potuerunt omnia. *Colon. Agrippinæ,* 1612, in-fol., frontisp., 3 vol.

255. S. Francisci Assiatis et S. Antonii Paduani opera omnia; opera et labore Joannis de la Haye. *Parisiis, Bechet,* 1641, in-fol.

256. Beati Servati Lupi presbyteri et abbatis Ferrariensis ord. S. Bened. opera, cum notis Stephani Baluzii. *Parisiis, Muguet,* 1664, in-8.

VI. THÉOLOGIENS.

1. *Théologie scholastique et dogmatique.*

257. Guido Bribanso super sententias. 1512, in-4, goth.

258. Quartus sententiarum Joannis Majoris. *Parisiis, Granion,* 1509, in-4, goth.

259. Joannis Majoris in quartum sententiarum quæstiones utilissimæ... In offic. *Jodoci Badii Ascensii*, 1519, in-fol., goth.

260. Joannes Major super tertium sententiarum. *Parrhisiis, Jehan Gráion*, 1517, in-fol., goth.

261. Magistri Roberti Holkot super quatuor libros sententiarum quæstiones. Pet. in-fol., goth., sans date ni lieu d'impression.

262. Petri Lombardi sententiarum libri IV. *Parisiis, J. Petit*, 1536, in-8, goth.

263. Idem. *Rothomagi*, 1651, in-4.

264. Epythoma pariter et collectorium circa quatuor sententiarum libros, egregii viri magistri Gabrielis Biel. In-fol., goth., sans date ni lieu d'impression.

265. Gregorius de Arimonio in primo et secundo sententiarum. *Venetiis, Bonetus de Locatellis*, 1500, in-fol., goth., 2 t. en 1 vol.

266. Liber quartus doctoris Joan. Duns Scoti super sententias. Pet. in-fol., goth., sans date ni lieu d'impression.

267. Primus liber doctoris Joan. Duns Scoti super sententias. *Parisiis, Nic. de Pratis*, 1513, pet. in-fol., goth.

268. D. Joannis Bona opera omnia. *Antuerpiæ*, 1694, in-fol.

269. Beati Alberti magni Ratisbonensis episcopi opera quæ hactenus haberi potuerunt. *Lugduni*, 1651, 21 vol. in-fol., portr.

THÉOLOGIENS. 37

270. Theophili Raynaudi opera omnia. *Lugduni*, 1665, 20 vol. in-fol., portr.

271. Theophili Raynaudi hoplotheca contra ictum calumniæ. *Lugduni, Borde*, 1650, in-4.

272. Tertia pars operum S. Thomæ Aquinatis. *Lugduni*, apud hæredes *Jac. Giuntæ*, 1547, in-fol., goth.

273. Prima secunde S. Thomæ de Aquino. *Venetiis*, 1495, in-fol., goth.

274. S. Thomæ Aquinatis summa totius theologiæ. *Antuerpiæ*, ex offic. *Plant.*, 1579, in-4.

275. Liber secundus partis secunde B. Thomæ de Aquino. *Venetiis* impressus, 1480, in-fol., goth.

276. Summa theologica S. Thomæ Aquinatis. *Parisiis*, 1645, in-fol.

277. Divi Thomæ Aquinatis opuscula. Impressum *Venetiis*, cura et ingenio *Boneti Locatelli*, 1498, in-fol., goth.

278. Summa S. Antonini, opera ac impensis Anthonii Koberger, Nuremberg impresse. 1486, 5 vol. in-fol., goth.

279. Antonini S. archiep. Florentini summa theologiæ. *Basileæ*, 1511, 3 vol. in-fol., goth., frontisp.

280. Dionysii Petavii theologia dogmatica. *Lutetiæ Parisiorum, Cramoisy*, 1644, gr. in-fol., 4 vol.

281. Theologia dogmatica et moralis secundum ordinem Concilii tridentini, in quinque libros tri-

buta; autore Natali Alexandro. *Parisiis, Dezallier*, 1703, in-fol., 2 vol.

282. Elementa theologica in quibus de auctoritate ac pondere cujuslibet argumenti theologici diligenter et accuratè disputatur; auctore Carolo Du Plessis d'Argentré. *Parisiis*, 1702, in-4.

283. Abrégé de la Théologie, ou des principales vérités de la religion ; par le P. Amelote. *Paris, Muguet*, 1675, in-4.

284. Methodicus ad positivam theologiam apparatus. Auctore Petro Annato. *Parisiis, Couterot*, 1700, in-4.

285. Abrégé des principaux traitez de la théologie... (par Le Tourneux.) *Paris, De Nully*, 1697, in-4.

286. Le Théologien françois, dans lequel, selon l'ordre de l'Eschole, est traicté des principes et propriétés de la théologie, par le sieur de Marandé. *Paris, Joly*, 1646, in-fol., 2 vol.

287. Alexandri Alensis angli universæ theologiæ summa. *Coloniæ Agripp.*, 1622, in-fol., 3 vol.

288. Guilielmi Alverni episcopi Parisiensis, opera omnia. *Aureliæ, Hotot*, 1674, in-fol., 2 vol.

289. Martini Bonacinæ mediolanensis opera omnia. *Parisiis, Thierry*, 1637, in-fol.

290. Lectura fratris Pauli de observantia quam edidit declarando subtilissimas doctoris subtilis sententias circa magistrum in primo libro. 1498, pet. in-fol., goth.

THÉOLOGIENS.

291. Sylvestrina summa quæ summa summarum merito nuncupatur; ab reverendo patre Sylvestro. *Lugduni*, 1546, in-4.

292. Summa Astesani. 2 vol. pet. in-fol., sans date ni lieu d'impression.
Deux exemplaires.

293. Disputationum theologicarum miscellanæ, auctore Friderico Spanhemio. *Genevæ, Chouët,* 1652, in-4, 2 tomes en 1 vol.

294. Medulla theologica ex sacris scripturis, conciliorum pontificumque decretis, et sanctorum Patrum ac Doctorum placitis expressa; authore Ludovico Abelly. Editio quarta. *Parisiis, Josse,* 1656, in-12.

295. Enchiridion Christianæ institutionis in concilio provinciali Coloniensi editum, opus omnibus veræ pietatis cultoribus longè utilissimum. *Parisiis, Boucher,* 1545, in-8.
A la suite : Canones Concilii provincialis coloniensis anno celebrati 1536.

296. Ordonnances et Instructions synodales; par Antoine Godeau, évesque de Grasse et de Vence. *Paris*, 1648, in-12.

297. La Théologie naturelle de Raymond Sebon, en laquelle, par ordre de nature, est démontrée la vérité de la foy chrestienne et catholique, traduicte nouvellement de latin en françois. *Paris, Chaudière,* 1569, in-8.

298. Opuscula tria de Deo quoad opera prædestinationis, reprobationis, et gratiæ actualis, à Laurentio Brancato. *Rothomagi, Vaultier,* 1705, in-4.

299. De l'action de Dieu sur les créatures : Traité dans lequel on prouve la prémotion physique par le raisonnement, et où l'on examine plusieurs questions qui ont rapport à la nature des esprits et à la grâce (par Laurent Boursier). Imprimé à *Lille*, 1713, 3 t. en 1 vol. in-4.

300. Le même. 1715, 2 vol. in-4.

301. L'Epiphanie, ou Pensées nouvelles à la gloire de Dieu, touchant les trois Mages, qui, partis de l'Orient, se trouvèrent en Bethléem, pour y adorer Notre-Seigneur Jésus-Christ, le XIIIe jour de son ineffable naissance (par Jacques d'Auzoles Lapeyre). *Paris, Alliot,* 1638, in-4, portrait de M. Harlay, arch. de Rouen.

302. Exercitia D. Joannis Thauleri piissima super vita et passione salvatoris nostri Jesu Christi, in gratiam sitientium salutem, ex idiomate germanico in latinum versa per F. Laurentium Surium. *Lugduni, Rouillius,* 1572, in-18.

303. De rebus Eucharistiæ controversis, repetitiones seu libri decem, per Claud. de Sainctes episc. Ebroicens. *Parisiis, Lhuillier,* 1575, in-fol.

304. La Tradition de l'église sur le sujet de la pénitence et de la communion : représentée dans les plus excellents ouvrages des SS. Pères grecs et

latins, et des auteurs célèbres de ces derniers siècles; traduits en françois par Ant. Arnauld. Sixième édition. *Lyon*, 1704, in-8.

305. De mente Concilii tridentini circa contritionem et attritionem in sacramento pœnitentiæ liber; auctore Joanne de Launoy. *Parisiis, typis Edmundi Martini*, 1653, in-8.

306. Six livres du second advènement de Notre-Seigneur, avec un traité de S. Basile du jugement de Dieu; plus les quatrains sententieux de S. Grégoire, évesque de Nazianze, par Jacques de Billy. *Paris, Chaudière*, 1576, in-8.

307. Nodus prædestinationis ex sacris litteris, doctrinaque SS. Augustini et Thomæ, quantùm homini licet, dissolutus. Auctore Cœlestino cardinali Sfondrato. *Coloniæ, Noethen*, 1698, in-8.

308. Le grand Tombeau du monde, dans lequel, avec un merveilleux artifice, sont descriptes les principales circonstances de tout ce qui doit arriver au jugement final; par Jude Serclier. *Lyon*, 1628, in-8.

2. *Théologie morale.*

309. Institutiones theologiæ M. Joannis Vignerii cum triplici indice. *Parisiis*, 1550, in-fol.

310. Petri de Marca dissertationes postumæ sacræ et ecclesiasticæ, opera et studio Pauli de Fayet. *Parisiis, Du Puis*, 1668, in-4.

THÉOLOGIE.

311. Les principes de la Théologie morale, établis sur l'Ecriture sainte, les canons des Conciles, le droit canonique et la tradition des pères... par M. de la Font. *Paris*, 1701, in-12, 2 vol.

312. Paræneses Christianæ, sive loci communes ad religionem et pietatem christianam pertinentes ex utroque Testamento desumpti, etc. Auctore Jocodo Dambouderio, Brugensi. *Antuerpiæ, Bellerus*, 1571, in-4, portrait et fig. en bois.

313. Morale chrétienne, rapportée aux instructions que Jésus-Christ nous a données dans l'Oraison dominicale; (par P. Floriot.) *Paris, Desprez*, 1676, in-4.

314. Morale chrétienne rapportée aux instructions que J.-C. nous a données dans l'Oraison dominicale (par P. Floriot). *Rouen*, 1773, in-4.

315. Traité du S. Sacrement de l'Eucharistie, contenant la réfutation du livre du sieur Du Plessis Mornay contre la messe... par le cardinal Du Perron. *Paris, Ant. Estienne*, 1629, in-fol.

316. Instruction pastorale de Monseig. l'évêque et prince de Grenoble, sur la communion. *Grenoble, Giroud*, 1749, in-4.

317. Le Dictionnaire des cas de conscience; par MM. de Lamet et Fromageau. *Paris*, 1733, in-fol., 3 vol.

318. Dictionnaire des cas de conscience ; par Jean Pontas. *Paris*, 1715, in-fol., 3 vol.

319. Résolution de plusieurs cas de conscience, touchant la morale et la discipline de l'église; par Jacques de Sainte-Beuve. *Paris*, 1715, in-8, 3 vol.

320. Summa Astesani de casibus conscientiæ. 2 vol. in-fol., goth., sans date ni lieu d'impression.
Double.

321. Pisanella de casibus conscientiæ. *Nuremberge*, 1488, in-4, goth.
Le titre manque.

322. Summa Angelica de casibus conscientiæ; per fratrem Angelum de Clavasio compilata. *Parisiis, Pigouchet*, 1506, in-fol., goth.

323. Idem. *Lugduni*, 1612, in-4, goth.

324. Don Nicolai Intriglioli patritii Catinensis... de casibus conscientiæ Tractatus. *Panormi*, 1598, pet. in-fol.

325. Leonardi Lessii de justitia et jure cæterisque virtutibus cardinalibus, libri quatuor. *Parisiis*, 1628, in-fol.

326. De la Probabilité, et comment il faut choisir les opinions, avec un Traité de l'ignorance, et des deux règles importantes du droit; (attribué à Louis Fouquet, évêque d'Agde.) *Lyon, Certe*, 1676, in-12.

327. Theodori sanctissimi ac doctissimi archiepiscopi Cantuariensis Penitentiale... Jacobus Petit primus in lucem edidit; cum pluribus conciliorum

canonibus contulit; dissertationibus et notis illustravit. *Lutetiæ Parisiorum*, *Dupuis*, 1677, in-4, 2 vol.

328. L'instruction des prêtres, qui contient sommairement tous les cas de conscience; traduite du latin du cardinal François Tolet, par M. A. Goffard, avec les sommaires du R. P. Richard Gisbon; un nouveau Traité de l'ordre, par le R. D. Martin Fornet, et les additions et annotations d'André Victorelle. *Lyon*, *Certe*, 1671, in-4.

329. Pensées choisies de M. l'abbé Boileau, sur différens sujets de morale. *Paris*, *Guerin*, 1707, in-12.

330. Pensées choisies de l'abbé Boileau, sur différents sujets de morale. *Paris*, 1718, in-12.

331. Réponse aux Lettres provinciales de Louis de Montalte, ou Entretiens de Cléandre et d'Eudoxe; (par le P. Daniel.) *Bruxelles*, 1697, in-12.

332. Défense des professeurs en théologie de l'université de Bordeaux, contre un écrit intitulé : Lettre d'un théologien à un officier du Parlement, touchant la question si le livre intitulé : *Ludovici Montaltii Litteræ*, est hérétique. 1660, in-4.

333. Recueil de lettres écrites au révérend père Alexandre (par le P. Daniel), sur le parallèle de la morale et de la doctrine des Thomistes et de celle des Jésuites.

334. Instruction de la jeunesse en la piété chré-

THÉOLOGIENS. 45

tienne, tirée de l'Ecriture sainte et des SS. Pères (par Charles Gobinet). *Paris*, 1739, in-12.

335. Les œuvres de Salvian, évesque de Marseille, contenant huit livres de la Providence, les quatre livres contre l'Avarice, avec plusieurs épistres du mesme autheur; traduites de nouveau et illustrées de plusieurs belles notes par le P. Pierre Gorse, jésuite. *Paris, Méturas*, 1655, in-4.

336. Décision faite en Sorbonne, touchant la comédie, avec une réfutation des sentimens relachez d'un nouveau théologien (le père Caffard, théatin), sur le même sujet; par M. l'abbé L** P*** (Laurent Pégurier.) *Paris, Coignard*, 1694, in-12.

337. Explication des qualités ou des caractères que S. Paul donne à la charité (par Duguet.) *Amsterdam*, 1727, in-12.

1. *Théologie catéchétique et parénétique.*

338. Instructions générales en forme de catéchisme, à l'usage du diocèse de Montpellier (par le P. Pouget, de l'Oratoire) *Paris, Simart*, 1710, in-4.

339. Le même. *Paris, Simart*, 1728, in-12, 3 vol.

340. Catéchisme, ou Introduction au symbole de la foy... Composé en espagnol par Louis de Grenade, et traduit en françois par Girard. *Paris, Le Petit*, 1668, in-fol.

341. Le vray trésor de la doctrine chrestienne, des-

couvert..., par Nicolas Turlot. *Paris, Soly*, 1649, in-4.

342. Catechismus Concilii tridentini, Pii V pontif. max. jussu promulgatus. *Bruxellis, Henricus Friex*, 1700, in-12.

343. Bibliotheca Patrum concionatoria, hoc est, anni totius Evangelia... Opera et studio Franc. Combefis. *Parisiis, Ant. Berthier*, 1662, in-fol., 8 vol.

344. Bibliothèque des prédicateurs, qui contient les principaux sujets de la morale chrestienne, mis par ordre alphabétique. *Lyon, Boudet*, 1715, in-4, 8 vol.

345. Institutio concionatorum tripartita, seu præcepta et regulæ ad prædicatores Verbi divini informandos; auctore Natali Alexandro. *Parisiis, Anisson*, 1701, in-8.

346. Instructions chrestiennes sur les mystères de Notre-Seigneur Jésus-Christ, et sur les principales fêtes de l'année. *Paris, Pralard*, 1692, in-8, 5 vol.

347. Instructions pour les dimanches et fêtes de l'année, qui font la 3e partie du Rituel de Soissons. *Soissons, Courtois*, 1755, in-12, 2 vol.

348. Moralitez chrestiennes sur les évangiles du caresme, par Ant. Laugeois, curé du Mesnil-Jourdain. *Rouen, Hérault*, 1674, in-4.

THÉOLOGIENS.

349. Homélies, prosnes, etc., par le R. P. Beurrier. *Paris, Dauplet*, 1675, in-4.
350. Recueil d'oraisons funèbres. 1 vol. in-4.
351. Recueil d'oraisons funèbres. 1 vol. in-4.
352. Recueil d'oraisons funèbres. *Paris, Sébast. Mabre-Cramoisy*, 1672, in-12.
353. Conciones funebres CLXXX; par Joan. Brandmyllerum. Accessere XX themata cum annotationibus, et gemino indice. *Hanoviæ, Marnius*, 1603, in-8.
354. Panégyriques des Saints, par Jean-François Senault. *Paris, Pierre Le Petit*, 1657, in-4, 2 vol.
355. Panégyriques des Saints, preschez par Jacques Biroat. *Paris, Couterot*, 1667, in-8.
356. Panégyriques des Saints, par Jean de Lamont. *Paris, Auroy*, 1685, in-8.
357. Sermones hyemales de tempore, venerabilis Santii Porta. *Lugduni, Cleyn*, 1512, in-8, goth., frontisp.
358. Sermones estivales de tempore beati Vincentii Ord. fratr. prædicat. Pet. in-4, goth., sans date.
359. Sermones perutiles de sanctis Biga salutis intitulati : à quodam fratre Hungaro. *Hagenaw*, 1516, in-4, goth.
360. Sermones perutiles de sanctis fratris Hugonis de Prato. *Heydelberge*, 1485, in-fol., goth.

361. Sermones fratris Hugonis de Prato florido de Sanctis. 1511, in-4, goth.

362. Pomerii sermonum de Sanctis, prima pars. In-4, goth., sans date.
La deuxième partie manque.

363. Sermones discipuli. 1486, in-4, goth.

364. Idem opus. 1490, in-4.

365. Sermones dominicales moralissimi et ad populum instruendum exquisitissimi, jam pridem à venerabili magistro Joh. Quintini visi et ordinati, nuper verò à magistro Ludovico vassoris recogniti. *Parrhisiis, Johan. Parvus*, 1527, pet. in-8, goth.

366. Le Dominical des pasteurs, ou le triple employ des curez, pour tous les dimanches de l'année, etc.; par Antoine Caignet. *Paris, Josse*, 1675, in-4.

367. Sermons choisis sur les mystères, la vérité de la religion, etc. *Paris*, 1730, in-12, 2 vol.
Deux exemplaires.

368. Sermons de Massillon, évesque de Clermont. *Paris*, 1753, in-12.

369. Sermons sur les évangiles du Caresme et sur divers sujets de morale, par Massillon. *Trévoux, Ganeau*, 1723, in-12, 6 vol.

370. Sermons de messire Jean-Louis de Fromentières, évêque d'Aire. *Paris*, 1688, in-8, 3 vol.

371. Sermons sur les mystères de la Vierge, pres-

chez par Jacques Biroat. *Paris, Couterot*, 1671, in-8.

372. Actions publiques de François Ogier, prédicateur. *Paris, Camusat*, 1652, in-4.

373. R. P. Petri Joannis Perpiniani Valentini, societatis Jesu, Orationes duodeviginti. Cui accesserunt Orationes quinque, ad totidem ejusdem Societatis presbyteris Romæ pridem dictæ, nunc primùm in Gallia excusæ. *Rothomagi, Allemanus*, 1611, in-16.

374. Concionator evangelicus, sive Thesaurus concionatorum ex S. scriptura, SS. Patrum scriptis et conceptibus moralibus, ordine alphabetico instructus. Studio et industria R. P. Didaci Lopez, societ. Jesu. *Coloniæ Agrippinæ, Kinchius*, 1642, in-4.

4. *Théologie ascétique.*

375. Thomæ à Kempis de imitatione Christi libri quatuor. *Parisiis, Seb. Cramoisy*, 1649, in-8.

376. Thomæ Malleoli à Kempis opera omnia. *Duaci, Bellerus*, 1625, in-8.

377. Stimulus divini amoris devotissimus à sancto Joanne Bonaventure editus, etc. *Parisiis*, 1530, pet. in-8, goth.

378. Panis quotidianus de sanctis, Fr. Hieronymi

de Villa-vitis, ordinis Canonicor. regul. 1509, pet. in-4, goth.

379. Bonifacii de Ceva opus de perfectione christiana. *Parisiis, Joan. Parvus*, 1511, in-4, fig. en bois.

380. R. P. Aloysii Novarini Electa sacra.... *Lugduni, Durand*, 1640, in-fol.

381. De imitatione Christi. In-fol., sans date et sans lieu.

382. Exercitia spiritualia S. Ignatii Loyolæ. *Parisiis, è Typ. regia*, 1644, in-fol., front.

383. Joannis Trithemii opera pia et spiritualia. *Moguntiæ, Joan. Albinus*, 1605, in-fol.

384. Revelationes sanctæ Birgittæ. *Nurembergi, Roberger*, 1500, pet. in-fol., goth., fig.
Magnifique frontispice gravé sur bois.

385. Diva virgo Mediopontana miraculis, hominum concursu, votis ac votivis jamdudùm increbrescens. Apud Markam sive Markæsiam agri Peronensis. Adumbrata primum rudi penicillo, vivis coloribus mox imbuenda : pio labore studio ac voto Jacobi le Vasseur. *Parisiis, Jacquin*, 1622, in-8.

386. Illustrium miraculorum et historiarum memorabilium libri XII, a Cæsaro Heisterbachcensi. *Antuerpiæ, Martinus Nutius*, 1605, in-12.

387. Goffridi abbatis Vindocinensis S. Priscæ cardi-

nalis epistolæ, opuscula, sermones. Jacobus Sirmondus nunc primum in lucem eruit, ac notis epistolas illustravit. *Parisiis*, ex off. *Nivelliana*, 1610, in-8.

388. Diadema monachorum, opus plane aureum, et, non modo religiosis sexus utriusque pernecessarium, sed etiam Christicolis omnibus.... nuncque verò hactenus impressum; authore Smaragdo abbate divi Michaelis, ord. S. Bened. *Parrhisiis, Jodocus Badius Ascensius et Joan. Parvus*, 1532, in-8.

A la suite : De reformatione virium animæ, domini Gerardi à Zutphania. Ibid.

Il manque des feuillets à la fin.

389. OEuvres spirituelles de Fénélon. *Anvers, Henri de la Meule*, 1718, in-12, 2 vol.

390. Les Epistres spirituelles du bienheureux François de Sales. *Rouen, Vereul,* 1639, in-8.

391. Les œuvres du bienheureux François de Sales, évesque et prince de Genève. *Paris, Léonard,* 1663, in-fol., 2 vol.

392. Les vrays Entretiens spirituels du bienheureux François de Sales, évesque et prince de Genève; seconde édition; augmentée d'une considération sur le symbole des apôtres; par le mesme autheur. *Lyon, Cœursilly,* 1631, in-8.

393. Les Épistres du bienheureux messire François de Sales, divisées en sept livres, recueillies par

messire Louis de Sales. *Lyon, Cœursilly*, 1621, in-4.

394. De animi tranquillitate libri duo. F. Caroli Fernandi. *Parrhisiis, Joan. Parvus*, 1512, in-4, goth.

Dans le même volume : 1° Epistola paræcetica observationis regulæ benedictinæ ad sagienses monachos, ejusdem auctoris. 2° Liber de triplici regione claustralium et spirituali exercicio (*sic*) monachorum ; à Joanne Tritemio. 3° Epistola exhortatoria ad quemdam novitium ordinis carthusiensis ut permaneret in sancto proposito, per Martinum de Lauduno. 4° De vita beata F. Baptistæ Mantuani.

395. Les œuvres spirituelles et dévotes du R. P. Louys de Grenade, traduites de l'espagnol par Paul Dumont et N. Colin. *Paris, Morel*, 1613, in-fol.

396. Les œuvres de Pierre, cardinal de Berulle. *Paris*, 1657, in-fol.

397. Instruction du chrestien; par le cardinal duc de Richelieu. *Paris, Imprimerie royale*, 1642, in-fol., frontisp.

398. Traité de la perfection du chrestien; par le cardinal duc de Richelieu. *Paris, Ant. Vitré*, 1646, in-4, frontisp.

399. La Cour sainte; par le P. Nicolas Caussin; 14° édition. *Paris, Chappelet*, 1639, in-8, 5 vol.

400. L'Année du chrétien, contenant des instruc-

tions sur les mystères et les fêtes, etc.; par le P. Henry Griffet. *Paris*, 1747, in-12, 13 vol.
Incomplet.

401. Traité de la doctrine chrétienne et orthodoxe; par Louis Ellies Du Pin. *Paris, Pralard*, 1703, in-8.

402. Les Éloges sacrez; par le sieur de Ceriziers. *Paris, Angot*, 1658, in-4, portr.

403. Lettres chrestiennes et spirituelles de messire Jean du Vergier de Hauranne, abbé de Saint-Cyran. *Paris*, 1645, in-4, 2 vol.

404. Les œuvres spirituelles de M. de Bernières Louvigny. *Paris, Cl. Cramoisy*, 1670, in-8, portr.

405. Traité philosophique et théologique sur l'amour de Dieu; par Louis Ellies Du Pin. *Paris, Jacques Vincent*, 1717, in-8.

406. Démonstration ou preuves évidentes de la vérité et de la sainteté de la morale chrestienne; par Bernard Lamy. *Rouen*, 1706, in-12, 3 vol.

407. Angélique. Des excellences et perfections immortelles de l'âme; par dom Polycarpe de la Rivière. In-4.
Le titre manque.

408. Les œuvres de sainte Thérèse, divisées en deux parties; de la traduction d'Arnaud d'Andilly. *Paris, Pierre Le Petit*, 1670, in-4, portr.

409. L'Homme criminel, ou la Corruption de la

nature par le péché; par Jean-François Senault. *Paris, Pierre Le Petit*, 1656, in-4.

410. Le Flambeau du juste; par le R. P. Sébastien de Senlis. *Paris, Buon*, 1643, in-4, 2 vol., frontisp.

411. L'Homme chrestien, ou la Réparation de la nature par la grâce; par Jean-François Senault. *Paris, Pierre Le Petit*, 1655, in-4.

412. Les Morales chrestiennes, où il est traitté des devoirs de l'homme en sa vie particulière et publique; par le P. Ives. *Paris, Denys Thierry*, 1638, in-4, frontisp.

413. Les Conduites de la grâce sur la conversion des ames pécheresses; par Antoine de Saint-Martin. *Paris, Jean Petit-Pas*, 1645, in-4, 2 vol.

414. Les Tableaux de la pénitence, par messire Antoine Godeau. *Paris, Courbé*, 1656, in-4, fig.

415. De la perfection du chrestien en tous ses états; par le R. P. Louis Dupont, traduit en françois par Réné Gaultier. *Paris, De la Noüe*, 1613, in-4.

416. Les œuvres spirituelles du bienheureux Jean de la Croix, premier Carme deschaussé; traduction nouvelle, par Jean Maillard. *Paris, Guerin*, 1694, in-4.

417. Les œuvres spirituelles du B. Père Jean de la Croix, premier Carme deschaussé, traduites par le R. P. Cyprien de la Nativité de la Vierge, aug-

mentées d'un traité théologique de l'union de l'ame avec Dieu, composé par le R. P. Louis de Saincte-Thérèse. *Paris, D'Allin*, 1665, in-4.

418. Les mêmes. *Paris, Billaine,* 1655, in-4.

419. Traicté de l'amour de Dieu, par François de Sales, évesque de Genève. *Lyon, Rigaud*, 1617, in-8.

420. Les Fondemens de la religion chrestienne; par Louis de Lesclache. *Paris*, 1663, in-4, frontisp.

421. Recueil des œuvres spirituelles du R. P. Estienne Binet. *Rouen, L'Allemant,* 1627, in-4.

422. Pratique de la perfection chrestienne du R. P. Alphouse Rodriguez, traduite par l'abbé Reynier des Marais. *Paris, Cramoisy,* 1679, in-4, 3 vol.

423. Traité de la perfection du chrestien; par le R. P. Rodriguez. In-fol.
Le titre manque.

424. Lettres spirituelles de M. Olier. *Paris*, 1672, in-8.

425. Conférences spirituelles du R. P. Nicolas de Arnaia, jésuite, traduites de l'espagnol par le R. P. Jean Cachet. *Paris, Chappelet,* 1630, in-4.

426. Le livre des Éluz. Jésus-Christ en croix; par le R. P. Jean-Baptiste S.-Jure, 2ᵉ édition. *Paris, Camusat et Le Petit,* 1650, in-4.

427. Le vrai Portrait de la modestie chrestienne; par un solitaire. *Paris, Guignard,* 1702, in-8.

428. L'Adieu de l'ame dévote laissant le corps; avec

les moyens de combattre la mort par la mort, et l'appareil pour heureusement se partir de ceste (*sic*) vie mortelle; par R. P. M. Loys Richeome. *Douay, Bellere*, 1606, in-12.

429. Nuict obscure de l'ame, et l'exposition des cantiques qui enserrent le chemin de la parfaicte union d'amour avec Dieu, telle qu'elle peut être en cette vie; et les propriétez de l'ame qui y est arrivée; traduit de l'espagnol du P. Jean de la Croix, par R. Gaultier, conseiller d'Estat. *Paris, Sonnius*, 1627, in-8.

430. Conduite chrétienne, adressée à son altesse royale madame de Guise; par le R. P. dom Jean, ancien abbé de la Maison-Dieu Nostre-Dame de la Trappe. *Paris, Delaulne*, 1697, in-8.

431. La même, même édition.

432. Traitez de piété, composez par Hamon, pour l'instruction et la consolation des religieuses de P. R. *Amsterdam, Potgiéter*, 1727, in-8.

433. L'Adieu du monde, ou le mespris de ses vaines grandeurs et plaisirs périssables; par dom Polycarpe de la Rivière, 2ᵉ édition. *Lyon, Pillehotte*, 1621, in-8, frontisp.

434. Idée d'un chrétien mourant, et Maximes pour le conduire à une heureuse fin; par le P. Hyppolite Helyot. *Paris, Thierry*, 1694, in-12.
Titre enlevé.

435. Idée du christianisme, ou Conduite de la grâce

sanctifiante de Jésus-Christ, donnée à une ame chrétienne; par un serviteur de Dieu. *Rouen,* 1692, in-8.

436. Traitez des récompenses et des peines éternelles, tirez des livres saints. In-12.
<small>Le titre enlevé.</small>

437. La saincte faveur auprès de Jésus, par cent dévotions aux sacrez mystères de sa saincte vie, mort, passion, etc.; par le R. P. Paul de Barry. *Lyon*, 1646, in-12.

438. Les saints désirs de la mort, ou Recueil de quelques pensées des Pères de l'église, pour montrer comment les chrétiens doivent mépriser la vie et souhaiter la mort; par le R. P. Lallemant; 4ᵉ édition. *Paris, Josse*, 1692, in-12.

439. Anticosme, ou Adieu au monde, sur le voyage fait par le seigneur Cosmophile ès grandes et puissantes villes de Philantie et Erothée, accompaigné de son ami Théoric; par le seigneur Philotée, duc de Psiché. *Paris, Chastellain*, 1609, in-8.

440. La Caritée, ou pourtraict de la vraye charité. Histoire dévote tirée de la vie de S. Louys, par Mess. Jean-Pierre Camus, évesque de Belley. *Paris*, 1641, in-8.

441. Les Épistres de la séraphique vierge saincte Catherine de Sienne, de l'ordre de S. Dominique, traduictes de l'original italien en françois; (par J. Balesdens.) *Paris, Huré*, 1644, in-4.

THÉOLOGIE.

442. Le Pénitent représenté, tant avec l'estat de ses source, blasons, grâces, prérogatives, dignitez, que ses équipages, desseins, exercices, exploicts et glorieux trophées de ses contre-partisans, divisé en quatre parties; par frère Jean Dagoneau. *Paris*, *Chappelet*, 1619, in-4.

443. Agneau pascal, ou Explication des cérémonies que les juifs observaient en la manducation de l'agneau divin dans l'Eucharistie. (Par l'abbé Richard, curé de Triel.) *Cologne*, *D'Egmont*, 1686, in-8.

444. Très excellentes Méditations sur tous les mystères de la foy; avec la pratique de l'oraison mentale; par le R. P. Louys du Pont. *Paris*, *De la Noüe*, 1621, in-fol.

445. Entretiens solitaires, ou Prières et méditations pieuses, en vers françois; par De Brébeuf. *Rouen*, 1660, in-12.

446. La Manière de bien instruire les pauvres, surtout les gens de la campagne; par Joseph Lambert. *Rouen*, *Le Boucher*, 1716, in-8.

447. Les Emplois de l'ecclésiastique du clergé; par J.-P. C., E. de Belley. *Paris*, *Aliot*, 1643, in-8.

448. L'Instruction des prêtres, tirée de l'Écriture sainte, des saints Pères et des SS. Docteurs de l'église. Composé en espagnol par D. A. de Molina, chartreux; traduction nouvelle, (par Nicolas Binet.) *Paris*, *Coignard*, 1696, in-8.

THÉOLOGIENS.

449. De la sainteté et des devoirs de la vie monastique (par l'abbé de Rancé.) *Paris, Muguet*, 1701, in-12.

450. Les Maximes pernicieuses qui détruisent la perfection de l'état religieux, avec les Remèdes pour rétablir la paix et l'observance régulière dans les couvents; traduites de l'espagnol, du R. P. Alphonse de Jésus-Marie, par le R. P. Gabriel de la Croix. *Rouen, Jores*, 1672, in-4.

451. Le Curé désintéressé, donnant advis charitables à messieurs les curez de Poictiers, et à tous autres qui seroient en mauvais mesnage avec les religieux. *Paris*, jouxte la coppie imprimée à *Poitiers, Ve Antoine Mesnier*, 1635, in-8.

5. *Théologiens polémiques.*

452. Pensées de Pascal sur la religion, et sur quelques autres sujets. *Amsterdam, Wetstein*, 1701, in-12.

453. Exposition de la doctrine de l'église catholique, sur les matières de controverses; par Bossuet. *Paris, Mabre-Cramoisy*, 1671, in-12.

454. La même. *Paris, Mabre-Cramoisy*, 1686, in-12.

455. Traité de la vérité de la religion chrétienne. *Rotterdam, Leers*, 1684, in-8, 2 vol.

456. Les trois Véritez; seconde édition; par Pierre le Charron. *Paris, Bertault*, 1620, in-8.

457. Institutionum religionis christianæ libri IV;

auctore Jac. Bayo. *Parisiis*, *Moreau*, 1626, in-4.

458. Divers écrits et mémoires sur le livre intitulé : Explication des maximes des saints ; par Bossuet. *Paris*, *Anisson*, 1698, in-8.

459. Anatomia ecclesiæ catholicæ romanæ. *Francofurti*, 1653, in-4.

460. L'Anti-Basilic, pour réponse à l'Anti-Camus ; par Olénix du Bourg-l'Abbé (J.-P. Camus). 1644, in-4.

461. La perpétuité de la foy catholique, touchant l'Eucharistie, contre le livre du sieur Claude, ministre de Charenton. *Paris*, *Savreux*, 1670, in-4, 2 vol.

462. La Religion chrestienne prouvée par les faits ; avec un discours historique et critique sur la méthode des principaux auteurs qui ont écrit pour et contre le christianisme depuis son origine ; par l'abbé Houtteville. *Paris*, *Grég. Dupuis*, 1722, in-4.

463. De l'Ante-Christ, et de ses marques contre les calomnies des ennemis de l'église catholique ; par Jérémie Ferrier. *Paris*, *Nivelle*, 1615, in-4.

464. L'Ante-Christ et l'Anti-Papesse ; par Florimond de Rœmond. *Paris*, *L'Angelier*, 1599, in-4.

465. Defensio ecclesiasticæ hierarchiæ... adversus

THÉOLOGIENS.

Hermanni Loemelii spongiam.... Auctore Francisco Hallier. *Parisiis, Morellus*, 1632, in-4.

466. Petri Garsie episcopi ad sanctiss. patrem et dom. Innocentium papam VIII, in determinationes apologales Joannis Pici Mirandulani concordie comitis. Petit in-fol., goth., imprimé sur vélin. *Rome, Euchaius Silber*, aliàs *Franck*, natione allemanus, 1489.

467. Traité contre les Sociniens, ou la Conduite qu'a tenue l'église dans les trois premiers siècles, en parlant de la Trinité et de l'Incarnation du verbe; par l'abbé de Cordemoy. *Paris, Coignard*, 1696, in-12.

468. Les principaux points de la foy Catholique, défendus contre l'escrit adressé au roy par les quatre ministres de Charenton; par le cardinal de Richelieu, in-fol.
Titre enlevé.

469. Préjugez légitimes contre les Calvinistes (par P. Nicole.) *Paris, Ve Savreux*, 1671, in-12.

470. La primauté et souveraineté singulière de saint Pierre, prouvée par l'Écriture, les Conciles, etc., pour opposer au phantosme : *Les deux chefs de l'Église qui n'en font qu'un*, de nos docteurs visionnaires; par Charles-François d'Abraderaconis. *Paris*, 1645, in-4.

471. Duplex antidotus contra duplex venenum, qua ex fonte Theophilino ebibit Leodeganius quiritinus

hæduus, propugnatore Didaco Sanchez del Aquila. *Hispali*, sumpt. *Joan. de Ribera*, 1657, in-12.

472. Le renversement de la morale de Jésus-Christ par les erreurs des Calvinistes (par A. Arnauld.) *Paris, Desprez*, 1672, in-4.

473. Inconvéniens d'estat procédans du Jansénisme, avec la réfutation du Mars françois de M. Jansénius; par le sieur de Marandé. *Paris, Cramoisy*, 1654, in-4.

474. Petri Lizetii Alverni montigenæ libri V; adversum pseudo-evangelicam heresim. *Lutetiæ*, 1551, in-4.

A la suite : Petri Lizetii de ecclesiæ auctoritate libellus.

475. Justification des prétendus Jansénistes, ou Phantôme du Jansénisme, contre un écrit intitulé : Préjugés légitimes contre le jansénisme. *Utrecht*, 1744, in-8.

476. Analyse de l'Augustin de Jansénius (par L. Fr. du Van, abbé de Laudève.) 1721, in-4.

477. Les sentimens de saint Augustin sur la grâce, opposez à ceux de Jansénius; par Jean Leporcq. *Paris, Muguet*, 1682, in-4.

478. Mandement et instruction de monseig. l'évesque de Meaux, sur le Jansénisme..... *Paris, Ballard*, 1710, in-4.

479. Instruction pastorale de monseigneur l'archevesque de Cambray (Fénélon), au clergé et au

peuple de son diocèse, en forme de dialogue, divisée en trois parties. *Cambray, Douilliez,* 1714, in-8. — La même, 2ᵉ édition. *Paris, Delasseux,* 1715.

480. Lettres d'un théologien à M. l'évesque de Soissons, pour servir de réponse à celles que ce prélat a écrites à M. l'évesque de Boulogne. In-4.

Les deux premières sont datées de 1722, et la troisième de 1723.

481. Un volume in-4, contenant : 1° Mandement de M. l'évesque de Meaux, portant condamnation du libelle intitulé : Remarque sur le mandement et instruction pastorale de monseig. Henry de Bissy, évêque de Meaux, touchant les institutions théologiques du père Juenin. *Paris, Ballard,* 1712. 2° Mandement et Instruction pastorale de Monseig. l'évêque de Meaux, sur le Jansénisme, portant condamnation des institutions théologiques du P. Juenin. *Ibidem,* 1710. 3° Bref de Clément IX au roy. 4° Arrest du conseil d'Etat du roy, pour la pacification des troubles causez dans l'Église, au sujet du livre de Jansénius. 5° Bref de Clément IX aux quatre évêques. 6° Bref de Clément IX aux évêques médiateurs. 7° Ordonnance de monseig. l'évêque d'Angers, portant suspense encourue *ipso facto*, contre tous ceux qui feront ou exigeront le serment sur la condamnation des cinq propositions, sans distinguer le *fait* d'avec le *droit*. 8° Arrest du conseil d'Etat, portant cassation de l'ordonnance ci-dessus.

482. Instructions pastorales sur les promesses de l'église; par messire Jacques-Bénigne Bossuet, évesque de Meaux. *Paris, Anisson*, 1700, in-12.

483. Mandements et lettres pastorales de M. Fléchier, évêque de Nismes, avec son oraison funèbre. *Paris, Jacques Estienne*, 1712, in-8.

484. Mandements de monseig. l'archevêque de Paris, et autres pièces dont plusieurs sont relatives aux prétendus miracles opérés sur le tombeau du diacre Paris. In-4, sans date ni lieu.

485. Réflexions sur les différens de la religion, avec les preuves de la tradition ecclésiastique, par diverses traductions des SS. PP. sur chaque point contesté. *Paris*, 1686, in-12.

486. Cæmeteria sacra Henrici Spontani appamiorum Galliæ Narbonensis episcopi. *Parisiis, De la Noüe*, 1638, in-4.

487. Petri Blesensis Bathoniensis in Anglia archidiaconi opera omnia. *Parisiis, Piget*, 1667, in-fol.

488. Leçons catholiques sur les doctrines de l'église, divisées en trois parties.... Par F. François Panigarole, Milanois, traduictes de l'italien; par G. C. T. (Gabriel Chappuys, Tourangeau.) *Lyon, Stratius*, 1583, in-8.

489. Institution catholique, où est déclarée et confirmée la vérité de la foy, contre les hérésies et superstitions de ce temps.... par Pierre Coton. *Paris, Chappelet*, 1612, in-4, frontisp.

490. Traicté de la doctrine chrétienne et orthodoxe,

dans lequel les véritez de la religion sont establies sur l'écriture et sur la tradition; et les erreurs opposées détruites par les mêmes principes; par Louis Ellies Du Pin. *Paris, Pralard,* 1703, in-8.

491. De l'unité de l'Église, ou Réfutation du nouveau système de M. Jurieu (par P. Nicolle.) *Paris, Lambin,* 1687, in-12.

492. L'Esprit du christianisme (par le P. Rapin, jésuite.) *Paris, Cramoisy,* 1674, in-12.

493. Avertissemens de Vincent de Lerins touchant l'antiquité, l'universalité et les mystères de l'église, traduits du latin en françois. *Paris, Le Febvre,* 1686, in-12.

494. Conversations chrétiennes, dans lesquelles on justifie la vérité de la religion et de la morale de Jésus-Christ. *Mons, Migeot,* 1677, in-12.

495. Le Philosophe indifférent; par le R. P. du Bosc, cordelier. *Paris,* 1643, in-4, 2 vol.

496. L'œuvre de pacification, ou Catéchisme des controverses, en forme de décision; par le religiosissime François, archevesque de Rouen, primat de Normandie. Au château archiépiscopal de *Pontoise,* par *Henry Estienne.* 1639, in-4.

497. Divers actes, lettres et relations des religieuses de Port-Royal du S. Sacrement, touchant les persécutions et les violences qui leur ont été faites au sujet de la signature du formulaire. In-4, sans date ni lieu.

THÉOLOGIE.

498. Le Théologien dans les conversations avec les sages et les grands du monde (ou petit Abrégé de théologie, tiré des manuscrits du P. Coton; par le P. Boutauld, jésuite.) *Paris, Hérissant,* 1689, in-12.

499. Paisible justification des devoirs du bon paroissien; par J. P. C., E. de Belley. *Paris,* 1642, in-8.

500. Traité philosophique et théologique sur l'amour de Dieu; par Louis Ellies Du Pin. *Paris, Vincent,* 1717, in-8.

501. Entretiens d'Ariste et d'Eugène sur les affaires présentes de la religion ; par M*** (Guesnois), élève de M. du Duet. 1744, in-12, sans indication de lieu.

502. Les mœurs des Chrétiens; par M. Fleury. *Paris, Ve Clouzier,* 1682, in-12.

503. Factum pour M. Jean-Baptiste Thiers, curé de Champrond, etc., défendeur, contre le chapitre de Chartres, demandeur. In-8, sans date ni lieu d'impression.

504. La Doctrine curieuse des beaux-esprits de ce temps, ou prétendus tels; contenant plusieurs maximes pernicieuses à la religion, à l'estat et aux bonnes mœurs, combattues et renversées par le P. François Garassus, jésuite. *Paris, Chappelet,* 1624, in-4.

505. Guilermi Ockam dialogorum libri septem adversus hœreticos. Petit in-fol., 2 vol.

Sans chiffres, réclames ni signatures, ce qui ferait croire que c'est la première édition de cet ouvrage, imprimée en 1476, avec les caractères de P. Cœsaris et de J. Stol. — Il manque plusieurs feuillets de la table au commencement du premier volume, ainsi qu'à la fin.

506. De l'injuste accusation de Jansénisme. Plainte à M. Habert, docteur en théologie de la maison et société de Sorbonne, à l'occasion des défenses de l'auteur de la théologie du séminaire de Châlons, contre un libelle intitulé : Dénonciation de la théologie de M. Habert, adressée à S. E. M. le cardinal de Noailles, arch. de Paris, et à M. l'évêque de Châlons-sur-Marne. Sans désignation de lieu, 1712, in-12.

507. Le même, même édition.

A la suite: Défense de la grâce efficace par elle-mesme, par feu messire Pierre de la Brouë, évêque de Mirepoix. *Paris, Barrois*, 1721.

508. Le Triomphe de S. Augustin, et la Délivrance de sa doctrine, où l'on voit la condamnation des cinq propositions des jansénistes, avec la réfutation de leur manifeste à trois sens, fabriqué pour éluder l'authorité du S. Siége ; par le R. P. Dubosc, cordelier. *Paris, Berthier*, 1654, in-4.

509. Défense de la vérité de la foy catholique contre les erreurs de Calvin, par Gilbert de Coyffier. *Paris, Chaudière*, 1586, in-fol.

510. Stephani Dechamps Biturici, è soc. Jesu, de Hæresi janseniana ab apostolica sede meritò proscripta libri tres. *Lutetiæ Parisiorum*, *Seb. Cramoisy*, 1654, in-fol.

511. Les Merveilles des quatre cents quarante faussetez du sieur Duplessis, en vingt-cinq feuillets de la préface de son institution, et quatre vingt-six feuillets de sa vérification contre Du Puy; pour réplique à la dicte vérification, page à page et ligne à ligne, avec la manifestation de sa nouvelle secte; par le même G. Du Puy, docteur en théologie, chanoine et chantre de la cathédrale de Bazas. (Arnaud de Pontace.) *Bourdeaus*, *Millages*, 1600, in-8.

512. Les mêmes, même édition.

513. Apologie des dominicains missionnaires de la Chine, ou Réponse au livre du père Le Tellier, jésuite, intitulé : Défense des nouveaux chrétiens; et à l'éclaircissement du père Le Gobien, de la même compagnie, sur les honneurs rendus par les Chinois à Confucius et aux morts; par un religieux, docteur et professeur en théologie, de l'ordre de Saint-Dominique (le P. Noël Alexandre.) *Cologne*, héritiers de *Corneille d'Egmond*, 1699, in-12.

514. Table chronographique de l'estat du christianisme, depuis la naissance de Jésus-Christ jusques à l'année 1651; par Gaultier. *Lyon*, *Borde*, *Arnaud et Rigaud*, 1651, in-fol.

515. De immunitate autorum syriacorum à censura. Diatribæ Petri à Valleclausa S. T. D. In-8, sans date ni lieu d'impression.

516. Lettres théologiques aux écrivains défenseurs des convulsions du temps. 2 vol. in-4.

517. Procès-verbaux de plusieurs médecins et chirurgiens, dressés par ordre de Sa Majesté, au sujet de quelques personnes soi-disantes agitées de convulsions. *Paris, Ve Mazières et J.-B. Garnier*, 1732, in-4.

518. Recueil de pièces relatives aux prétendus miracles opérés sur le tombeau du diacre Paris. In-4, 2 vol.

519. Tuba magna mirum clangens sonum, ad sanctissimum D. N. papam Clementem XI. Imperatorem, reges, principes, etc. De necessitate longè maxima reformandi societatem Jesu; per D. Liberium Candidum. *Argentinæ*, 1717, in-12, 2 vol.

520. Sentimens de M. Descartes, touchant l'essence et les propriétez du corps, opposez à la doctrine de l'Église, et conformes aux erreurs de Calvin, sur le sujet de l'Eucharistie; avec une Dissertation sur la prétendue possibilité des choses impossibles; par Louis de la Ville. *Paris, Michallet,* 1680, in-12.

521. Lettres d'un ecclésiastique (Nicolas le Tourneux) à quelques personnes de la religion prétendue réformée, pour les exciter à rentrer dans l'Église

catholique, et pour répondre à leurs difficultez. *Paris*, *Josset*, 1686, in-12.

522. Préjugez légitimes contre les Calvinistes (par le P. Nicolle.) *Paris*, *Savreux*, 1671, in-12.

523. Gesta collationis Carthagini habitæ Honorii Cæsarii jussu inter Catholicos et Donatistas coram Marcellino V. C. Trib. et Not. Papirii Massonis studio atque opera, nunc primum in lucem editum. *Parisiis*, *Orry*, 1588, in-8.

524. Le Panthéon huguenot découvert et ruiné, contre l'aucteur de l'Idolâtrie papistique, ministre de Vauvert, cy-devant d'Aiguesmortes; par Louis Richeome, provençal, jésuite. *Lyon*, *Rigaud*, 1610, in-8, frontisp.

525. Mémoires, ou Dissertation sur la validité des ordinations des Anglois, et sur la succession des Évêques anglicans, pour servir de réponse au livre du R. P. le Courayer; par E. Fennell, P. doyen de Loanne, en Irlande. *Paris*, *Le Clerc et Josse*, 1726, in-8.

526. Conformité de la conduite de l'Église de France, pour ramener les protestans, avec celle de l'Église d'Afrique pour ramener les donatistes à l'Église catholique (par Goibau-Dubois.) *Paris*, *Coignard*, 1685, in-12.

527. Nouveau Tocsin des jésuites, avec des remarques critiques. Lettre à M. le Régent, sur le refus que le pape fait d'accorder des bulles à nos évêques. Harangue de la Sorbonne à monseigneur le Régent.

Lettres de M. l'archevêque de Reims, avec des réflexions et plusieurs autres pièces curieuses. 1616, in-8.

528. 2 vol. in-4, contenant des Mandements, Lettres pastorales et autres pièces contre les Jansénistes, etc.

529. Lettres de Polémarque à Eusèbe (le P. Lombard), et d'un théologien (le docteur Arnauld) à Polémarque, sur la théologie morale des jésuites (du même Arnauld). 1644, in-8.

6. *Théologiens séparés de l'Église romaine.*

530. Nicolai de Clemangiis opera omnia. *Lugduni Batavorum*, impensis *Lud. Elzevirii*, 1613, in-4, frontisp.

531. Dialogi sex contra summi pontificatus, monasticæ vitæ sanctorum........ ab Alano Copo editi. *Antuerpiæ*, ex off. *Plantiniand*, 1573, in-4.

532. Entretiens de Maxime et de Themiste, ou Réponse à l'examen de la théologie de M. Bayle; par M. Jaquelot. *Rotterdam, Leers*, 1707, in-12, 2 vol.

533. Defensio fidei Nicænæ ex scriptis quæ extant, catholicorum doctorum, qui intra prima ecclesiæ christianæ secula floruerunt, auctore Georgio Bullo. *Oxonii*, 1668, in-4.

534. Sermons sur divers textes de l'Écriture sainte; par Jacques Saurin, pasteur à la Haye. *La Haye, Husson*, 1715, in-8, 2 vol.

535. Epistre envoyée aux fidèles qui conversent entre les papistes, pour leur remonstrer comment ilz se doyvent garder d'estre souillez et polluz par les superstitions et idolâtries d'iceux, et deshonnorer Jésus-Christ par icelles. Revuë et augmentée par Pierre Viret. 1547, petit in-8, sans désignation de lieu.

VII. RELIGION DES CHINOIS,
DES INDIENS, DES MAHOMÉTANS ET DES SABÉENS.

536. Machumetis Saracenorum principis ejusque successorum, vita, doctrina ac ipse Alcoran..... His adjectæ sunt confutationes multorum authorum arabum, græcorum, etc. Adjecti sunt etiam de Turcarum sive Saracenorum origine ac rebus gestis. 1550, in-fol., sans désignation de lieu.

JURISPRUDENCE.

I. INTRODUCTION A L'ÉTUDE DU DROIT,
ET TRAITÉS GÉNÉRAUX SUR LES LOIS.

537. Lexicon juridicum Juris cæsarei, simul et canonici, feudalis item civilis, criminalis.... collectum.... studio et operâ Joannis Calvini; editio postrema prioribus auctior...., cum præfationibus

Gothofredi et Hermanni Wlteri. *Genevæ, Chouet,* 1640, in-fol.

538. Lexicon Juris civilis et canonici, sive potiùs Commentarius de verborum significatione quæ ad utrumque jus pertinent. *Lugduni*, ap. *Gulielmum Rouillium*, 1580, in-fol., frontisp.

539. Barnabæ Brissonii.... de verborum quæ ad jus pertinent significatione Libri XIX. *Parisiis*, ap. *Sebastianum Nivellium*, 1596, in-fol.

540. Juris græco-romani tàm canonici quàm civilis tomi duo.... nunc primum editi curâ Marquardi Freheri. *Francofurti*, imp. heredum *Petri*, 2 tomes en un vol., in-8.

541. Thesaurus dictionum et sententiarum Juris civilis, ex universo Juris corpore.... collectus; auctore Petro Cornelio Brederodio Hagocomitano. *Lugduni*, in off. *Philippi Tinghui*, 1585, in-fol., frontisp.

542. Nova et methodica Juris civilis tractatio. In-8.
Le titre manque. — L'ouvrage paraît être en 2 vol.; celui-ci serait le second.

543. Intellectus singulares et novi in nonnulla loca Juris civilis; per dominum Uldaricum Zasium.... collecti. In-fol.
Sans indication de lieu; il y a une date manuscrite de 1533.

544. De l'Esprit des lois; par Montesquieu, précédé de l'Analyse de cet ouvrage par D'Alembert. *Paris, Pourrat*, 1834, 3 vol. in-8.

II. DROIT DE LA NATURE ET DES GENS.

Traités généraux; Droit des Gens entre les nations; Droit politique.

545. Le Droit public, suite des lois civiles dans leur ordre naturel (par Domat). 2me édition. *Paris, Coignard*, 1687 et 1689, in-4.

546. Cours de droit naturel, professé à la faculté des lettres de Paris (année classique 1833-34); par Th. Jouffroy. *Paris, Prevost-Crocius*, 1834, in-8, 2 vol.

547. De regis catholici præstantia.... autore Camillo Borello G. C. ad Philippum III, regem catholicum. *Mediolani*, ap. *Hieronym. Bordonum*, 1611, in-fol.

548. Reginæ christianissimæ (Mariæ-Theresiæ Austriæ) Jura in ducatum Brabantiæ (è gallico Ant. Bilain, in latinum versa à Joan. B. Duhamel). S. L., 1667, in-4.

549. Traités touchant les droits du Roy très chrestien sur plusieurs états et seigneuries possédés par divers princes voisins, etc.; le tout composé et recueilli du Trésor des chartes du Roy et autres mémoires; par Dupuy. *Paris, Courbé*, 1655, in-fol.

550. Renati Choppini Andegavi de domanio Franciæ

(vel gallico) libri III. Ultima editio. *Parisiis*, ap. *Laurentium Sonnium*, 1621, in-fol.

Cet ouvrage forme le 1er tôme du volume. — Le 2e tôme est porté ci-après n° 610, et le 3e tôme, n° 615.

551. Commentarius Lothariensis, quo præsertim Barrensis ducatus imperio asseritur.... auctore Joanne-Jacobo Chiffletio. *Antuerpiæ*, ex officinâ *Plantinianâ*, 1649, pet. in-fol.

Chef-d'œuvre de typographie.

Dans le même volume :

1° Leges Salicæ illustratæ.

Cet ouvrage sera ci-après indiqué, n° 571.

2° Stemma Austriacum annis abhinc millenis, etc.

3° De Ampullâ remensi.

4° Tesmerius expensus.

Suite de l'ouvrage précédent.

5° De Pace cum Francis ineundâ, etc.

Tous ces ouvrages sont du même auteur (Jean-Jacques Chifflet). — Les quatre derniers, n°s 2, 3, 4 et 5, paraissent appartenir à l'histoire.

552. Joannis-Jacobi Chiffletii opera politico-historica, ad pacem publicam spectantia. *Antuerpiæ*, ex offic. *Plantinianâ*, 1650, in-fol.

Très bel exemplaire.

III. DROIT CIVIL ET CRIMINEL.

1. Droit romain.

553. Institutiones imp. Justiniani, Theophilo antecessore græco interprete. *Lugduni*, *Frellon*, 1608, in-4.

554. Justiniani institutionum libri IV, notis..... illustrati curâ et studio Arnoldi Vinnii; editio novissima. *Lugduni Batavorum, Langerak*, 1730, in-12.

555. Justiniani Institutionum libri IV, adnotationibus ac notis.... studio et operâ Crispini. Novissimè accesserunt adnotationes, etc., Jul. Pacio auct.; editio tertia. *S. L. Vignon*, 1583, in-16.

556. Joannis Borcholten in quatuor institutionum Juris civilis libros.... Commentaria; ultima editio. *Parisiis, De Luyne*, 1663, in-4.

557. Selectæ eorum quæ in quatuor institutionum Juris civilis libris continentur, definitiones ac divisiones. *Parisiis, Lecointe*, 1670, in-12.

558. Novem priores libri codicis, cum commentariis... In-fol.

Manquent, au commencement, le titre et plusieurs feuillets de la table des matières. — Plusieurs feuillets des tables consulaires manquent à la fin.

559. Digestum.... seu Pandectarum juris civilis... Comment. Accursii illust. 3 vol. in-fol.

Les titres varient à chacun des trois volumes. — La collection comprend deux autres volumes. Le premier des deux, ou le quatrième de la collection, est intitulé :

Codex Justiniani.... Comment. Accursii illust. *Parisiis*, ap. *Gulielmum Merlin*, 1559.

Le deuxième volume, ou le cinquième de la collection, comprend les Novelles et les Institutes. — Ainsi, en résumé : Digeste, 3 vol.; Code, 1 vol.; Novelles et Institutes, 1 vol.; en tout, 5 vol. in-fol.

DROIT CIVIL ET CRIMINEL.

560. Corpus juris civilis, quo Jus universum justinianeum comprehenditur... cum notis Dionysii Gothofredi J. C. *Lugduni, Caffin*, 1650, 2 vol. in-fol.

Le 2ᵉ vol. est intitulé : « Codicis Justiniani.... repe-« titæ prelectiones libri XII, notis Dionysii Gothofredi illus-« trati. »

561. Legum delectus ex libris digestorum et codicis, ad usum scholæ et fori; operâ Joannis Domat. *Parisiis, Cavelier*, 1701, in-4.

562. Codicis dom. Justiniani ex repetitâ prælectione libri XII.

Le 1ᵉʳ volume manque ; le 2ᵉ vol. (duquel a été extrait le titre ci-dessus) commence au 7ᵉ livre du Code. — Le 1ᵉʳ feuillet est coté 473.

A la fin : *Parisiis*, excudebat *Caro La Guillard*. 1542, in-8.

2. Droit français.

1ʳᵉ Partie. — *Droit français ancien*; *Traités généraux et Dictionnaires*.

563. Les Lois civiles dans leur ordre naturel (par Domat), 2ᵉ édit. *Paris, Pepie*, 1696, 4 vol. in-4.

564. Le parfait Praticien français réformé, suivant l'usage qui se pratique à présent dans toute la France; par Mercier. *Paris, Besoigne*, 1683, in-4.

565. La nouvelle Pratique civile, criminelle et bénéficiale, ou le nouveau Praticien français, par feu Lange, etc.; 14ᵉ édition. *Paris, Bauche*, 1741, 2 vol. in-4.

566. Style universel de toutes les cours et juridictions du royaume...... suivant l'ordonnance de Louis XIV; par Gauret. *Paris, chez les Associés*, 1686-87, 2 vol. in-4.

<small>Le 1er vol. contient l'Instruction des matières civiles, et le 2e l'Instruction des matières criminelles.</small>

567. Enchiridion juris scripti Galliæ moribus et consuetudine frequentiore usitati; autore Joanne Imberto (Jean Imbert.) *Lugduni*, ap. *Joannem Frellonium*, 1556, in-8.

568. Les Actions forenses singulières et remarquables; par Julien Pelens; édition seconde. *Paris, Buon*, 1604, in-4.

569. Répertoire alphab. et chronolog. des lois concernant le commerce, de 1040 à 1815.

<small>Cet ouvrage est indiqué ci-après, n° 590.</small>

570. Recueil de jurisprudence civile du pays de droit écrit et coutumier, par ordre alphabétique; par Guy du Rousseau de la Combe. *Paris*, 1746, in-4.

<small>Le volume commence par le Supplément du recueil, imprimé à Paris en 1743.</small>

Droit français sous les trois races, jusqu'en 1789.

571. Leges salicæ illustratæ : Illarum natale solum demonstratum cum glossario salico vocum advaticarum; auctore Gottefrido Wendelino. *Antuerpiæ, Plantinus*, 1649, in-fol.

Cet ouvrage est le 2ᵉ de ceux contenus dans un volume déjà indiqué n° 551.

572. Codex legum antiquarum in quo continentur: 1. Leges Wisigothorum; 2. Edictum Theodorici regis; 3. Lex Burgundionum; 4. Lex salica; 5. Lex Alamannorum; 6. Baiwariorum; 7. Decretum Tassilonis ducis; 8. Lex Ripuariorum; 9. Lex Saxonum; 10. Angliorum et Werinorum; 11. Frisionum; 12. Longobardorum; 13. Constitutiones Siculæ sive Neopolitanæ; 14. Capitulare Karoli M. et Huldowici impp., etc..... ex bibliothecâ Frid. Lindenbrogi. *Francofurti*, ap. *J. et A. Marnios*, 1613, in-fol.

573. La conférence des ordonnances royaux, distribuée en douze livres; par Pierre Guenois. *Paris, Chaudière*, 1585, in-4.

574. Ordonnances royaux sur le faict de la justice, faites par les rois François Iᵉʳ, Henry II, François II, Charles IX, Henry III, Henry IV et Louis XIII. *Rouen, Berthelin*, 1645, in-8.

575. Recueil des édits, déclarations, ordonnances et réglemens des rois Henry II, François II, Charles IX, Henry III, Henry IV, Louis XIII et Louis XIV, concernant les mariages. *Paris, Langlois*, 1700, in-8.

576. Sommaire Exposition des ordonnances du roi Charles IX, sur les plainctes des trois Estats de son royaume, tenuz à Orléans l'an 1560; par Joachim du Chatard. *Lyon, Rigaud*, 1566, in-16.

577. Code du roy Henry III, roy de France et de Pologne. *Paris*, 1587, in-fol.

578. Ordonnance du roi Louis XIII sur les plaintes des États assemblés à Paris, en 1614, et sur les avis des assemblées des notables, tenues à Rouen en 1617, et à Paris en 1626; publiée en Parlement, en 1629. *Paris, A. Estienne*, 1629, in-8.

579. Ordonnances de Louis XIV sur le fait des Gabelles et des Aides, données à St.-Germain-en-Laye, en mai et juin 1680. *Paris, Muguet*, 1680, in-12.

580. Les mêmes ordonnances (avec additions). *Rouen*, 1745, in-8.

581. Compilation de l'ordonnance de Louis XIV, donnée à St.-Germain-en-Laye, au mois de mai 1680, sur le fait des Gabelles. *Rouen, J.-B. Besongne*, 1746, in-8.

582. Ordonnance de Louis XIV, donnée à St.-Germain-en-Laye, au mois d'avril 1667. *Paris, les Associés*, 1667, in-4.

583. Formules d'actes et de procédures pour l'exécution des ordonnances de Louis XIV, données au mois d'avril 1667. *Paris, Henault*, 1668, in-4.

584. Formules d'actes et de procédures pour l'exécution des ordonnances de Louis XIV, des mois d'août 1669 et août 1670. *Paris, Henault*, 1671, in-4.

585. Abrégé des édits, arrêts et déclarations, avec

DROIT CIVIL ET CRIMINEL.

des réflexions. Ouvrage utile et nécessaire à ceux de l'une et de l'autre religion; avec un extrait des édits donnés par Henri-le-Grand, pour la réduction des princes et des villes de la Ligue; contenant des observations particulières touchant l'exercice de la religion prétendue réformée; par Soulier, prêtre. *Paris, Ve Chrestien*, 1681, in-8.

586. Recueil des édits, déclarations et arrêts rendus en faveur des curés, vicaires et autres bénéficiers. *Paris, Saugrain*, 1700, in-8.

587. Recueil des édits, déclarations, lettres patentes, arrêts et réglemens de S. M., lesquels ont été registrés au Parlement, ensemble des arrêts et autres de la dite cour, à commencer en 1643 jusqu'en 1683, avec deux tables, l'une chronologique, et l'autre alphabétique. . . . . 1 vol.
Idem de 1683 jusqu'à présent (1700). . 1
Idem de 1701 jusqu'à présent (1706). . 1
Idem de 1707 jusqu'à présent (1712). . 1
Idem de 1713 à 1718. 1
Idem de 1718 à 1725. 1
Idem de 1726 à 1740. 1
En tout 7 vol. in-4. — *Rouen, Besongne*, 1745, 1702, 1714, 1738, 1741, 1743.

588. Collection d'édits, arrêts et déclarations du roi. (Pièces détachées contenant édits, arrêts et déclarations de 1715 à 1750). . . . . 35 vol.
Édits et arrêts concernant la compagnie des Indes, rendus de 1712 à 1725 (pièces détachées). 1

En tout 36 vol. in-4.

Les pièces qui composent cette collection sont presque toutes de l'Imprimerie royale.

589. Recueil contenant l'édit du roi sur l'établissement de la juridiction des consuls de Paris.... divisé en deux parties, dernière édition. *Paris, Séb. Cramoisy,* 1660, in-4.

590. Ordonnances, édits, déclarations et arrests de Sa Majesté, registrez en la cour des Comptes, Aydes et Finances de Normandie.... sur le fait des Aydes. *Rouen, Maury,* 1708, in-8.

591. Répertoire alphabétique et chronologique, par ordre de matières, des lois, tant anciennes que nouvelles, imprimées et manuscrites, depuis 1040 jusques et y compris 1815, concernant le commerce, les arts et les manufactures de France, etc.; par J. Grouvel. *Paris, Dondey-Dupré,* 1816, in-8.

Cet ouvrage serait peut-être mieux placé dans l'art. 1er, intitulé *Traités généraux et Dictionnaires.*

Coutumes.

592. Coustumes du pays et duché de Normandie, anciens ressors et enclaves d'icelui (par Lambert Bailly, de St.-Sauveur-le-Vicomte). *Paris, Lemégissier,* 1586, in-4.

593. Coustumes du pais (sic) de Normandie, anciens ressors et enclaves d'iceluy. *Roven, Jacques Dupuys,* 1588, in-4.

DROIT CIVIL ET CRIMINEL. 83

594. Les Coustumes du pays de Normandie, et (à la fin du volume) la charte au roy Philippe, la charte aux Normans, etc. *Rouen, Martin Lemégissier*, 1620, in-12.

595. Coutume de Normandie, avec des notes... On y a joint les usages locaux.... et les articles des placités; par M. N. (Nupied.) *Paris, Durand*, 1743, in-12.

596. La Coutume de Normandie, réduite en maximes; par Pierre Merville. *Paris, Charpentier*, 1707, in-4.

597. La Coutume réformée du pays et duché de Normandie; par Josias Berault; 5e et dernière édition. *Rouen, David du Petit-Val*, 1648, in-fol.

598. Commentaires du droit civil, tant public que privé, observé au pays et duché de Normandie; par Terrien. *Rouen, Vaultier*, 1654, in-fol.

599. La Coutume réformée du pays de Normandie; commentée par Henry Basnage. *Rouen, Lucas*, 1678, in-fol.

600. Commentaires sur la Coutume de Normandie; par Bérault, Godefroy; et la paraphrase de M. d'Aviron; nouv. édition. *Rouen, de l'Imprimerie privilégiée*, 1776, 2 vol. in-fol.

601. L'Esprit de la coutume de Normandie. *Rouen, Besongne*, 1720, in-4.

602. Coutume de Normandie, expliquée par Pesnelle, 2ᵉ édition. *Rouen, Besongne,* 1727, in-4.

603. Ordonnances, édits et déclarations concernant l'autorité, juridiction et compétence de la cour des Aides de Normandie. *Rouen, Viret,* 1682, in-8.

604. Pratiques bénéficiales suivant l'usage général et celui de la province de Normandie; par Charles Routier. *Rouen, Leboucher,* 1757, in-4.

605. Traités sur les Coutumes anglo-normandes qui ont été publiées en Angleterre depuis le xɪᵉ siècle jusqu'au xɪvᵉ siècle; par Hoüay. *Paris, Saillant,* 1776, 3 vol. in-4.
Les 1ᵉʳ, 2ᵉ et 3ᵉ vol. — Le 4ᵉ manque.

606. Anciennes lois des Français, conservées dans les Coutumes anglaises, recueillies par Littleton... par Houart; nouv. édition. *Rouen, Leboucher,* 1779, 2 vol. in-4.

607. Recueil d'ordonnances, arrêts et réglemens concernant les perruquiers de la ville de Rouen et autres villes. In-8.
Le titre manque.

608. Les Coutumes générales et particulières de France et des Gaules... corrigées et annotées par Charles du Moulin; augmentées et revues par Gabriel Michel, Angevin. *Paris, Jacques d'Allin,* 1664, 2 vol. in-fol.

609. Renati Choppini de legibus Andium municipa-

DROIT CIVIL ET CRIMINEL. 85

libus libri tres, cum prævio Tractatu de summis gallicarum consuetudinum regulis; tertia editio. *Parisiis*, ap. *Laurentium Sonnium*, 1611, in-fol.

610. Renati Choppini Andegavi de civilibus parisiorum Moribus ac Institutis. *Parisiis*, ap. *Laurentium Sonnium*, 1621, in-fol.

Cet ouvrage forme le 2e tome du vol. — Le 1er tome est porté ci-dessus, n° 550.

Arrêts, Plaidoyers et Mémoires.

611. Plaidoyers et Harangues de Lemaistre, ci-devant avocat et conseiller du Roi, donnés au public par Jean Issali; 6e édition. *Paris, Le Petit*, 1671, in-4.

612. Second plaidoyer d'Epremesnil, en réplique à la Réponse de Lally-Tollendal, curateur à la mémoire du feu comte de Lally. S. L. N. D., in-4.

613. Recueil d'aucuns notables arrêts donnés en la cour de Parlement de Paris, pris des mémoires de Georges Loüet, revu par Julien Brodeau. *Paris, Rocolet*, 1650, in-fol.

Traités généraux et particuliers sur le droit.

614. Le Procès civil divisé en trois livres, par Claude Le Brun de la Rochette, advocat ès-cours de Lyon. *Lyon, Jacques Roussin*, 1607, in-4.

615. Renati Choppini, Andegavi.... de privilegiis rusticorum libri tres. *Parisiis*, ap. *Laurentium Sonnium*, 1624.

<small>Cet ouvrage forme le 3ᵉ tome du vol. in-fol., catalogué ci dessus, n° 550.</small>

616. Le nouveau Style général des Notaires apostoliques. Dernière édition. *Paris, Robin et Legras*, 1672, in-4.

617. Le parfait Notaire apostolique et procureur des officialités, etc.; par Jean-Louis Brunet. *Paris, Robustel*, 1730, 2 vol. in-4.

618. La nouvelle Instruction, ou Style général des Huissiers et Sergens. Nouvelle édition. *Paris, Huart*, 1735, in-12.

619. Michaelis de Loy Cadomæi, brevis ac methodica pactorum ac contractuum.... idea; altera editio. *Parisiis*, ap. viduam *Ægidii Alliot*, 1674, in-12.

620. Instruction générale aux commis préposés pour la perception des droits de contrôle, etc.; ouvrage corrigé et augmenté par Chambon. *Marseille, Brebion*, 1737, in-8.

621. Du Régime dotal et de la Nécessité d'une Réforme dans cette partie de notre législation; par Pierre-Léopold Marcel, notaire à Louviers (Eure). *Paris, Belin-Leprieur*, 1842, in-8, gr. papier.

— Le même, même édition, papier ordinaire.
<small>Offerts à la Bibliothèque de Louviers, par l'auteur.</small>

Jurisprudence des Fiefs et Matières féodales.

622. Traité des fiefs, suivant les coutumes de France et l'usage des provinces de droit écrit; par Claude de Ferrière. *Paris, Cochart,* 1680, in-4.

623. Traité des droits honorifiques des Seigneurs ès Églises; 9ᵉ édition (par Mathias Mareschal). *Paris, Osmont,* 1717, in-4.

624. La Pratique universelle pour la rénovation des terriers et des droits seigneuriaux; par Edme de la Poix de Freminville. *Paris, Morel et Gissey,* 1746, in-4.

625. Traité de la Dépouille des Curés; par J.-B. Thiers. *Paris, G. Desprez,* 1683, in-4.

626. Des Droits de patronage, de présentation aux bénéfices, de préséance des patrons, de seigneurs et autres, des droits honorifiques, etc.; par Claude de Ferrière. *Paris, Cochart,* 1686, in-4.

627. Causa regaliæ penitùs explicata, seu Responsio ad dissertationem R. P. F. Natalis Alexandri de jure regaliæ. *Leodii, Foppin,* 1685, in-4.

628. Traité singulier des Régales, ou des Droits du Roi sur les bénéfices ecclésiastiques. *Paris, Gosselin,* 1601, 2 vol., in-4.

629. Le nouveau Pouillié des bénéfices du diocèse de Rouen, avec une table alphabétique de toutes les paroisses, des maisons religieuses, etc. *Rouen, Le Boullenger,* 1738, in-4.

630. Pratiques bénéficiales, suivant l'usage général et celui de la province de Normandie; par Charles Routier. *Rouen, Leboucher*, 1757, in-4.
Voir le n° 604.
Plusieurs des ouvrages ci-dessus pourraient être classés dans le Droit ecclésiastique.

Droit français depuis 1789.

2ᵉ *Partie. — Les cinq Codes. Lois, Traités, etc., postérieurs au Code civil.*

631. Collection des Lois, Décrets, relatifs à l'arpentage des communes (et au cadastre)... formée par autorisation du ministre des finances; par J.-B. Oyon. *Paris, Imprim. imp.*, an XII (1804) à 1806, 4 vol. in-8.

632. Manuel des contribuables; par J.-G. Dulaurens. *Paris, Rondonneau et Dècle*, 1811, in-8.

633. Le Guide des Syndics, ou Traité sur les faillites et banqueroutes; par Virolle. *Rochechouart*, 1838, in-8.

3. Droit criminel.

634. Code criminel, ou Commentaire sur l'ordonnance de 1670; par François Serpillon. *Paris, Frères Perisse*, 1767, 2 vol. in-4.

635. Traité des matières criminelles, suivant l'ordonnance du mois d'août 1670 et les édits..... intervenus jusqu'à présent, divisé en quatre

parties; par Gui Rousseau de la Combe; 6ᵉ édition. *Paris, Cellot,* 1769, in-4.

636. Nouveau Commentaire sur l'ordonnance criminelle du mois d'août 1670; par M*** (Pothier), conseiller au présidial d'Orléans. *Paris, Debure,* 1769, in-12.

637. Recueil tiré des procédures criminelles faites par plusieurs officiaux et autres juges du royaume, etc.; 2ᵉ édition; par Pierre de Combes. *Paris, Josse,* 1701, in-4.

IV. DROIT ECCLÉSIASTIQUE.

1. *Introduction.*

638. Corpus juris canonici. *Venetiis,* per *Baptistam de Tortis.* 1485, in-fol., goth.
Il y a un feuillet d'enlevé au commencement.

639. Augustini Barbosæ Lusitani... Juris ecclesiastici universi libri tres, in quorum, 1° de Personis; 2° de Locis; 3° de Rebus ecclesiasticis plenissimè agitur. *Lugduni, Prost,* 1645, in-fol.

640. Histoire du Droit canonique, avec l'explication des lieux qui ont donné le nom aux conciles, ou le surnom aux auteurs ecclésiastiques; par J. Doujat. *Paris, Michallet,* 1677, in-12.

641. Juris canonici theoria et praxis... opus exactum non solùm ad normam juris communis et

romani, sed etiam juris francici; autore Joanne Cabassutio. *Rothomagi*, *Leboucher*, 1707, in-4.
— Idem opus, ex eâdem editione.

2. *Lettres des papes*, *Canons*, *Décrétales et Bulles*.

642. Codex canonum vetus ecclesiæ romanæ à Francisco Pithæo ad veteres manuscriptos codices restitutus et notis illustratus. Accedunt Petri Pithæi miscellanea ecclesiastica; Abbonis apologeticus et epistolæ, et formulæ antiquæ epistolæ. *Parisiis*, *è Typ. reg.*, 1687, in-fol.

643. Bibliotheca juris canonici veteris... operâ et studio Guillelmi Voelli et Henrici Justelli Christophori. *Lutetiæ Parisior.*, *Billaine*, 1661, 2 vol. in-fol.

644. D. Buchardi Wormaciensis ecclesiæ episcopi decretorum libri XX, ex conciliis et orthodoxorum patrum decretis, tùm etiam diversarum nationum synodis, ceu loci communes congesti, in quibus totum ecclesiasticum munus luculentâ brevitate et veteres ecclesiarum observationes complectitur. Claruit sub Henrico imperatore : anno sal. 1200. *Coloniæ*, ex off. *Melchioris Novestani*, 1548, petit in-fol.

645. Decretales D. Gregorii papæ IX suæ integritati unà cum glossis restitutæ, ad exemplar romanum diligenter recognitæ. *Lugduni*, 1584, in-fol.

646. Sexti libri decretalium in concilio Lugdunen.;

per Bonifacium Octavum æditi compilatio, etc. Impresse *Lugduni*, opera *Franc. Fradin*, 1520, in-fol., goth.

647. Decretales Gregorii papæ IX, libri V. *Parrhisiis*, opera ac impensis *Bertholdi Rembolt*, 1514, in-fol., goth., fig. en bois.

648. Sexti libri Decretalium, in conc. Lugdunense, per Bonifacium Octavum editi compilatio..... *Parisiis, Joh. Petit et Joh. Cabiller.*, 1508, in-4, goth., fig. en bois.

Dans le même volume : Clementis pape (sic) quinti Constitutiones... *Ibidem*, 1508.

Constitutiones XX Johannis pape (sic) XXII..... *Ibidem*, 1507.

649. Decretales Gregorii papæ. Impresse *Parisiis*, solerti cura *Thielmanni Kerver*, impensis *Johannis Petit et Johannis Cabiller.*, 1500, in-4, goth.

650. Decretum aureum domini Gratiani. *Parisiis, Johannes Petit*, 1521, in-4, goth.

651. Guidonis papæ decisiones grationopolitanæ. *Lugduni*, heræedes *Jac. Juntæ*, 1554, in-8.

652. Magnum Bullarium romanum à beato Leone magno usque ad Benedictum XIII; opus absolutissimum Laersii Cherubini... à D. Angelo Mariæ Cherubino.... deindè ab Angelo à Lantusca et Joanne Paulo à Româ...illustratum et auctum; editio novissima. *Luxemburgi*, 1727-1740, 14 tomes en 9 vol. in-fol.

JURISPRUDENCE.

D'après le *Manuel du Libraire*, par Brunet, cette collection devrait contenir 19 tomes en 11 volumes.

3. *Traités particuliers sur des matières canoniques.*

653. Ancienne et nouvelle Discipline de l'église, touchant les bénéfices et les bénéficiers... par le R. P. Louis Thomassin, prêtre de l'Oratoire; nouv. édition, revue, corrigée et rangée suivant l'ordre de l'édition latine, avec ses augmentations. *Paris*, *Montalant*, 1725, 3 vol. in-fol.

654. Ancienne et nouv. Discipline de l'église, touchant les bénéfices et les bénéficiers, extraits de la *Discipline* composée par le R. P. Louis Thomassin.... par M***. (L. d'Héricourt). *Paris*, *Osmont*, 1717, in-4.

655. De la Discipline de l'église, tirée du nouveau Testament et de quelques anciens conciles(par le P. P. Quesnel). *Lyon*, *Certe*, 1689, 2 vol. in-4.

656. De antiqua ecclesiæ disciplina Dissertationes historicæ; autore Ludovico Ellies Dupin. *Parisiis*, *Seneuze*, 1686, in-4.

657. De planctu ecclesiæ Alvari Pelagi hispani, libri duo. *Venetiis*, ex off. *Sansonini et sociorum*, 1560, in-fol.

658. Dissertatio de causis majoribus ad caput concordatorum de causis; authore Joanne Gerbais. *Lutetiæ Parisiorum*, *Le Cointe*, 1679, in-4.

659. Æconomia canonica de sacrorum catholicæ

DROIT ECCLÉSIASTIQUE.

Christi familiæ ministrorum officio, et conservanda ubique majorum ecclesiastica Disciplina, in tres classes digesta; autore R. P. F. Petro de Bollo. Accessit sub calce operis evangelici sacrificii authentica probatio ex solius scripturæ sacræ testimonio. *Lugduni, Landry,* 1589, in-4.

660. Pars secunda Speculi Guilielmi Duranti, cum additionibus Joannis Andreæ et domini Bal. suo loco positis. Impress. *Mediolani,* per *Leonardum Pachel,* 1509, in-fol., goth.

La première partie manque.

661. Recueil de jurisprudence canonique et bénéficiale, avec les pragmatiques, concordats, bulles et indults des papes, ordonnances, édits, etc.; par Guy du Rousseaud de la Combe. *Paris, Guerin,* 1748, in-fol.

662. Traité des bénéfices ecclésiastiques... et Recueil des bulles, édits, etc., concernant les matières bénéficiales et autres qui y ont rapport; nouv. édition. *Paris, Boudet,* 1755, in-4, 6 vol.

662 *bis.* Antonii Bengei in almâ Biturigum Academiâ antecessoris primicerii et Francisci Pinssonii advocati ejusdem ex filiâ nepotis tractatus de beneficiis ecclesiasticis, etc. *Parisiis, De Sommaville,* 1654, in-fol.

663. L'abbé commendataire, seconde partie; par le sieur de Froimont, avec une Réplique aux principales réponses qu'on a faites à la première partie, qui ont été débitées écrites à la main, ou dans

l'entretien familier. *Cologne, Schouten*, 1674, in-12.

664. Flaminii Brisii... tractatus duo. Primus, de resignatione beneficiorum, tomos duos continens cum animadversionibus P. Duclos; alter de confidentia beneficiali. *Tolosæ, Rose*, 1616, 2 t. en un vol. in-fol.

665. Traité de l'abus et du vrai sujet des appellations qualifiées de ce nom d'abus; par Charles Fevret, etc.; 3ᵉ édition (avec un portrait de l'auteur.) *Lyon, Girin et Rivière*, 1677, in-fol.

666. Recueil de décisions importantes sur les obligations des chanoines, etc., divisé en trois parties, par un chanoine de l'église de Noyon (Louis Ducandas.) *Noyon, Rocher*, 1751, in-12.

667. Nouveau code des curés; par Sallé, avocat, *Paris, Prault*, 1780, vol. 1 et 2, in-12.
L'ouvrage est en 4 vol. (voy. *Biog. univ.*, au nom SALLÉ.) Les 2 derniers vol. manquent.

668. Renati Choppini Andegavi... de sacrâ politiâ forensi Libri tres; ultima editio. *Parisiis*, ap. *Laurentium Sonnium*, 1621, in-fol.
Dans le même volume: Renati Choppini Andegavi... Monasticon, seu de Jure cænobitarum. *Parisiis*, ap. *Laurentium Sonnium*, 1624.

669. Paraphrase du droit des dixmes ecclésiastiques et inféodées; par François Grimaudet. *Paris*, pour *Jean Borel*, 1571, petit in-8.

670. Tractatus de usurâ et fœnore, etc.; auctore Jacobo Gaitte. *Parisiis*, ap. *Arnulp. Seneuze*, 1688, in-4.

671. Traité de la dépouille des curés; par J.-B. Thiers. *Paris, Desprez*, 1683, in-12.

4. *Traités pour et contre l'autorité ecclésiastique.*

672. Illust. viri Petri de Marca archiep. Paris. dissert. de concordantiâ sacerdotii et imperii, seu de libertatibus Ecclesiæ gallicanæ libri octo, quorum quatuor ultimi nunc primum eduntur opera et studio Stephani Baluzii. *Parisiis, Muguet*, 1663, in-fol.

Il semble que cet ouvrage devrait être compris dans le paragraphe suivant; mais il est classé dans les *Traités pour et contre*, etc., dans le *Manuel du Lib.*, de Brunet, n° 2084. Les éditions indiquées par Brunet sont de 1704 et 1708.

673. Traité de l'autorité du pape (par l'évesque de Burigny.) *La Haye, Rogissart*, 1720, 4 t. en 2 v. in-12.

Chiniac de la Bastide a donné une nouvelle édition de cet ouvrage; Vienne (Paris), 1782, 5 vol. in-8.

674. Vindiciæ doctrinæ majorum scholæ parisiensis, seu, etc., contra defensores monarchiæ universalis et absolutæ curæ romanæ; authore Edmundo Richerio. *Coloniæ*, ap. *Balth. ab Egmond*, 1683, in-4.

675. Traité de la puissance ecclésiastique et temporelle. 1707, in-8, sans désignation de lieu.

676. Apologia pro Joanne Gersonio pro suprema

Ecclesiæ et Concilii generalis auctoritate; atque independentiâ regiæ potestatis ab alio quàm à solo Deo : adversus scholæ Parisiensis, et ejusdem doctoris Christianissimi obtrectatores. Per E. R. D. T. P. (Edm. Richerium, doct. theol. Paris.) *Lugduni Batavorum, Moriaen*, 1676, in-4.

677. Censura sacræ facultatis theologiæ parisiensis, in librum cui titulus est : La Défense de l'authorité de N. S. P. le Pape, de nos seigneurs les Cardinaux, les Archevesques et Evesques, et de l'employ des religieux Mendiants contre les erreurs de ce temps; par Jacques de Vernant, à Metz, 1658; operâ et studio quorundam theologorum parisiensium. *Parisiis, Desprez*, 1665, in-4.

678. Traité de la puissance ecclésiastique et temporelle. 1707, in-8, sans désignation de lieu.

679. Emundus Richerius Defensio libelli de ecclesiastica et politica potestate, in quinque divisa libros. *Coloniæ, Balthasar ab Egmond*, 1701, in-4.

680. De l'Autorité du Clergé, et du pouvoir du Magistrat politique, sur l'exercice des fonctions du ministère ecclésiastique; par M*** (Richer, avocat). *Amsterdam* (Paris), 1767, 2 vol. in-12.

5. *Église gallicane.*

681. Recueil des Actes, Titres et Mémoires concernant les affaires du clergé de France, divisé en

DROIT ECCLÉSIASTIQUE.

12 tomes. *Paris, Ve François Muguet*, 1716; et *Pierre Simon*, 1719 à 1740, 12 vol. in-fol.

682. Abrégé du recueil des Actes, Titres et Mémoires du clergé, ou Table raisonnée en forme de Précis des matières contenues dans ce Recueil. *Paris, Desprez*, 1752, in-fol.

683. Procès-verbaux du Clergé de France, sous les titres ci-après :

1er *Volume*. Procès-verbal contenant les Propositions, Délibérations et Résolutions prises et reçues en la Chambre ecclésiastique des États généraux du royaume de France, convoquée par le Roi Louis XIII, et tenue en la ville de Paris, en 1614 et 1615; recueilli et dressé par Pierre de Brehety; 2e édition, 1650.

2e *Volume*. Procès-verbal de l'Assemblée générale du Clergé de France, tenue à Paris au couvent des Augustins, en l'année 1645. *Paris, Vitré*, 1645.

3e *Volume*. Même titre, année 1650. *Paris, Vitré*, 1650, in-fol.

4e *Volume*. Même titre, ès années 1655 et 1656. *Paris, Vitré*, 1655.

5e *Volume*. Procès-verbal de l'Assemblée générale du Clergé de France, commencée à Pontoise, au couvent des Cordeliers, et continuée, à Paris, au couvent des Augustins, ès années 1660 et 1661. *Paris, Vitré*, 1660.

JURISPRUDENCE.

6ᵉ *Volume.* Même titre, ès années 1665 et 1666. *Paris, Vitré*, 1666.

7ᵉ *Volume.* Procès-verbal de l'Assemblée générale du Clergé de France, tenue à Pontoise, au couvent des Cordeliers, en l'année 1670. *Paris, Vitré*, 1671.

8ᵉ *Volume.* Procès-verbal de l'Assemblée générale du Clergé de France tenue à Saint-Germain-en-Laye.... en l'année 1675. *Paris, Léonard*, 1678.

9ᵉ *Volume.* Même titre.... en l'année 1680. *Paris, Léonard*, 1684.

Ainsi, ce recueil comprend neuf volumes in-fol.

Le même recueil, indiqué dans le *Manuel du Libraire*, Table méthodique, nᵒ 2098, est plus complet. Il commence à 1560 et finit en 1785. Il comprend 13 vol. in-fol. Paris, 1767 et ann. suiv.

684. Mémoires des affaires du clergé de France, concertées et délibérées ez premiers Estats de Blois, 1576; et depuis ès assemblées générales dudict clergé, tenues par permission du roy, tant en la ville de Melun qu'en l'abbaye S.-Germain-des-Prez lez Paris, ès années 1579, 80, 85 et 86. Le tout dressé en forme de journal; par Guillaume de Taix. *Paris, Bouillerot*, 1625, in-4.

685. Les mêmes, même édition.

686. Relation des délibérations du clergé de France, sur les constitutions de nos SS. PP. les papes Innocent X et Alexandre VII; par lesquelles sont

déclarées et définies cinq propositions en matière de foy, etc. *Paris, Vitré*, 1661, in-4.

687. Procèz-verbal de l'assemblée générale du clergé de France, commencée à Pontoise, au couvent des Cordeliers, et continuée à Paris, au couvent des Augustins, ès années 1660 et 1661. *Paris, Vitré*, 1660, in-fol.

Il doit y avoir erreur dans la date, puisque la date du privilége est de 1661.

688. Procès-verbal de l'assemb. extraord. de MM. les arch. et évêques, tenue en l'archev. de Paris, aux mois de mars et mai 1681. *Paris, Léonard*, 1681, in-4.

689. Jeseri Bernardi Van Espen presbyteri... opera. — tom. 1, continens primam ac secundam partem juris ecclesiastici universi. — Tom. 2, continens tertiam partem juris ecclesiastici universi, atque opuscula varia. *Lovani*, 1721, 2 vol. in-fol.

Il y a une autre édition, 5 vol. in-fol., 1778. (*Man. Lib.*, Table méth., n° 2098.)

690. Les Lois ecclésiastiques de France, et une analyse des livres du droit canonique, conférés avec les usages de l'Eglise gallicane; par Louis de Géricourt. *Paris, Mariette*, 1719, in-fol.

691. Traités des droits et libertés de l'Eglise gallicane (par Pierre Pithou.) Sans désignation de lieu, 1639, in-fol.

La table qui se trouve au commencement du vol., indique es auteurs des différens traités contenus dans ce recueil.

JURISPRUDENCE.

692. Preuves des libertés de l'Eglise gallicane. Sans désignation de lieu, 1639, in-fol.

693. Du renversement des libertéz de l'Eglise gallicane, dans l'affaire de la constitution Unigenitus. (Par l'abbé Le Gros.) Sans désignation de lieu, 1716, 2 vol. in-12.

694. Defensio declarationis conventûs cleri gallicani ann. 1682; autore D. Jacobo Benigno Bossuet. *Amstelodami*, sumpt. Soc., 1745, 2 vol. in-4.

695. Défense de la déclaration du clergé de France, de 1682; par Bénigne Bossuet, évêque de Meaux; trad. en franç. avec des notes. *Amsterdam, aux dép. de la Compagnie,* 1745, 3 vol. in-4.

696. Usages de l'Église gallicane, concernant les censures et l'irrégularité; par Jean-Pierre Gibert. *Paris, Mariette,* 1724, in-4.

697. Pragmatica sanctio à jurium studiosis planè desiderata : omnem materiam canonicam partìm et civilem continens.... *Tolose,* 1528, in-4, goth.

698. Sancti Ludovici Francorum regis christianissimi Pragmatica sanctio, et in eam historica præfacio et commentarius, etc. *Parisiis, Muguet,* 1663, in-4.

699. Idem, eâdam editione.

700. Aulæ ecclesiasticæ et Horti crusiani subversio, sive R. P. F. Romani Hay, aliorumque commentorum Discussio; authore R. P. Joanne Crusio soc.

Jesu. *Coloniæ Agrippinæ, Kalcovius*, 1653, in-4, 2 vol.

701. Traité des monitoires; par M. Rouault. *Paris*, 1740, in-8.

702. OEuvres postumes, excellens et curieux, de Guy Coquille, sieur de Romenay, nouvellement recouvrez et mis en lumière. Ensemble trois autres petits ouvrages de divers auteurs. *Paris, Ve Guillemot*, 1650, in-4.

703. Traité du gouvernement spirituel et temporel des paroisses; par M. J*** (Jousse). *Paris, Debure*, 1769, in-12.

704. Le privilége pour les dixmes novalles, concédé, maintenu et conservé, etc. *Paris, Bessin*, 1669, in-4.

705. Mémoires de P. Quesnel, pour servir à l'examen de la Constitution du pape contre le nouveau Testament en françois, avec des réflexions morales. 1714-16, 7 tomes en 4 vol. in-12.

706. Recueil de pièces concernant la constitution Unigenitus. 25 vol. in-4.

Ces deux derniers n°s pourraient appartenir à la Théologie.

6. *Droit ecclésiastique étranger, et Statuts des ordres religieux.*

707. Bullarium casinense, seu Constitutiones summorum pontificum, imperatorum, regum, princi-

JURISPRUDENCE.

pum, et Decreta sacrarum congregationum pro congregatione casinensi... per Cornelium Margarinum. *Venetiis*, 1650, in-fol.

708. Consultations de douze avocats au Parlement de Paris, du 1ᵉʳ février 1770, sur l'état de l'église d'Utrecht, la conduite qu'elle doit tenir, etc.; nouv. édition, augmentée de l'indication des réquisitoires où l'on trouve la doctrine du royaume sur les limites de l'autorité du pape en France. *Paris, Leclerc*, 1791, in-8.

709. Troisième partie du nouveau Recueil des statuts de l'ordre des Chartreux. *La Correrie, Le Gilibert*, 1683, in-8.

Manquent les derniers feuillets de la table.

710. Nova collectio statutorum ordinis cartusiensis, editio quarta, cura et jussu R. P. domni Stephani. *Correriæ*, 1736, in-4.

711. La règle de S.-Benoît, nouvellement traduite et expliquée, etc.; par l'auteur des devoirs de la vie monastique (l'abbé de Rancé). *Paris, Muguet et Josse*, 1689, 2 vol.

Cet ouvrage est-il complet? — A la fin du 2ᵉ vol. on lit : Fin du tome 2.

712. Liber privilegiorum sacro Ordini cisterciensi, per summos pontifices concessorum, et per christianissimos nostros Franciæ et Navarræ reges. *Parisiis, Cramoisy*, 1666, in-4.

713. Priviléges de l'ordre de Citeaux, recueillis et

compilés, de l'autorité du chapitre général. *Paris, Mariette*, 1713, in-4.

714. Défense des réglemens faits par les cardinaux, archevesques et évesques, pour la réformation de l'ordre de Cisteaux; par commission des papes, à l'instance du roy; par les abbez et religieux de l'estroite observance du mesme ordre. *Paris, Bessin et Trabouillet*, 1656, in-4.

715. Réglemens de l'abbaye de Notre-Dame-de-la-Trappe, en forme de constitutions, avec des réflexions, et la carte de visite faite à N.-D.-des-Clairets; par le R. P. abbé de la Trappe. *Paris, Delaulne*, 1718, in-12.

716. Regulæ societatis Jesu; auctoritate septimæ congregationis generalis auctæ. *Antuerpiæ, Meursius*, 1635, in-8.

A la suite : 1° Decreta congregationum generalium societatis Jesu; 2° Canones congr. general. soc. Jesu.

717. Constitutiones generales fratrum tertii ordinis sancti Francisci de Pænitentia nuncupati congregationis gallicanæ strictæ observantiæ, etc. *Rothomagi, Feron*, 1627, in-4.

718. Regula et constitutiones fratrum Pænitentium, tertii ordinis S. Francisci, congregationis gallicanæ strictæ observantiæ. *Parisiis*, 1773, petit in-12.

719. La Règle du tiers-ordre de S. François d'Assise;

par le P. Archange, religieux pénitent du couvent de Nazareth. *Paris, Le Mercier*, 1752, in-12.

720. Statuta sacræ facultatis Theologiæ parisiensis, unà cùm conclusionibus ad ea spectantibus. *Parisiis, vidua Lambin*, 1715, in-4.

SCIENCES ET ARTS.

INTRODUCTION ET HISTOIRE.

Traités généraux. Dictionnaires encyclopédiques. Mélanges.

721. Vincentii Burgundi ex ord. prædic. Speculum quadruplex, naturale, doctrinale, morale, historiale, etc. Opera et studio theologorum benedictinorum collegii Vedastini, etc. *Duaci, Balthazarus*, 1624, in-fol., 3 vol.

722. Magnum Theatrum vitæ humanæ. Hoc est rerum divinarum humanarumque syntagma catholicum, philosophicum, historicum et dogmaticum; auct. Laur. Beyerlinc. *Lugduni, Huguetan*, 1656, in-fol., 8 vol.

723. Florilegii magni, seu Polyantheæ floribus novissimus sparsæ libri XXIII; à Josepho Langio. *Lugduni, Huguetan*, 1659, in-fol., 2 vol.

724. Polyanthea Dominici Nani. *Lugduni*, in offic. *Joan. Thome*, 1513, in-4, goth.

725. Contenta in hoc volumine : Pimander : Mercurii Trismegisti liber de sapientia et potestate Dei. Asclepius : ejusdem Mercurii liber de voluntate divina. Item Crater Hermetis, à Lazarelo septempedano. Petri Portæ Monsterolensis dodecastichon ad lectorem. Gr. in-8, sans date ni lieu d'impression.

726. Cornucopiæ Jo. Ravisii Textoris epitome, quæ res quibus orbis locis abundè proveniant, alphabetico ordine complectens. *Lugduni, Gryphius,* 1541, in-8. — Idem, ibidem, 1580

727. La Tipocosmia di Alessandro Citolini, da Serravalle. *In Venetia, Valgrisi,* 1561, in-8.

728. Loci communes similium et dissimilium, ex omni propèmodum antiquitate, tam sacra quam profana collectorum, per Joannem Dadræum. *Wirzeburgi,* ex offic. *Henrici Aquensis,* 1582, in-8.

729. Essai sur la philosophie des sciences; par Ampère. *Paris, Bachelier,* 1834, in-8.

730. Recueil général des questions traitées ès conférences du bureau d'adresse, sur toutes sortes de matières, par les plus beaux esprits de ce temps. *Paris, Loyson,* 1656, in-8, 5 vol.

731. Le même ouvrage. *Paris, Loyson,* 1666, in-12, 5 vol.

732. F. Leonis Carmelitæ Rhedonensis, studium

sapientiæ universalis contextus scientiæ humanæ. *Parisiis, Quesnel,* 1657, in-fol.

733. Compendium naturalis philosophiæ, libri duodecim de consideratione rerum naturalium, earumque ad suum creatorem reductione; per Franc. Titelmannum. *Parisiis, Roigny,* 1542, in-8.

734. Liber de causis Hieronymi de Hangest theologie professoris. *Parrhisiis, Johan. Parvus,* 1508, pet. in-fol., imprimé en caractères ronds.

735. Venerandi patris Bartholomei anglici (Glanvilla) ordinis Minorum, viri eruditissimi, opus de rerum proprietatibus inscriptum, etc. Impressum per *Fredericum Peypus,* civem Nurembergem, 1519, in-fol.; gothique, 2 colonnes.

736. Idem opus. Impressum anno 1482, in-fol., gothique, 2 colonnes.

737. Cy commence uns très excellent livre nommé le Propriétaire des choses, translaté du latin en françoys à la requeste de très chrestien et très puissant roy Charles-Quint de ce nom adonc regnant en France paisiblement, lequel traicte moult amplement de plusieurs notables matières, comme on pourra apercevoir par les prologues qui s'ensuyvent. Cestuy livre... fut translaté de latin en françois l'an de grâce MCCCLXXII... et le translata... frère Jehan Corbichon... et a esté revisité par... frère Pierre Ferget... et imprimé audit lieu de *Lyon,* par... *Jehan Cyber,* maistre en l'art de

impression. Edition sans date, in-fol., goth., fig.
Cette édition paraît être la première. — V. la *Biographie*, Corbichon, t. 9, page 558.

738. In hoc opere continentur totius philosophie naturalis paraphrases : adjectis ad litter. scholiis declarate et hoc ordine digeste. Introductio in libros physicorum. — Paraphrasis octo physicorum Aristotelis.—Duo dialogi ad physicos lib. introductorii. —Paraphrasis quatuor de celo et mundo completorum. — Paraphrasis duorum de generatione et corrup.— Paraphrasis quatuor metheor. completorum. — Introductio in libros de anima. — Paraphrasis trium de anima completorum. — Paraphrasis libri de sensu et sensato. —Paraphrasis libri de memoria et reminiscentia. — Paraphrasis libri de somno et vigilia.— Paraphrasis lib. de longitudine et brevitate vite.— Introductio metaphysica. — Dialogi quatuor ad metaphysicam introductorii. Impressum in alma *Parrhisiorum* Academia, per *Henricum Stephanum*... 1510, in-4, goth.

739. Theatrum philosophiæ christianæ. In-4.
Titre enlevé.

740. Congrès scientifiques de France. Première session, tenue à Caen, en juillet 1833. *Rouen, Nicétas Periaux*, 1833, in-8.

741. Séances publiques de la Société Linnéenne de Normandie, tenues à Falaise le 5 juin 1834; à

Bayeux le 4 juin 1835; à Vire le 24 mai 1836. *Caen, A. Hardel,* in-8, 3 vol.

742. Recueil de la Société libre d'Agriculture, Sciences, Arts et Belles-Lettres du département de l'Eure, depuis 1830 jusqu'à ce jour. *Evreux, Ancelle,* in-8.

743. Bulletin de la société Ebroïcienne, suivant les réglements de l'ancienne société d'Agriculture, Sciences, Arts et Belles-Lettres du département de l'Eure. *Louviers, Achaintre,* in-8, 8 vol.

744. Congrès méridional. Première session, 1834. *Toulouse, Martegonte,* 1834, in-8.

745. Encyclopédie méthodique. *Paris, Panckoucke,* in-4, incomplète.

Voici ce que possède la Bibliothèque : Théologie, tomes 1 et 2, incomplet.—Jurisprudence, tomes 1 à 7; 8 prem. part., et 9; incomplet. — Dictionnaire des arrêts modernes, 1 vol. complet. — Logique et morale, tomes 1, 2, 3; incomplet. — Economie, politique et diplomatique, tomes 1, 2, 3 et 4 prem. part.; incomplet. — Commerce, tomes 1, 2, 3; complet. — Agriculture, tome 1 prem. part.; incomplet. — Finances, tomes 1, 2, 3; complet. — Chimie, tome 1; incomplet. — Botanique, tomes 1 et 2; incomplet. — Histoire naturelle, tomes 1, 2, 3 deuxième partie, 4 et 6 première partie; incomplet. — Parties complètes de l'histoire naturelle : Quadrupèdes, Oiseaux, Ovipares et Serpens. — Médecine, tome 1 prem. part.; incomplet. — Marine, tomes 1, 2, 3; complet. — Art militaire, tome 1, 2, 3; complet. — Beaux-Arts, tome 1; incomplet. — Architecture, tome 1 prem. part.; incomplet. — Arts et métiers, tomes 1, 2, 3 prem. part.;

4, 5 et 6 prem. part.; incomplet. — Équitation, escrime, danse, art de nager, un vol.; complet. — Manufactures et arts, tome 2 deuxième part.; incomplet. — Géographie ancienne, tomes 1 prem. part., 2; incomplet. — Idem moderne, tomes 1, 2, 3; complet. — Histoire, tomes 1, 2, 3; incomplet. — Antiquités, tomes 1, 2; incomplet.

746. Encyclopédie du XIXe siècle. *Paris*, impr. de *Duverger*, 1838, gr. in-8. — Les dix premières livraisons.

SCIENCES.

I. PHILOSOPHIE.

PHILOSOPHES ANCIENS ET MODERNES.

747. Aristotelis opera quæcumque impressa hactenus extiterunt omnia, græcè. *Basileæ, Ising*, 1539, in-fol.

748. In universam Aristotelis philosophiam introductio; à Petro Barbay. *Parisiis, Josse*, 1680, in-12.

749. Idem, ibidem. 1684, in-12.

750. L. Annæi Senecæ philosophiæ et M. Annæi Senecæ rhetoris quæ exstant opera... Accessere loci communes ex utroque Seneca facti; auctore D. Gothofredo J. C. *Parisiis, Chevalier*, 1607, in-fol., portrait.

751. Justi Lipsii commentarii in Senecam. In-fol.
Le titre manque.

752. Les œuvres de Sénèque, traduction de Malherbes, et continuées par Duryer. *Paris, Sommaville*, 1659, in-fol., 2 vol.

753. Les mêmes, traduction de Chaluet. *Paris, L'Angelier*, 1623, in-fol.

754. Platonis omnia opera, græcè, cum commentariis Procli in Timæum et Politica. *Basileæ, Walderus*, 1534, in-fol.

755. Iamblichi Chalcidensis ex Syria cæle de vita Pythagoræ et Protrepticæ orationes ad philosophiam. Lib. II. — Additæ sunt in fine Theanus, Mycæ, Melissæ et Pithagora aliquot epistolæ gr. et lat.; Johan. Arærio Theodoreto authore et interprete. In bibliopolio *Commeliniano*, 1598, in-4.

756. Anitii Manlii Severini Boethi, philosophorum et theologorum principis, opera omnia. *Basileæ, Henric. Petrus*, 1570, in-fol.

757. Petri Marsi in librum primum Ciceronis de officiis commentarii. *Parisiis, Bénard*, 1693, in-12.

758. Plotini divini illius e Platonica familia philosophi de rebus philosophicis libri LIIII, in Enneades sex distributi, à Marsilio Ficino florentino è græcâ linguâ in latinam versi. *Basileæ, Guarinus*, 1562, in-fol.

759. M. Tul. Ciceronis de officiis libri III, commentariis Erasmi Roterodani, Philippi Melanchthonis, etc., illustrati. Ejusdem de senectute, de amicitia, paradoxa, somnium Scipionis; cum adnotationibus

longe doctissimis D. Erasmi, etc. *Lugduni, Paganus*, 1556, in-4.

760. Sancti Thome de Aquino super libris Boetii de consolatione philosophiæ comment. cum expositione feliciter incipit. Pet. in-fol., goth.; volume de 159 feuillets non chiffrés, sans date ni lieu d'impression.

761. Juliani imperatoris opera quæ quidem reperiri potuerunt omnia, græcè et latinè, cum notis. *Parisiis, Cramoisy*, 1630, in-4.

A la suite : Dionysii Petavii miscellaneæ exercitationes.

762. Contenta textus Perihermenias Aristotelis Joanne Argyropilo Bizantio interprete. Clarissima ejusdem expositio à magistro Joanne Dullaert Gandavo olim edita. Ejus item magistri Joannis Dullaert in præfatum textum Perihermenias, acutissimæ quæstiones suis locis insertæ. Additæ sunt insuper nonnullæ questiones, per magistr. Clodoaldum Cenalis Parrhisiensem. *Parrhisiis*, 1519, in-4.

Dans le même volume : 1° Questiones magistri Joannis Dullaert a Gandavo in libr. predicabilium Porphirii, secundum duplicem viam nominalium et realium inter se bipartitorum, annexis aliquot quæstionibus et difficultatibus Joannis Drabbe Bonicollii Gandensis. *Parrhisiis*, 1521 ; 2° Questiones doctissimi magistri Dullaert a Gandavo in librum prædicamentorum Aristotelis; secundum viam nominalium nunquàm hactenus in lucem emisse; 3° Tractatus noticiarum Gervasii Waim suævi. Ejusdem questiones in libros posteriorum resolutionum philosophi. 1528.

En tête de ce dernier ouvrage est un privilége accordé par François Ier, en 1518, le 7e jour de février.

763. Petri Gassendi diniensis opera omnia, in sex tomos divisa. *Lugduni, Anisson et Devenet,* 1658, in-fol., 6 vol., portrait.

764. Julii Cæsaris Scaligeri exotericarum exercitationum libri XV, de subtilitate, ad Hieronymum Cardanum. *Francofurti, Wechelus,* 1582, in-8.

765. Abrégé curieux et familier de toute la philosophie; par le sieur de Marandé. *Rouen,* 1649, in-12.

766. Cursus philosophicus ad scholarum usum; autore Petro Lemonnier. *Parisiis,* 1750, in-12, 5 vol.

767. Philosophus in utramque partem, sive selectæ et limatæ difficultates in utramque partem, cum responsionibus; opera et labore L. D*** (Laurentius Duhan.) *Lutetiæ Parisiorum, Thiboust,* 1699, in-12.

768. Le même. *Parisiis, Simart,* 1708, in-12.

769. Institutiones philosophicæ ad faciliorem veterum ac recentiorum philosophorum lectionem comparatæ, opera et studio Edmundi Purchotii. *Lugduni, Boudet,* 1711, in-12, 3 vol.

II. LOGIQUE.

770. Aristotelis Logica ; à Joachino Perionio magna ex parte conversa, et per Nicol. Gruchium correcta et emendata. *Parisiis*, *Dyonisius*, 1686, in-4.

771. Aristotelis Logica ex tertia recognitione. *Parisiis*, *Colinæus*, 1543, in-fol., frontisp.

772. Corps de philosophie, contenant la logique, la physique, la méthaphysique et l'éthique, par Scipion Dupleix. *Rouen*, *Jean de la Mare*, 1638, in-8, 2 vol.

773. La Logique, ou l'art de penser, contenant, outre les règles communes, plusieurs observations nouvelles propres à former le jugement. *Paris*, 1724, in-12.

774. La Logique, ou les premiers développements de l'art de penser, ouvrage élémentaire, par Condillac. *Paris*, *Chaumerot*, 1811, in-8.

775. La Logique, divisée en cinq parties, par Louis de l'Esclache. *Paris*, *Chatelain*, 1648, in-8, frontisp.

776. Le même ouvrage, même édition.

777. La Logique, ou l'art de penser, contenant, outre les règles communes, plusieurs observations nouvelles propres à former le jugement; cinquième édition. *Paris*, 1683, in-12.

778. Manuductio ad logicam, sive dialectica studiosæ juventutis ad logicam præparandæ : con-

scripta à R. P. Philippo du Trieu. *Lugduni, Molin,* 1673, in-12.

779. Artificii Logici descriptio; auctore Francisco de Harlay. *Parisiis, Huby,* 1605, in-8.

III. MÉTAPHYSIQUE.

Traités généraux. Métaphysiciens anciens. Traités particuliers. Traités sur l'homme, sur l'ame, ses facultés, ses sensations.

780. Aristotelis eorum quæ physica sequntur, sive metaphysicorum, ut vocant, libri tredecim, quorum primus duos complectitur; Joachino Perionio benedictino interprete. *Parisiis, Buon,* 1568, in-4.

781. Commentarius in Aristotelis metaphysicam, auctore Petro Barbay. *Parisiis, Josse,* 1684, in-12.

782. R. P. Francisci Suarez, è soc. Jesu, Metaphysicarum disputationum, in quibus et universa naturalis theologia ordinatè traditur, et quæstiones ad omnes duodecim Aristotelis libros pertinentes, accuratè disputantur. *Parisiis, Sonnius,* 1605, in-fol., 2 vol.

783. Commentaires sur le Pimandre de Mercure Trismégiste. In-fol.
Titre enlevé.

784. Du progrès religieux; par P.-V. Glade, avocat à la Cour royale de Paris. *Paris, Everat,* 1838, in-8, 3 vol. — Deux exemplaires.

785. Traité de l'esprit de l'homme, de ses facultés et fonctions, suivant les principes de Réné Descartes; par Louis de la Forge. *Paris, Bobin et Legras*, 1666, in-4, portrait de l'auteur.

786. Abrégé de la philosophie, physique, métaphysique, morale et divine, sur la cognoissance de l'homme et de sa fin; par François de Gravelle. *Paris, Périer*, 1601, in-12.

787. Philosophie des facultés actives et morales de l'homme; par Dugald Steward, traduction de Léon Simon. *Paris, Johanneau*, 1834, in-8, 2 vol.

788. Traité de la connaissance des animaux, où tout ce qui a esté dict pour et contre le raisonnement des bestes est examiné; par De la Chambre. *Paris, Rocolet*, 1648, in-4.

IV. MORALE.

1. *Moralistes anciens et modernes.*

789. Aristotelis ad Nicomachum filium de moribus quæ Ethica nominantur, libri decem. Joachino Perionio interprete, per Nicolaum Gruchium correcti et emendati. *Parisiis, Brumennius*, 1567. in-4.

790. Idem opus. *Parisiis, Dyonisius à Prato*, 1572, in-4.

791. Aristotelis Stagiritæ peripateticorum principis

Ethicorum ad Nicomachum, libri decem. *Parisiis, Roigny*, 1541, in-fol.

792. Contenta decem librorum moralium Aristotelis....J. Fab. introductio in Ethicen. Magna moralia Aristotelis, Georgio Valla interprete. — Leonardi Aretini dialogus de Moribus. — Index in Ethicen. — Item in magna moralia. *Parisiis, Colinœus*, 1535, in-fol., frontisp.

A la suite : Textus de Sphæra Joan. de Sacrobosco. Cum compositione annuli astronomici Boneti latensis; et geometria Euclidis megarensis. *Parisiis, Colinœus*, 1534, fig. en bois.

793. Textus Ethicorum Aristotelis ad Nicomachum juxta antiquam translationem cum familiarissimo commentario in eundem. Imprimé par *Jehan Petit*, in-fol., goth., sans date.

794. Paraphrase sur les X livres de l'Ethique, ou morale d'Aristote à Nicomaque, divisée en deux parties; dernière édition. *Roven, Viret*, 1644, in-8.

795. Plutarchi Cheronensis moralia, Guilielmo Xylandro Augustano interprete. *Basileæ, Th. Guarinus*, 1570, in-fol.

796. Dionysii Catonis de Moribus ad filium libri quatuor; emendati strictim et diligenter expositi; per Guillelmum Coeffeteau. *Parisiis, Robertus Sara*, 1648, in-8.

797. La Philosophie morale, où sont examinées les

principales opinions des anciens philosophes, touchant les mœurs; par le sieur Marteau. *Paris, Courbé*, 1656, in-4.

798. Epicteti Stoici philosophi Enchiridion; cum Angeli Politiani interpretatione latina. Item Arriani commentarius disputationum ejusdem Epicteti, græcè et latinè, interprete Jacobo Schegkio. *Lugduni, Vignon*, 1600, in-8.

799. Diodori Tuldeni de cognitione suî, libri quinque; in quibus ethice et psychologia nova luce perfunduntur. *Lovanii, Oliverius*, 1631, in-4.

2. *Traités sur les passions, les vertus et les vices. Mélanges, etc.*

800. Civitas veri, sive morum Bartholomei Delbene, cum commentariis Theod. Marcilii. *Parisiis, Drouart*, 1609, in-fol., fig.

801. Sénèque, de la Colère (de la version de P. Du Ryer). *Paris, Sommaville*, 1651, in-12.

802. Les caractères des passions, par le sieur de la Chambre. *Paris, Rocolet*, 1648, in-4, 4 vol.

803. De l'usage des passions, par le R. P. François Senault. *Paris, Ve Camusat*, 1642, in-4, frontisp.

804. Les Peintures morales, par Pierre le Moyne, de la compagnie de Jésus. *Paris, Séb. Cramoisy*, 1645, in-4, 2 vol., frontisp.

805. L'Escole du sage, ou le caractère des vertus et

des vices; par M. Chevreau; dernière édition. *Paris, Le Gras*, 1664, in-12.

806. Bonifacii de Leva, ord. Min., viaticæ excursiones, etc. *Parisiis, Jo. Parvus*, 1515, in-4.

A la suite : Defensorium elucidatium observantiæ regularis fratrum Minorum editum à reverendo P. Bonifacio provinciæ Franciæ ministro.

807. Académie françoise, en laquelle il est traitté de l'institution des mœurs, et de ce qui concerne le bien et heureusement vivre en tous estats et conditions, etc.; par Pierre de la Primaudaye; dédié à Henri III. *Paris, Chaudière*, 1577, in-fol.

808. Le sage résolu contre la fortune, ou le Pétrarque mis en françois, par De Grenailles, sieur de Châteaunières. *Paris, Gardin-Besongne*, 1655, in-12, 2 parties en 1 vol., frontisp.

809. Le Tableau de la Fortune, par Chevreau; où, par la décadence des empires et des royaumes, par la ruine des villes, et par diverses advantures merveilleuses, on voit l'instabilité de toutes les choses du monde. *Paris, Loyson*, 1651, in-4.

810. Jonathas, ou le vrai ami, par le sieur de Ceriziers. *Paris, Angot*, 1658, in-4.

V. ÉCONOMIE.

Traités généraux. Règles de la vie civile.

811. Devoirs de l'homme. Discours à un jeune homme; par Silvio Pellico, de Saluces, traduit de

l'italien par Luigi Odorici. *Saint-Brieux, L. Prud'homme*, 1834, in-12.

812. Dialogues de la vie civile, traduits de l'italien, avec le texte en regard, in-12.
Les douze premiers feuillets manquent.

VI. POLITIQUE.

1. *Traités généraux et particuliers, anciens et modernes. Traités particuliers sur l'art de gouverner, et sur l'institution des princes, etc.*

813. Aristotelis Politica, Jacobo Lodoico Strebæo nomine Joannis Bertrandi senatoris judicisque sapientissimi conversa. *Parisiis, Vascosanus*, 1542, in-4.

Dans le même volume: Aristotelis et Xenophontis æconomica, interprete Jacobo Lodoico Strebæo. *Vascosanus*, 1543.

814. Les six livres de la république de Jean Bodin.

A la suite: Apologie de Réné Herpin pour la République de Jean Bodin. 1608, in-8.

815. Le prince des princes, ou l'art de régner, contenant son instruction aux sciences et à la politique. Contre les orateurs de ce temps. *Paris, Gardin-Besongne*, 1632, in-8.

816. Ludovici Caraccioli Speculum principum, sive princeps politicus... A Laurentio Longo, Parmensi doctore, et Hieronymi Columnæ consiliario

auctum. *Placentiæ, Cameralus*, 1659, petit in-fol.

817. Idea principis christiano-politici, centum symbolis expressa à Didaco Saavedra Faxardo equite. *Bruxellæ, Mommartius*, 1649, in-fol., fig.

818. Instruction aux princes, pour garder la foy promise ; contenant un sommaire de la philosophie chrestienne et morale, et devoir d'un homme bien né; en plusieurs discours politiques sur la vérité et le mensonge; par M. Coignet, chevalier, conseiller du roy, etc. *Paris, Du Puys*, 1584, in-4.

819. Traité de l'éducation d'un prince, avec quelques autres traittez sur diverses matières morales, (par De Chanteresne.) *Paris, Savreux*, 1471, in-12.

820. Discussion complète de l'adresse, dans les deux chambres ; session de 1841. *Paris, Fleury*, 1840, in-8.

821. De l'Aristocratie, considérée dans ses rapports avec les progrès de la civilisation; par H. Passy. *Paris, Didot*, 1826, in-8.
Offert à la bibliothèque, par l'auteur.

2. *Diplomatique. Traités particuliers relatifs aux ministres, aux ambassadeurs, aux courtisans. Recueils de pièces diplomatiques. Mélanges de politique.*

822. Traicté de la cour, ou instruction des courtisans. *Paris, Saugrain*, 1625, in-8.

823. Le même, avec des annotations en marge; dernière édition. *Roven, Cailloüé*, 1631, in-8.

824. Le Ministre d'estat, avec le véritable usage de la politique moderne; par Silhon.
L'ouvrage est en deux volumes. Le premier a été imprimé à Paris, par Du Bray, en 1631; le deuxième, au même lieu, par Rocolet, en 1643.

825. Le Catholique d'estat, ou Discours politique des alliances du roy très-chrestien, contre les calomnies des ennemis de son Estat; par le sieur Du Ferrier. *Paris, Bouillerot*, 1625, in-8.
Il se trouve à la fin dix feuillets manuscrits.

826. Editio nova axiomatum politicorum accessione CLXXIIII novarum regularum, multarumque sententiarum et exemplorum aucta et locupletata à Gregorio Richtero Gorlicio. *Gorlicii, Rhamba*, 1604, in-8.

827. Exposition des objets discutés dans les États généraux de France, depuis l'origine de la monarchie; par M. le marquis de S***. *Londres*, 1789, in-8.

VII. ÉCONOMIE POLITIQUE.

1. *Traités généraux. Population, industrie, police, mendicité, luxe.*

828. De la misère des classes laborieuses en Angleterre et en France; par Eugène Buret. *Paris, Aug. Laurent*, 1840, in-8, 2 vol.

SCIENCES.

829. Le guide des artistes, ou Répertoire des arts et manufactures; par J.-R. Armouville. *Paris, Chaigniau aîné*, 1818, in-12.

830. Philosophie des manufactures, ou Économie industrielle de la fabrication du coton, de la laine, du lin et de la soie; par Andrew. *Paris*, 1836, in-12, 2 vol.

831. Traicté de la police, où l'on trouvera l'histoire de son établissement, les fonctions et les prérogatives de ses magistrats... Avec une description historique et topographique de Paris; par Delamare, *Amsterdam*, 1729, in-fol., 4 vol.

832. Science économique des manufactures, traduit de l'anglais par M. Isoard. *Paris, Dondey-Dupré*, 1834, in-8.

833. Musée industriel; Description complète de l'exposition des produits de l'industrie française, faite en 1834. *Paris*, 1835, in-8, 2 vol.

834. Le Conducteur industriel, orné d'une vue perspective et des plans des quatre pavillons où les produits de l'industrie sont exposés, servant de préambule au Musée industriel. *Paris*, in-8.

835. Exposition des produits des manufactures, des arts industriels, des beaux-arts et de l'horticulture. *Amiens, Bourdon-Caron*, 1835, in-8.

836. Rapport du jury central sur les produits de l'industrie française; exposition de 1819, 1 vol.;

1823, 1 vol.; 1826, 1 vol.; 1834, 3 vol.; 1839, 3 vol.

837. Rapport du jury départemental de la Seine, sur les produits de l'industrie française; exposition de 1827; par M. Payen. *Paris, Crapelet*, 1832, in-8, 2 vol.

838. Portefeuille industriel du Conservatoire des arts et métiers; publié par Pouillet et Leblanc. *Paris, Bachelier*, 1834, in-8.—Atlas, tome 1, et 3 livraisons du tome 2.

839. Métallurgie pratique du fer, ou Atlas des machines, appareils et outils actuellement employés à la fabrication de la fonte et du fer; avec un texte méthodique; par Le Blanc et Walter. *Paris, Crapelet*, 1836, in-fol.

2. *Finances, Monnaies et Papier de crédit.*

840. Proposition des lois concernant la fixation des budgets des dépenses et de recettes; sessions de 1832, 1833, 1838. *Paris, Imprimerie royale*, in-4, 7 vol.

841. Compte général de l'administration des finances, rendu pour l'année 1837. *Paris, Imprimerie royale*, 1838, in-4, 2 vol.

842. Rapport au roi sur la situation financière des communes du royaume, exercice 1836. *Paris, Imprimerie royale*, 1837, in-4.

843. Comptes et budgets du département de la Seine, publiés en 1837. *Paris, Vinchon*, 1837, in-4.

844. Compte général des recettes et des dépenses de la ville de Paris, exercice 1836. *Paris, Vinchon*, 1837, in-4.

845. Le financier citoyen. 1767, in-12, 2 vol.

3. *Commerce.*

846. Enquêtes relatives à diverses prohibitions établies à l'entrée des produits étrangers. *Paris, Imprimerie royale*, 1835, in-4, 3 vol.

847. Le même ouvrage, même édition.

848. Enquêtes sur les Houilles. *Paris, Imprimerie royale*, 1833, in-4.

849. Enquêtes sur les Sucres. *Paris, Imprimerie royale*, 1829, in-4.

850. Enquêtes sur les Fers. *Paris, Imprimerie royale*, 1829, in-4.

851. Tableau décennal du Commerce de la France avec ses Colonies et les puissances étrangères, publié par l'administration des Douanes; 1827 à 1837. *Paris, Imprimerie royale*, 1838, in-4, 2 vol.

852. Tableau général du Commerce de la France avec ses Colonies et les puissances étrangères, pendant les années 1837, 1838, 1839, 1840. *Paris, Imprimerie royale*, 4 vol. gr. in-4.

853. Tableau général des mouvements du Cabotage, pendant les années 1837, 1838, 1839, 1840. *Paris, Imprimerie royale*, 4 vol. gr. in-4.

ÉCONOMIE POLITIQUE.

854. Enquête sur les Tabacs. *Paris, A. Henry,* 1837, in-4.
855. Bulletin du Ministère de l'agriculture et du commerce. *Paris, Paul Dupont.*
856. L'Association des Douanes allemandes, son passé, son avenir.... par P.-A. de la Nourais et E. Bères. *Paris, Schneider,* 1841, in-8.
857. De l'Influence exercée sur le commerce et l'industrie de la Saxe royale par son accession à la grande association des douanes allemandes-prussiennes; par J.-H. Thiériot, traduit de l'allemand par Alexis de Gabriac. *Paris, Duverger,* 1840, in-8.
858. Procès-verbaux résumés des Conseils généraux de l'Agriculture, du Commerce et des Manufactures. *Paris, Imprimerie royale,* 1838, in-4.
859. Observations adressées par la Chambre de Commerce de Lille, à M. le Ministre du Commerce, sur les tendances qui menacent le système de protection établi en faveur de l'industrie nationale. *Lille, Parvillez-Rousselle,* in-4.

4. *Colonies, Navigation intérieure, et Statistique générale.*

860. Compte général de l'administration de la justice civile et commerciale en France, pendant l'année 1834, présenté au Roi, par le Garde des sceaux. *Paris, Imprimerie royale,* 1836, in-4.
861. Compte général de l'administration de la Jus-

tice criminelle en France, pendant l'année 1834; présenté au Roi, par le Garde des sceaux. *Paris, Imprimerie royale*, 1836, in-4.

862. Rapport présenté au Conseil général du département de l'Eure, dans sa session de 1839, au nom de la Commission des aliénés; par Lefebvre-Duruflé. *Evreux, Ancelle*, 1839, in-8.

863. De la Navigation fluviale et de la Navigation de canal. Mémoire en réponse à diverses prétentions et demandes adressées à l'autorité supérieure par les entrepreneurs de chalans de canal et par les compagnies des canaux de Saint-Denis et Saint-Martin. *Rouen, Nicétas Periaux*, 1833, in-8.

864. Canal maritime de Paris à Rouen, rédigé par M. Stéphane Flachat, directeur des études; publié par la Compagnie soumissionnaire. *Paris*, 1827, in-8, 4 vol.

865. De l'Établissement des Français dans la régence d'Alger, et des moyens d'en assurer la prospérité; par M. P. Genty de Bussy. *Paris, Firmin Didot*, 1839, in-8, 2 vol. (2ᵉ édition.)

VIII. PHYSIQUE.

1. *Auteurs anciens.*

866. Aristotelis de naturâ aut de rerum principiis libri VIII, Joachino Perionio interprete, per Ni-

PHYSIQUE.

colaum Grouchium correcti et emendati. *Parisiis, Buon,* 1571, in-4.

Dans le même volume : 1° Aristotelis de Cœlo, libri IV. Ibidem, 1573. 2° Aristotelis liber de mundo, ad Alexandrum regem Macedoniæ, Gulielmo interprete. Ibidem, 1571. 3° De ortu et interitu libri duo. Ibidem, 1571. 4° De animo libri tres. Ibidem, 1571. 5° Meteorologicorum libri quatuor. Ibidem, 1571. 6° De sensu et iis quæ sensibus percipiuntur liber unus. Ibidem, 1571.

867. Physica Aristot. cum commentariis Divi Thomæ Aquinatis.... *Parisiis, Kerver,* 1535, in-fol.

868. Commentarii Collegii conimbricensis è soc. J. in octo libros physicorum Aristotelis Stagiritæ. *Lugduni, Cardon,* 1610, in-4.

869. D. Fr. Toleti è soc. J. commentaria unà cum quæstionibus in octo libr. Aristot. de physica auscultatione. Item in libr. Aristot. de generat. et corrupt. *Lugduni, Veyrat,* 1598, in-8.

2. *Dictionnaires. Institutions. Traités généraux et particuliers. Traités sur le feu, l'électricité, etc. Expériences de physique. Mélanges.*

870. Physique, ou Science des choses naturelles; par Scipion Dupleix. *Paris, Gueffier,* 1611, in-12.

871. Nouvelle lumière philosophique des vrais principes et élemens de nature, et qualité d'iceux,

contre l'opinion commune; par Estienne de Clave. *Paris, De Varennes*, 1641, in-8.

872. Traité expérimental de l'Électricité et du Magnétisme, et de leurs rapports avec les phénomènes naturels; par Becquerel. *Paris, Didot*, 1834, in-8, tomes 1, 4, 5 et 6, atlas.

873. Expériences de Physique; par Pierre Solinière. *Paris*, 1709, in-8.

874. Discours du vide sur les Expériences de M. Paschal, et le traité de M. Piérius; par Guiffart. *Rouen, Besongne*, 1648, in-8.

875. Nouvelles observations et conjectures sur l'Iris; par De la Chambre. *Paris, Nicolet*, 1650, in-4.

IX. CHIMIE.

Introduction. Traités généraux. Mélanges, etc.

876. Introduction à la chimie ou à la vraye physique, où le lecteur trouvera la définition de toutes les opérations de chimie..... par E.-R. Arnauld. *Lyon, Claude Prost*, 1650, in-8.

877. Élémens de chimie de maistre Jean Beguin, augmentez par Jean Lucas de Roy. *Roven, Behourt*, 1632, in-8.

878. Le cours de chimie d'Estienne de Clave, qui est le second livre des principes de nature. *Paris, Olivier de Varennes*, 1646, in-8.

879. Cours de chimie, contenant la manière de faire toutes les opérations qui sont en usage dans la médecine, par une méthode facile; par Nicolas Lémery. *Paris*, 1676, in-12.

880. De la loi du contraste simultané des couleurs, etc.; par M. E. Chevreul. *Paris, Pitois-Levrault*, 1839, in-8, atlas.

X. HISTOIRE NATURELLE.

1. Ouvrages des auteurs anciens et modernes, sur différentes parties de l'histoire naturelle.

881. C. Plinii secundi historiæ mundi libri XXXVII. *Francofurti ad Mœn., Feyerabendt*, 1599, in-f.

882. Les Jours caniculaires, c'est-à-dire vingt et trois excellents discours des choses naturelles et surnaturelles, etc., traduits du latin de Simon Maïol d'Ast; par F. de Rosset; seconde édition. *Paris, Foüet*, 1610, in-4, 2 vol.
Titre déchiré.

883. Les Diversitez naturelles de l'univers, de la création et origine de toutes choses, divisez en douze journées. *Paris, Loyson*, 1626, in-8.

884. OEuvres complètes de Buffon, avec les descriptions anatomiques de Daubenton, son collaborateur. *Paris, Verdière*, 1834, in-8, 44 vol.
L'ouvrage est ainsi distribué : Théorie de la terre, 11 vol.; Histoire des animaux, 1 vol.; Histoire naturelle de l'homme,

3 vol.; Mammifères, 14 vol.; Oiseaux, 11 vol.; Planches, 4 vol.

885. Rapport historique sur les progrès des sciences naturelles, depuis 1789, et sur leur état actuel; par G. Cuvier. *Paris, Verdière*, 1828, in-8.

886. OEuvres du comte de Lacépède. *Paris, Verdière*, 1826, in-8, 12 vol., planches.

887. Les Essais de maistre Jean Pagez sur les miracles de la création du monde, et sur les plus merveilleux effets de la nature. *Paris, Rousset,* 1632, in-8.

888. Les Essais des merveilles de nature, et des plus nobles artifices; par Réné François. *Roven, Osmont*, 1632, in-8.

2. *Histoire naturelle de la terre, des montagnes, des volcans et des eaux.*

889. Description géologique du département de la Seine-Inférieure; par M. Antoine Passy, préfet de l'Eure. *Rouen, Nicétas Periaux*, 1832, in-4, planches.
Offert par l'auteur.

890. Discours sur les causes du débordement du Nil; par De la Chambre. *Paris, Dallin*, 1665, in-4.

891. Traité des observations nouvelles, et vraye connoissance des eaux minérales; par Henry de Rochas. *Paris,* 1634, in-8.

HISTOIRE NATURELLE.

892. Traité des eaux minérales de Forges; par M. B. Linand. *Paris*, 1697, in-8.

893. Raisonnements philosophiques touchant la salure, flux et reflux de la mer, et l'origine des sources, tant des fleuves que des fontaines; par Nicolas Papin. Ausquels est adjousté un Traicté de la lumière de la mer, composé par le même autheur. *Blois, Franc. de la Saugère*, 1647, in-8.

894. Recherches sur la formation et l'existence des ruisseaux, rivières et torrents qui circulent sur le globe terrestre; par le citoyen Le Creux, inspecteur général des ponts et chaussées. *Paris, Bernard*, 1804, in-4, plan.
Offert par M. Billard, membre du conseil municipal.

3. *Agriculture, Économie rurale. Traités élémentaires. Traités généraux et particuliers, anciens et modernes. Culture des terres, Jardinage, etc.*

895. Le Théâtre d'agriculture et mesnage des champs, d'Olivier de Serres, seigneur du Pradel; dernière édition. *Genève, Samuel Chouët*, 1651, in-4.

896. Le même ouvrage.
Titre enlevé.

897. Dictionnaire œconomique, contenant divers moyens d'augmenter son bien et de conserver sa fortune; par Noël Chomel. *Lyon*, 1718, in-fol., 2 vol.

898. Traité de l'éducation des moutons; par Chambon. *Paris, Cellot*, 1810, in-8, 2 vol.

899. Traité de la tenue et de l'éducation des mérinos, par rapport aux laines; par J.-B.-C.-R. Lhomme. *Paris, Lottin de Saint-Germain*, 1817, in-8.

<small>Sur le premier feuillet : Offert à M. le marquis de Livry, par l'auteur.</small>

900. Marci Catonis ac M. Teren. Varronis de re rustica libri III, per Petrum Victorium, ad veterum exemplarium fidem, suæ integritati restituti. *Lugduni, Gryphius*, 1549, in-8.

A la suite : 1° L. Junii Moderati Columellæ libri XIII; 2° Palladii Rutilii Tauri Æmiliani de re rustica libri XIIII; 3° Enarrationes vocum priscarum in libris de re rusticâ, per Georgium Alexandrinum. Philippi Beroaldi in libros XIII Columellæ annotationes. Aldus de dierum generibus simulque de umbris et horis, quæ apud Palladium.

<small>Il y a des feuillets d'enlevés.</small>

901. Le Floriste françois, traittant de l'origine des tulipes; du moyen de les faire embellir, et de leurs maladies et remèdes; avec un Catalogue des noms des tulipes et distinctions de leurs couleurs; par De la Chesnée Monstereul. *Caen, Mangeant*, 1654, in-8.

902. Le Jardin du roi très chrétien Louis XIII, par Pierre Vallet, brodeur ordinaire du roi. *Paris*,

1623, in-fol., frontisp., portrait de l'auteur et planches.

4. *Botanique.*

903. Deudrographias seu historiæ naturalis de arboribus et fructicibus, tam nostri quàm peregrini orbis libri decem : figuris æneis adornati Johannes Jostonus concinnavit, et ex Veterum ac Neotericorum commentariis propriaque observatione summa fide recensuit. *Francofurti ad Mœn.*, typis *Hieron. Polichii*, 1662, in-fol., frontisp. et fig.

904. Hesperides, sive de malorum aurearum cultura et usu libri quatuor; Joh. Baptistæ Ferrarii senensis. *Romæ, Hermanus Scheus*, 1646, in-fol., frontisp. et fig.

Le titre est précédé de six odes en vers latins, manuscrites. A la suite de la page 96, se trouve une gravure au bas de laquelle on lit : Nicolaus Poussinus delin.

905. Jacobi Breynii Gedanensis exoticarum aliarumque minus cognitarum plantarum centuria prima. *Gedani, Rhetius*, 1679, in-fol., frontisp. et planches.

906. Histoire générale des plantes, contenant XVIII livres, traduite du latin, de Jacques Dalechamp, par Jean des Moulins. *Lyon, Borde*, 1653, in-fol., 2 vol., fig.

907. Index in Theophrasti, Dioscoridis, Plinii et

botanicorum qui à seculo scripserunt opera, etc. *Basileæ*, typis *Lud. Regis*, 1623, in-4.

908. Flore du centre de la France, ou Description des plantes qui croissent spontanément dans la région centrale de la France; et de celles qui y sont cultivées en grand, avec l'analyse des genres et des espèces; par A. Boreau. *Paris, Cosnier*, 1840, in-8, 2 vol.

5. *Zoologie, ou Histoire naturelle des animaux. Cabinets et Collections d'histoire naturelle.*

909. Traité de la connaissance des animaux, où tout ce qui a été dit pour et contre le raisonnement des bêtes est examiné; par De la Chambre. *Paris, Rocolet*, 1648, in-4.

910. Conradi Gesneri medici Tigurini historiæ animalium libri IV, qui est de piscium et aquatilium animantium natura...... *Tiguri, Froschoverus*, 1558, in-fol., fig.

911. Ulyssis Aldrovandi Bononiensis opera. *Bononiæ*, in-fol., fig. et portr. d'Aldrovande. — Scilicet :
Ornithologia. *Bononiæ*, 1637, 3 vol. — De animalibus insectis. 1638, 1 vol. — De piscibus libri V, et de cetis liber unus. 1638, 1 vol. — Quadrupedum omnium bisculorum historiæ. 1642, 1 vol. — Serpentum et draconum historiæ libri duo. 1640, 1 vol. — De quadrupedibus digitatis vivi-

paris libri III, et de quadrupedibus digitatis oviparis libri duo. 1637. — Monstrorum historia cum paralipomenis historiæ omnium animalium. 1642, 1 vol. — De quadrupedibus solidi pedibus. 1639, 1 vol. — De reliquis animalibus libri quatuor. 1642, 1 vol.

912. Historia naturalis de avibus. *Joh. Jostonii*, in-fol.

Le titre manque. Volume en mauvais état. Les planches ont été enlevées.

913. L'Histoire entière des Poissons, traduite du latin de Guillaume Rondelet, avec leurs pourtraits au naïf. *Lion, Mace Bonhome*, 1558, 2 tomes en 1 vol. in-fol., fig.

914. Claudii Æliani de animalium naturâ libri XVII. *Coloniæ Allobrogum, Albertus*, 1616, in-16.

915. Le même, 1611, in-16.

916. Ex Æliani historiâ per Petrum Gyllium latini facti, itemque ex Porphyrio, Heliodoro, Oppiano, tum eodem Gyllio luculentis accessionibus aucti libri XVI de vi et naturâ animalium... Ejusdem Gyllii liber unus de gallicis et latinis nominibus piscium. *Lugduni, Gryphius*, 1533, in-4.

917. Musæum Fr. Calcæolarii à Benedicto Ceruto incœptum et ab Andr. Chiocco descriptum et perfectum *Veronæ, Tamus*, 1622, in-fol., frontisp. et fig.

XI. MÉDECINE.

1. *Histoire. Introduction. Systèmes. Dictionnaires. Traités généraux. Médecins grecs, latins, etc., et Médecins modernes, de différentes nations.*

918. Epitome des préceptes de médecine et de chirurgie, avec ample déclaration des remèdes propres aux maladies; par Pierre Pigray. *Roven, Besongne*, 1666, in-8.

919. Le même. *Roven, David du Petit-Val*, 1642, in-8.

920. L'ancienne médecine à la mode, ou le sentiment uniforme d'Hippocrate et Galien sur les acides et les alkalis; par Aignan. *Paris, D'Houry*, 1693, in-12.
Titre enlevé.

921. Les sept livres d'aphorismes du grand Hippocrate, en latin et en françois, enrichis de très beaux et très doctes discours en forme de paraphrases; par Michel Lelong. *Paris, Nicolas et Jean de la Coste*, 1645, in-4.

922. Bartholomæi Perdulcis... in universa medicina. Editio postrema : studio et opera G. Sauvageon... Cui etiam accessit de morbis animi liber. *Lugduni, Carteron*, 1649, in-4.

923. Dn. Aureoli Philippi Theophrasti Bombast ab Hohenheim, dicti Paracelsi, opera medico-chimica

sive paradoxa — à collegio musarum Palthenianarum in nobili Francofurto. 1603, in-4, 4 t. en 2 vol.

924. Toutes les œuvres de M⁰ André du Laurens, sieur de Ferrières, traduites en françois par M⁰ Théophile Gélée, médecin ordinaire de la ville de Dieppe. *Paris*, 1613, in-fol., frontisp.

925. Joannis Goræi medici parisiensis opera. *Parisüs*, apud *Societatem minimam*, 1622, in-fol.

2. *Anatomie et Physiologie.*

926. Philosophie anatomique. Fragmens sur la structure et les usages des glandes mammaires de cétacés ; par Etienne Geoffroy Saint-Hilaire. *Paris*, *Bailly*, 1834, in-8, planches.

927. Les vérités anatomiques et chirurgicales des organes de la respiration....; par Gabriel Bertrand. *Paris*, *Jost*, 1639, in-8.

928. La théorie de l'ouïe; par M. Lecat. *Paris*, *Vallat-la-Chapelle*, 1768, in-8, frontisp.

Ouvrage qui a remporté le prix triple proposé pour 1757, par l'Académie de Toulouse.

929. Les sept livres de physiologie de Jean Fernel, traduits par Charles de Saint-Germain. *Paris*, *Guignard*, 1655, in-8.

930. La génération de l'homme par le moyen des œufs, et la production des tumeurs impures par

l'action des sels, défendues par Eudoxe et Philotime, contre Antigène (par De Houppeville, médecin du collége de Rouen). *Rouen, Lucas*, 1676, in-12.

931. Discours physique de la parole(par De Cordemoy.) *Paris, Michallet,* 1677, in-12.

932. Dissertatio de loquelâ qua non solum vox humana et loquendi artificium ex originibus suis eruuntur : sed et traduntur media, quibus ii, qui ab incunabulis surdi et muti fuerunt, loquelam adipisci, etc.; auctore Jo. Conrado Amman. *Amstelædami, Wolters*, 1700, in-8.

3. *Hygiène. Diététique, ou Traités sur le régime de la vie, les alimens. Traités sur la vie et sur la mort.*

933. Le pourtraict de la santé, où est au vif représentée la reigle universelle ou particulière de bien sainement et longuement vivre; par Jos. du Chesne, sieur de la Violette. *Paris, Morel,* 1620, in-8.

934. Traité des alimens, où l'on prouve, par ordre et séparément, la différence et le choix qu'on doit faire de chacun d'eux en particulier; par Louis Lémery. *Paris, J.-B. Cusson,* 1702, in-12.

935. L'Escole des médecins de Salerne, qui enseigne comment il faut sainement et longuement vivre,

MÉDECINE.

traduit du grec, et illustré des commentaires de Michel le Long. *Roven, Vaultier,* 1660, in-8.

— Le même, même édition.

936. Le même. *Roven, Malassis,* 1660, in-8.

937. De conservanda valetudine. *Franc. Egenolphus,* 1553, in-8.
Titre enlevé ; en mauvais état.

938. Le régime de santé de l'école de Salerne ; traduit et commenté par M° Michel le Long, avec l'épître de Diocle Carystien, touchant les présages des maladies, à Antigon, roi d'Asie, et le serment d'Hippocrate, mis de prose en vers françois ; par le même, 4° édition. *Paris, De la Coste,* 1649, in-8.

939. De Cibarium facultatibus. In-8.
Titre enlevé.

940. Johannis Beverovici epistolica quæstio de vitæ termino fatali an mobili? Cum doctorum responsis secunda editio triplo auctior. *Lugduni Batavorum, Joan. Maire,* 1636, in-4.

941. Traicté pour la conservation de la santé et sur la saignée de ce temps ; augmenté d'un traicté de Galien, de l'alictement des malades. Apologie contre Jean Terud, fils de Louys, médecin de Paris, etc., etc.; dédié à messieurs les Parisiens, et pourquoy ? Par David l'Aigneau, 3° édition. *Paris, Sauvreux,* 1650, in-4, portrait et fig.

942. Le miroir de la beauté et santé corporelle ; par

Loys Guyon; dernière édition, augmentée d'un traicté des maladies extraordinaires et nouvelles, par M. L. Meysonnier. *Lyon, Claude Prost*, 1643, in-8, frontisp.

Le tome 2 manque.

4. *Pathologie et Thérapeutique.*

943. Tétrade des plus grièves maladies de tout le cerveau; par Joseph Duchesne, sieur de la Violette. *Paris, Claude Morel*, 1625, in-8.

944. Conseils de médecine, dédiéz aux plus célèbres médecins de l'Europe; par Joseph du Chesne, sieur de la Violette. *Paris, Morel*, 1626, in-8.

Dans le même volume : Traité de la cure générale et particulière des arcbusades, avec l'antidotaire spagirique, pour préparer et composer les médicamens.

945. Opuscules ou traictés curieux en médecine, de Me François Ranchin. *Lyon, Ravaud*, 1640, in-8.

946. Examen du livre de Lamperière, sur le sujet de la peste, avec un bref et fidèle discours de la préservation et cure de la maladie, suivy d'un advertissement adressé à Lamperière, par David Jouyse. *Roven, Geuffroy*, 1622, in-8.

947. Avis de précaution contre la maladie contagieuse de Marseille, qui contient une idée complette de

la peste et de ses accidens ; par Pestalossi. *Lyon, Bruyset*, 1721, in-8.

948. Guillelmi Ader, medici tolosatis, de pestis cognitione, prævisione et remediis. *Tolosæ, Raim. Colomerius*, 1628, in-12.

949. La pathologie de Fernel, premier médecin de Henri II. *Paris, Ve Jean le Bouc*, 1646, in-8.

950. Observations pour bien connoistre et bien traicter les maladies vénériennes, avec des expériences d'un remède qui les guérit seurement et facilement ; 4e édition. *Paris, De la Coste*, 1693, in-12.

5. *Matières médicales et Mélanges de médecine.*

951. Lettre à l'Académie de médecine. Examen du rapport sur la question de la dissolution des calculs urinaires, par l'eau de Vichy ; par Leroy-d'Etiolles, docteur en médecine. *Paris, Lacrampe*, 1839, in-8.

952. Petri Andreæ Matthioli senensis commentarii in sex libros Pedacii Dioscoridis Anazarbei de medica materia. *Venetiis, Valgrisianus*, 1665, in-fol., portrait et fig.

953. Les commentaires de Me Pierre-André Mathiolus, médecin senois, sur les six livres de Pedacius Dioscoride Anazarbeen, de la matière médicale ; traduction d'Antoine du Pinet. *Lyon, Rigaud*, 1620, in-fol., portrait et fig.

954. L'ombre de Nécrophore, vivant chartier de l'Hôtel-Dieu (de Rouen), au sieur Jouyse, médecin (de Rouen), déserteur de la peste, sur la sagesse de sa cabale et autres grippes de son examen (par Jean de Lamperière). *Roven, Ferrant*, 1622, in-8.

955. Erreurs populaires et propos vulgaires touchant la médecine et le régime de santé, expliquez et refutez par M. Laur. Jubert. *Bourdeaux, Millanges*, 1579, in-8.

956. Traitté du mouvement circulaire du sang et des esprits, qui est le principal des trois moyens dont la nature se sert à perfectionner l'homme; par Claude Tardy. *Paris, Dumesnil et Guignard*, 1654, in-4.

6. *Chirurgie.*

957. OEuvres chirurgicales de Hiérosme Fabrice d'Aquapendente, divisées en deux parties, dont l'une tient le pentateuque chirurgical; l'autre toutes les opérations manuelles qui se pratiquent sur le corps humain. *Lyon, Ravaud*, 1643, in-8.

958. Aphorismes de chirurgie, tirez d'Hippocrate, avec les commentaires, nouvellement mis en lumière, par Charles Guillemeau. *Paris, Pacard*, 1622, in-12.

959. Méthodique introduction à la chirurgie, tirée

MÉDECINE. 143

des bons autheurs, et divisée en deux parties; par Jacques de Marque. *Rouen, Vaultier,* 1648, in-8.

960. La même, enrichie des doctes annotations de M. de Montreuil. *Rouen, Vaultier,* 1660, in-8.

961. La même, même édition.

962. Les fleurs de chirurgie. In-8.
_{Le titre et le premier feuillet enlevés.}

963. Le Chirurgien opérateur, ou Traicté méthodique des principales opérations en chirurgie; par Joseph Covillard, seconde édition. *Lyon, Ravaud,* 1640, in-8.

964. Le chirurgien charitable, dressé et tiré des plus illustres autheurs qui ayent écrit en médecine et en chirurgie, avec un Traicté de la saignée, tiré de Gallien. *Paris, Aubouin,* 1656, in-8.

965. Le guide des chirurgiens, traduit du latin d'Estienne Gourmelen; par Germain Courtin. *Paris, De la Fosse,* 1634, in-8.

966. Abrégé chirurgical tiré des meilleurs autheurs de la médecine; par Honoré l'Amy, nouvelle édition, augmentée de la poudre de sympathie; par M. G. Sauvageon. *Paris, Besongne,* 1644, in-8.

7. *Pharmacie et Pharmacopée.*

967. Le nouveau chasse-peste; par Marcellin Bompart. *Paris, Gaultier,* 1630, in-8.

968. L'ami des malades, ou Discours historique et

apologétique sur la poudre purgative du sieur Ailhand, et Traité de l'origine des maladies et de l'usage de ladite poudre. In-12.
Titre enlevé.

969. Pharmacopée royale, galénique et chymique; par Moyse Charas. *Paris*, 1676, in-4, frontisp.

970. Le vray et méthodique Cours de physique résolutive, vulgairement dite Chymie, pour connoistre la théotechnie ergocosmique, c'est-à-dire l'art de Dieu en l'ouvrage de l'univers; par Annibal Barlet. *Paris, Charles*, 1653, in-4, fig.

971. Codex medicamentarius; seu Pharmacopæa parisiensis, ex mandato facultatis medicinæ parisiensis in lucem edita, M. Hyacintho Theodoro baron Decano. *Parisiis, Cavelier*, 1732, in-4.

972. OEuvres pharmaceutiques de maistre François Ranchin. *Rouen, Berthelin*, 1637, in-8.

973. Toutes les œuvres charitables de Philibert Guibert. *Roven, Denis Duchesne*, 1667, in-8.

974. Les mêmes. *Paris, Jean Jost*, 1637, in-12.

975. Les mêmes, *Paris, Sébastien Martin*, 1669, in-8.

976. Les OEuvres pharmaceutiques de Jean de Renom, traduites par Louis de Serres. *Lyon, Gay*, 1637, in-fol., frontisp.

977. Codex, Pharmacopée française. *Paris, Béchet*, 1837, in-4.

XII. MATHÉMATIQUES.

1. *Dictionnaires. Éléments. Traités généraux. Ouvrages des mathématiciens modernes qui ont rapport à plusieurs parties de la science.*

978. Petri Bungi bergomatis numerorum mysteria. *Lutetiæ Parisiorum, Sonnius*, 1617, in-4.

979. R. P. Claudii Francisci Milliet Dechales cursus, seu mundus mathematicus. *Lugduni, Anisson*, 1674, in-fol., 3 vol.

980. Christophori Clavii bambergensis opera mathematica, quinque tomis distributa, ab auctore nunc denuò correcta, et plurimis locis aucta. *Moguntiæ, Reinhardus Eltz*, 1612, in-fol., 5 v.

981. Questions inouyes, ou Récréation des savans, qui contiennent beaucoup de choses concernantes la théologie, la philosophie et les mathématiques. *Paris, Villery*, 1634, in-8.

2. *Mathématiques pures.*

982. Élémens de mathématiques, ou principes généraux de toutes les sciences qui ont les grandeurs pour objet. *Paris, Pralart*, 1675, in-4.

983. Arithmétique logarithmétique, ou la construction et usage d'une table contenant tous les logarithmes et tous les nombres, depuis l'unité jusques

à 100,000, et d'une autre table en laquelle sont comprises les logarithmes des sinus, etc.; par Neper..... La description est traduite de latin en françois, et la première table augmentée et la seconde composée par Adrien Ulacq. *Goude, Rammascin*, 1628, in-fol.

984. Orontii Finæi Delphinatis de arithmeticâ practicâ libri quatuor. *Lutetiæ Parisiorum, Vascosanus*, 1555, in-4.

A la suite : De mundi sphœrâ, sive cosmographia libri V, fig. — In eos quos de mundi sphærâ conscripsit libros ac in planetarum theoricas canonum astronomicorum libri II. 1553. — De solaribus horologiis et quadrantibus libri IV. *Parisiis, Cavellat.*
Sans date.

985. Snellii (Villibrordi) à Royen, doctrinæ triangulorum canonicæ libri IV, ex edit. Mart. Hortensii. *Lugduni Batavorum, Maire*, 1627, in-8.

A la suite : Problemata sphærica. — Canon triangulorum, hoc est sinuum, tangentium et secantium tabulæ ad taxationem radii 100000.00, 1626. — Usage du compas de proportion, par D. Henrion. *Paris, Daniel*, 1618.

986. Nouveau Manuel complet des poids et mesures, des monnaies, du calcul décimal et de la vérification, par Tarbé. *Paris, Roret*, 1839, in-12.

3. Astronomie.

987. Gregoriana correctio illustrata et à conviciis vindicata, autore R. P. Melitone Perpinianensi Ord. S. Francisci Capucinorum. *Coloniæ, Sumptibus societatis*, 1743, in-4.

988. Illustri viri D. Joannis de Roias commentariorum in Astrolabium, quod planisphærium vocant, libri sex, nunc primum in lucem editi. *Lutetiæ, Vascosanus*, 1551, in-4, fig. en bois.

989. Sphæra Jacobi Capreoli. *Lutetiæ, Hæredes du Mesnil*, 1640, in-8.

990. La Sfera del mondo, di Francisco Giuntini. *In Lione, Beraud*, 1582, in-8.

991. Elucidatio Fabricæ ususque Astrolabii, Joanne Stæflerino authore. *Parisiis, Quesnel*, 1619, in-8.

992. Le même. *Parisiis, Marnef*, 1585, in-8.

993. Unarologium, sive systema variorum authorum qui de sphærâ ac sideribus eorumque motibus commentati sunt. Cura et studio Dionysii Petavii. *Lutetiæ Parisiorum, Cramoisy*, 1630, in-fol.

994. Ephemeris Joannis Stadii, ab anno 1554 ad annum 1573. *Coloniæ Agrippinæ, Birckmannus*, 1570, in-4.

995. Ephemeridum opus Joannis Stæfleri, ab anno 1532 ad annum 1551. In-4, goth., portrait.
Sans date ni lieu d'impression.

996. Compendium brevissimum describendorum horologiorum horizontalium ac declinantium, auctore Christophoro Clavio bambergensi. *Romæ, Zanettus,* 1603, in-4, fig.

997. Nova demonstratio immobilitatis terræ petita ex virtute magneticâ; autore P. Jacobo Granda-mico. *Flexiæ, Griveau,* 1645, in-4., fig.

998. Christophori Clavii bambergensis in sphæram Johannis de Sacro Bosco commentarius. *Lugduni, Q. Hug. à Porta,* 1607, petit in-4, fig.

Le volume commence par quatre feuillets manuscrits qui comprennent une table de la précession des équinoxes, avec une explication en français.

999. Dionysii Petavii rationarium temporum, in partes duas, libros tredecim distributum. *Parisiis, Cramoisy,* 1652, in-12.

1000. Idem, ex eadem editione.

4. *Marine. Génie des Ponts-et-Chaussées.*

1001. L'art de naviguer, de M⁰ Pierre de Médine, espagnol, traduit du castillan par Nicolas de Nicolaï, corrigé et augmenté par Jean de Séville, dit Le Soucy. *Rouen, Manassez de Préaulx,* 1628, in-4, fig.

1002. Histoire et description des voies de communication aux États-Unis, et des travaux d'art qui en dépendent; par Michel Chevalier. *Paris, Fain,* 1840, in-4, tome 1, atlas.

XIII. APPENDICES AUX SCIENCES.

Philosophie occulte, Alchimie et Médecine spagirique.

1003. Boissart de divinatione. *Francofurti, Saurius*, 1506, in-fol.
Titre enlevé.

1004. L'incrédulité savante et la crédulité ignorante, au sujet des magiciens et des sorciers. Avecque la réponse à un livre intitulé : Apologie pour tous les grands personnages qui ont esté faussement soupçonnés de magie; par le P. Jacques d'Autun. *Lyon, Molin*, 1671, in-4.

1005. Du destin, par Le Febure, prevost et theologue d'Arras. *Lille, Fievet*, 1688, in-12.

1006. Alchimia Andreæ Libavii, recognita, emendata et aucta, tum dogmatibus et experimentis nonnullis, tum commentario medico, physico, chymico, etc. *Francofurti, Saurius*, 1506, in-fol.

1007. Praxis alchimiæ, hoc est Doctrina de artificiosa preparatione præcipuorum medicamentorum chymicorum, duobus libris explicata; opera Andreæ Libavii. *Francofurti, Saurius*, 1604, in-12.

1008. Syntagma selectorum undiquaque et perspicue traditorum alchimiæ arcanorum, studio Andreæ Libavii. *Francofurti, Hoffmannus*, 1611, in-fol., 2 vol.

1009. Memorabilium, utilium ac jucundorum centuriæ novem in aphorismos arcanorum omnis generis locupletis, perpulchræ, digestæ, autore Anton. Mizaldo Monluciano. *Lutetiæ, Morellus*, 1567, in-8.

Dans le même volume : Medicus hortus, et hortense pauperum pharmacopolium, probatorum remediorum locuples. *Parisiis, Morellus*, 1574. — Nova et mira artificia comparandorum fructuum, uvarum et aliarum hortensium, quæ corpus blandè et absque noxa purgent. *Lutetiæ, Morellus*, 1565. — Dioclis Carystii medici, ab Hippocrate fama et ætate secundi, aurea ad Antigonem regem epistola de morborum præsagiis et eorumdem contemporaneis remediis. *Lutetiæ, Morellus*, 1572.

1010. Opusculum de sena planta inter omnes quotquot sunt, hominibus beneficentissima et saluberrima. *Lutetiæ, Morellus*, 1572.

1011. Remèdes secrets. In-8, fig.
Le titre et les cinq premiers feuillets du texte manquent.

XIV. ARTS ET MÉTIERS.

Dictionnaires et Traités généraux. Art de l'écriture.

1012. Description des machines et procédés spécifiés dans les brevets d'invention, de perfectionnement et d'importation dont la durée est expirée. *Paris, Ve Huzard*, in-4, 42 vol. jusqu'à ce jour.

1013. Bulletin de la Société d'encouragement pour

l'industrie nationale. *Paris, Ve Huzard,* in-4, années 1832-40.

1014. Recueil de la Société polytechnique, publié par M. de Mauléon. In-8 ; jusqu'à ce jour.

1015. Portefeuille industriel du conservatoire des arts et métiers, etc.; publié par MM. Pouillet et Le Blanc. *Paris, Bachelier,* 1834, in-8, atlas, tome 1.

1016. Polygraphiæ libri sex, Johannis Trithemii, abbatis peapolitani, quondam spanheimensis ad Maximilianum Cæsarem. Impressum ductu *Joannis Haselberg de Aia...* Anno... M. D. XVIII, mens. Julio, in-4, goth., frontisp.

XV. BEAUX-ARTS.

Traités particuliers de dessin, de peinture, de gravure, de sculpture. Musique. Architecture.

1017. Entretiens sur les vies et sur les ouvrages des peintres anciens et modernes (par Félibien). *Paris, Petit,* 1766, in-4.

1018. Musica libris quatuor demonstrata. *Parisiis Cavellat,* 1552, in-4.

1019. Traité de l'harmonie universelle, où est contenue la musique théorique et pratique des anciens et modernes, avec les causes de ses effets; par le sieur de Sermes. *Paris, Baudry,* 1627, in-8.

1020. Des décorations funèbres, où il est amplement

parlé des tentures, lumières, mausolées, etc.; par le père Menestrier. *Paris, De la Caille et Pipie,* 1683, in-8, fig.

1021. L'architecture des bâtimens particuliers, composée par Louis Savot. *Paris*, 1642, in-8.

1022. Parallèle de l'architecture antique et de la moderne, avec un recueil des principaux autheurs qui ont écrit des cinq ordres. *Paris, Martin,* 1550, in-fol., planches.

1023. Histoire sommaire de l'architecture religieuse, civile et militaire, au moyen-âge; par M. de Caumont. 1836, in-8, atlas.

BELLES-LETTRES.

Introduction à l'étude des Belles-Lettres. Traités généraux. Systèmes d'enseignement.

1024. Traité des études monastiques, avec une liste des principales difficultés qui se rencontrent en chaque siècle dans la lecture des originaux, et un catalogue de livres choisis pour composer une bibliotèque (*sic*) ecclésiastique; par dom Jean Mabillon. *Paris, Robustel,* 1691, in-4.

1025. Réponse au traité des études monastiques;

par l'abbé de la Trappe (de Rancé). *Paris, Franc. Muguet*, 1692, in-4.

1026. Réflexions sur la réponse de M. l'abbé de la Trappe au traité des études monastiques ; par dom Jean Mabillon. *Paris, Robustel*, 1692, in-4.

1027. Méthode d'étudier, tirée des ouvrages de S. Augustin; traduite de l'italien de Pierre Ballerini. *Paris, Hérissant*, 1760, in-12.

1028. Arcana studiorum omnium methodus et bibliotheca scientiarum, librorumque earum ordine tributorum universalis; authore Alexandro Fichet, soc. Jesu. *Lugduni, Barbier,* 1649, in-8.

I. GRAMMAIRE.

1. *Origine et formation des langues. Traités sur la grammaire en général. Dictionnaires polyglottes.*

1029. Notions élémentaires de linguistique, ou Histoire abrégée de la parole et de l'écriture, pour servir d'introduction à l'alphabet, à la grammaire et au dictionnaire; par Charles Nodier. *Paris, Renduel*, 1834, in-8.

1030. Recherches curieuses sur la diversité des langues et religions en toutes les principales parties du monde; par Ed. Brerewood; traduits de l'anglais par Jean de la Montagne. *Paris, Varennes*, 1663, in-8.

1031. J. A. Comenii Janua linguarum reserata aurea. *Amstelodami, Janssonius,* 1662, in-8.

1032. De convenientia vocabulorum rabbinicorum cum græcis. In-4.
Titre enlevé.

1033. Lexicon heptaglotton, hebraïcum, chaldaïcum, syriacum, samaritanum, æthiopicum, arabicum et persicum..... Cui accessit brevis et harmonica, quantùm fieri potuit, grammaticæ omnium præcedentium linguarum delineatio; authore Edmundo Castello. *Londini, Roycroft,* 1669, gr. in-fol., 2 vol.
Ce lexique se réunit à la polyglotte de Walton.

1034. Ambrosii Calepini dictionarium octolinguæ. Adjectæ sunt latinis dictionibus hebrææ, græcæ, gallicæ, italicæ, hispaniæ atque angliæ, etc. *Lugduni, Borde,* 1663, in-fol., 2 vol.

1035. Nomenclator octilinguis omnium rerum propria nomina continens, ab Adriano antehàc collectus... Hermanni Gembergii opera et studio. *Coloniæ Allobrogum, Jacob. Stœr,* 1602, in-8.

2. Langues orientales.

Alphabets, Dictionnaires et Grammaires de la langue hébraïque.

1036. Thesaurus linguæ sanctæ. In-fol.
Titre enlevé.

1037. Joannis Buxtorfi Thesaurus grammaticus linguæ sanctæ hebrææ. Adjecta prosodia metrica, sive Poeseos hebræorum dilucida tractatio. *Basileæ*, 1651, in-8.

1038. Joannis Buxtorfi Lexicon hebraïcum et chaldaïcum, complectens, etc. Accessit Lexicon breve rabbinico-philosophicum. *Basileæ, Joan. Konig*, 1663, in-8.

1039. Tabula in grammaticen hebræam; auth. Nic. Clenardo. Cum annotationibus Johan. Quinquarborei; scholiis Joan. Isaaci et G. Genebrardi, et animadversionibus Joan. Merseri. *Parisiis, Martinus Juvenis*, 1664, in-4.

1040. Novæ hebraïcæ institutiones absolutissimæ, Joh. Quinquarboreo. Cum annotationibus Petri Vignalii. Accessit G. Genebrardi tractatus de syntaxi et poetica hebræorum; insuper Roberti Bellarmini exercitatio grammatica in Psalm. XXXIIII. *Lutetiæ, Lebé*, 1621, in-8.

1041. Roberti Bellarmini institutiones linguæ hebraïcæ, ejusdem exercitatio in Psalmum XXXIV, unà cum annotationibus Simeonis Muisi. Accedet Sylva radicum, auct. J. B. M. *Parisiis, Cramoisy*, 1622, in-8.

3. Langue grecque.

Introduction. Traités généraux. Dictionnaires et Grammaires.

1042. Commentarii linguæ græcæ; Gulielmo Budæo

auctore. Venundatur *Jocodo Badio Ascensio*, 1529, in-fol.

1043. Institutiones ac meditationes in græcam linguam, Clenardo authore; cum scholiis et praxi Antesignani, et annotationibus Bercheti. *Parisiis, Marnef et vidua Cavellat*, 1581, in-4.

1044. Jacobi Gretseri institutiones linguæ græcæ. *Ingolstadii, Sartorius*, 1603, in-8

1045. Idem. *Rothomagi, Rouves*, 1622, in-8.

1046. N. Clenardi græcæ linguæ institutiones; cum scholiis et praxi Petri Antesignani Rapistagnensis. *Lugduni, Gryphius*, 1588, in-8.

1047. Locutionum græcarum in communes locos per alphabeti ordinem digestarum volumen; per D. Jacobum Billium. *Parisiis, Joan. Benenatus*, 1578, in-8.

1048. Lexicon græco-latinum novum... Opera et studio Joan. Scapulæ; editio ultima. *Basileæ, Henric. Petrus*, 1600, in-fol.

1049. Cyrilli Philoxeni, aliorumque veterum glossaria latino-græca et græco-latina, à Carolo Labbeo collecta.... *Lutetiæ Parisiorum, Guignard*, 1682, in-fol.

1050. Glossarium ad scriptores mediæ et infimæ græcitatis. Accedit appendix ad glossarium mediæ et infimæ latinitatis; unà cum brevi etymologico linguæ gallicæ ex utroque glossario; aut. Carolo du Fresne, dom. du Cange. *Lugduni, apud Anissonios, Posuel et Rigaud*, 1688, in-fol., frontisp., 2 vol.

1051. Thesaurus græcæ linguæ, ab Henrico Stephano constructus. *Parisiis, Henr. Steph.*, 1572, in-fol., 4 vol.

1052. Joannis Meursi glossarium græco-barbarum. *Lugduni Batavorum, Basson*, 1610, in-4.

1053. Apparatus græco-latinus, cum interpretatione gallica. *Parisiis, Benard*, 1681, in-4.

1054. Lexicon græco-latinum, seu Epitome thesauri græcæ linguæ, ab Henrico Stephano constructi, quæ hactenùs sub nomine Johan. Scapulæ prodiit. *Genevæ, Aubertus*, 1616, in-4.

1055. Idem. Apud *Candidum Lugdunensem*, 1607, in-4.

1056. Joan. Crispini Lexicon græco-latinum. *Coloniæ Allobrogum, Vignon*, 1615, in-4.

1057. Lexicon græco-latinum, cum multis additionibus; autore Hyeronimo Alexandro. *Lutetiæ Parisiorum, Gilles de Gourmont*, 1512, petit in-fol. Très rare.

1058. Nouvelle méthode pour apprendre facilement la langue grecque. *Paris, Vitré*, 1655, in-8.

1059. Regulæ accentuum et spirituum græcorum... Opera Philip. Labbe. *Parisiis, Henault*, 1655, in-8.

1060. Matth. Devarii de particulis græcæ linguæ, liber particularis. *Amstelœdami, Walters*, 1700, in-12.

1061. Le Jardin des racines grecques (par Cl. Lancelot), mises en vers françois (par de Sacy), avec un traité des prépositions et autres particules indéclinables, et un recueil alphabétique des mots françois tirez de la langue grecque (par Cl. Lancelot). *Paris, Pierre Le Petit*, 1657, in-12.
Titre enlevé.

4. Langue latine.

Introduction. Traités généraux. Dictionnaires et Grammaires.

1062. Josephi Laurentii Lucensis Amalthea onomastica... Opus in hac editione tertia parte auctum. *Lugduni, Anisson*, 1664, in-fol.

1063. Idem. *Lucæ, Baltasar*, 1640, in-4.

1064. Gerardi Joan. Vossii etymologicon linguæ latinæ. Præfigitur ejusdem de litterarum permutatione tractatus. *Amstelodami*, apud *Lud. et Danielem Elzevirios*, 1662, in-fol.

1065. Gerardi Joannis Vossii de vitiis sermonis et glossematis latino-barbaris, libri quatuor. *Amstelodami, Ludovicus Elzevirius*, 1645, in-4.

1066. Apparatus latinæ locutionis, auctore Alexandro Scot Scoto... Accessit ad calcem progymnasmatum

GRAMMAIRE.

in artem oratoriam libellus ex Franc. Sylvii opere in synopsim redactus. *Lugduni, Pillehotte*, 1602, in-fol.

1067. Idem. *Rothomagi, Behourt*, 1635, in-4.

1068. Etymologicon trilinguæ antiquitatibus animadversionibus locupletatum; authore Joanne Fungero. *Lugduni, De Harsy*, 1607, in-4.

1069. Auctores latinæ linguæ in unum redacti corpus; adjectis notis Dionysii Gothofredi, editio postrema. *Genevæ, Marcellus*, 1623, in-4.

1070. Anthologia latinarum locutionum, opera et studio Petri des Champsneufs. *Parisiis, Cramoisy*, 1647, in-8.

1071. De la Traduction, ou règles pour apprendre à traduire la langue latine en la langue françoise; par le sieur de l'Estang. *Paris, Le Mire*, 1660, in-8.

1072. Nicolai Perotti cornucopiæ, seu commentarii linguæ latinæ. Unà cum textu ipsius in quem scripserat Martialis, et commentariis seu expositionibus ipsius Nicolai in Caii Plynii secundi præmium, etc. Impressum *Parrhisiis*, per magistrum *Bertholdum Rembolt*, 1510, in-fol.

1073. Commentarium linguæ latinæ. *Basileæ, Valderus*, 1538, in-fol.
Titre enlevé.

1074. Universæ phraseologiæ latinæ corpus, congestum à P. Francisco Wagner, soc. Jesu. *Ratisbonæ, Baderus*, 1751, in-8.

1075. Thesaurus novus, seu Delectus elegantioris ex uno quantum potuit Cicerone puriorisque latinitatis. *Flexiæ, Griveau*, 1643, in-8.

1076. Idem. *Rothomagi, Maurry*, 1669, in-8.

1077. Dictiones latinæ cum græca et gallica interpretatione. In-8.
Titre enlevé.

1078. Dictions latines, avec leur interprétation en grec et en françois. In-8.
Titre enlevé.

1079. Matthiæ Martinii Lexicon philologicum, in quo latinæ et à latinis auctoribus usurpatæ, cum puræ tum barbaræ voces ex originibus declarantur, etc. Accedit ejusdem Cadmus græco-phænix. Additur glossarium Isidori commendationibus et notis Joan. Georgii Gravii. Quibus auctarium subjecit Theod. Janssonius ab Almeloveen. Præfixa est operi Joan. Clerici dissertatio etymologica. *Amstelodami, Delorme*, 1701, in-fol., 2 vol., port.

1080. Glossarium archaïologicum continens latino-barbara, peregrina, obsoleta, et novatæ significationis vocabula, scholiis et commentariis illustrata; autore Henrico Spelmanno, equite, anglo-britanno. *Londini, Warren*, 1664, in-fol.

1081. Glossarium ad scriptores mediæ et infimæ latinitatis; auctore Carolo du Fresne, domino Du

GRAMMAIRE.

Cange. *Lutetiæ Parisiorum, Martinus*, 1678, gr. in-fol., 3 vol.

1082. Dictionarium, seu latinæ linguæ Thesaurus, non singulas modo dictiones continens, sed integras quoque latinæ et loquendi et scribendi formulas ex Catone, Varrone, etc. *Parisiis, Robertus Stephanus*, 1536, in-fol., 2 vol.

1083. Dictionarium latino-gallicum, postrema hac editione valdè locupletatum. *Lutetiæ, Carolus Stephanus*, 1552, in-fol.

1084. Thesaurus vocum omnium latinarum ordine alphabetico digestarum quibus græcæ et gallicæ respondent. *Aureliæ Allobrogum, De la Rouière*, 1608, in-4.

1085. Verborum latinorum cum græcis gallicisque conjunctorum, commentarii ex optimis quibusque auctoribus; Guilielmi Morelii descripti. *Lugduni, Ravot*, 1578, in-4.

1086. Idem opus, ex eadem editione.

1087. Dictionarium novum latino-gallico-græcum; authore Carolo Pajot. *Rothomagi, Lallemant*, 1700, in-4.

1088. Idem, ibidem, 1665, in-4.

1089. Idem. *Flexiæ, Griveau*, 1645, in-4.

1090. Idem, ex eadem editione, frontisp.

1091. Dictionarium historicum, geographicum, poeticum; authore Carolo Stephano. *Parisiis, Thiboust*, 1654, in-4.

1092. Idem. *Lutetiæ, Macœus*, 1578, in-4.

1093. Idem. *Lugduni, Cloquemin et Steph. Michael*, 1575, in-4.

1094. Dictionarium universale latino-gallicum ad usum serenissimi Dombarum principis; sexta editio. *Parisiis, Boudot*, 1735, in-4.

1095. Idem, ibidem, 1736, in-8.

1096. Dictionarium novum latinum et gallicum ad usum Delphini, auctore Petro Danetio. *Parisiis, Pralard*, 1680, in-4.

1097. Magnum dictionarium latinum et gallicum ad usum Delphini; authore Petro Danetio. *Lugduni, Deville*, 1737, in-4, frontisp.

1098. Officina latinitatis, seu novum Dictionarium latino-gallicum. — Nouveau Dictionnaire pour la traduction du latin en françois, recueilly de Ciceron, Pline, etc.; enrichy des noms propres des dieux, empereurs, roys, etc. *Paris, Ve Thiboust et Esclassau*, 1681, in-4, frontisp.

1099. Dictionariolum latino-græco-gallicum. *Roven*, 1679, in-8.

1100. Vocabularius familiaris et compendiosus, jampridem Rothomagi impressum. *Roven, Morin*, 1500, in-fol., goth.

1101. Le grand Dictionnaire françois-latin, aug-

GRAMMAIRE. 163

menté, etc. Le tout recueilli des observations des plus doctes personnages, et entre autres de M. Nicod. *Paris, Gueffier*, 1614, in-4.

1102. Dictionnaire françois-latin. *Rouves*, 1699, in-4.
Titre enlevé.

1103. Dictionnaire françois-latin, composé et recueilly par le P. Charles Pajot. *Rouen*, 1678, in-8.

1104. Joannis Despauterii universa grammatica in commodiorem docendi et discendi usum redacta. *Rothomagi, De Beauvais*, 1618, in-8.

1105. Eadem, ibidem, *Parvus-Vallius*, 1630, in-8.

1106. Eadem, ibidem, *De la Motte*, 1631, in-8.

1107. Eadem multoquam antehac emaculatior. *Parisiis, Jacquin*, 1619, in-8.

1108. Nouvelle méthode pour apprendre facilement la langue latine, mise en françois, avec un ordre très clair et très abregé; avec un traicté de la poésie latine, et une brève instruction sur les règles de la poésie françoise (par Ancelot, Arnauld et Nicod), 7º édition. *Paris, Le Petit*, 1667, in-8.

1109. Abrégé de la même méthode. *Paris, Mariette*, 1696, in-8.

1110. Joannis Tortelii de orthographia dictionum. Impressum *Venetiis*, per *Joannem de Tridino*, 1495, in-fol.

1111. Les rudimens de la langue latine; par M. Tricot. *Paris, Aumont,* 1771, in-12.

5. Langue française.

Origines, Etymologies. Traités généraux. Dictionnaires et Grammaires.

1112. Les Origines de la langue françoise (par Ménage). *Paris, Courbé,* 1650, in-4.

1113. Remarques sur la langue françoise, utiles à ceux qui veulent bien parler et bien écrire; 3ᵉ édition. *Paris, Courbé,* 1655, in-4, frontisp.

1114. Inventaire des deux langues françoise et latine, assorti des plus utiles curiositez de l'un et de l'autre idiôme; par Philibert Monet. *Lyon, Obert,* 1636, in-fol.

1115. Dictionnaire critique de la langue françoise; per l'abbé Ferrand. *Marseille, Mossy,* 1787, in-4, 3 vol.

1116. Dictionnaire universel françois, recueilly et compilé par Messire Antoine Furetière. *La Haye, Arnout et Reinier Leers.* 1690, in-fol., 3 vol., portrait de Furetière, gravé par G. Edelinck.

6. Langues étrangères.

1117. Grammaire italienne, mise et expliquée en françois par César Oudin; revue, corrigée et augmentée par Ant. Oudin. *Paris, Cottinet*, 1639, in-8.

1118. La même. *Lyon, Borde, Arnaud et Rigaud*, 1649, in-8.

1119. Dictionnaire françois et italien; par Pierre Canal. *Paris, Houzé*, 1611, in-8.

Dans le même volume : Dittionario italiano e francese; por Pietro Canale. Stampato *in Parigi*, 1611.

1120. Ragionamenti sopra alcune osservationi della lingua volgare di Lazaro Fenucci da Sassuolo. In *Bologna, Giacca Zello*, 1551, in-8.

A la suite : 1° Regole grammaticale della volgar lingua, etc. — 2° Concetti della lingua latina. In *Venetia, Zaltieri*, 1562. — 3° Origine della lingua fiorentina. In *Fiorenza, Lorenzo*, 1549.

1121. Dictionnaire françois et italien; par Jean Antoine Fenice. *Morges*, 1584, in-8.

1122. Dittionario toscano, compilato dal signor Adriano Politi gentilhuomo senese. In *Venetia, Michiel Miloco*, 1665, in-8.

1123. Le Trésor des deux langues, espagnolle et françoise; par César Oudin. *Paris, Orry*, 1607, in-4.

1124. Etymologicon linguæ anglicanæ, seu explicatio vocum anglicarum etymologica, ex propriis fontibus, scilicet, ex linguis duodecim : anglo-saxonica, runica, etc.; authore Stephano Skinner. *Londini, Roycroft,* 1671, in-fol.

1125. Nouveau Dictionnaire des passagers, françois-allemand et aemand-françois. *Leipzig*, 1739, in-8.

II. RHÉTORIQUE.

Rhéteurs grecs. Rhéteurs latins, anciens et modernes. Rhéteurs français et étrangers.

1126. Aphtonii progymnasmata, cum scholiis R. Horichii. *Amsterodami, Lud. Elzevirius,* 1665, in-12, frontisp.

1127. Bibliotheca rhetorum, præcepta et exempla complectens, quæ tam ad oratoriam facultatem quam ad poeticam pertinent; auth. P. Gabr. Franc. Le Jay. *Parisiis, Dupuis,* 1725, in-4.

1128. M. Fabii Quintiliani institutionum oratoriarum libri duodecim. Accesserunt declamationes quæ tam ex P. Pithæi quam aliorum bibliothecis et editionibus colligi potuerunt. *Genevæ, Stoer,* 1604, in-8.

1129. Pet. Rami ciceronianus et brutinæ questiones. *Basileæ, Perna,* 1677, in-12.

1130. Rhetoricorum Raimundi Lulii nova evulgatio. *Parisiis, Billaine,* 1638, in-4.

1131. De arte rhetorica libri quinque; auth. P. Dominico de Colonia. *Catalanni*, *Bouchard*, 1753, in-8, portrait.

1132. Idem opus. *Lugduni*, *Molin*, 1724, in-12, portrait.

1133. Candidatus rhetoricæ, à P. Josepho Juvencio. *Parisiis*, *Barbou*, 1712, in-12.

1134. Idem, ibidem, 1714, in-12.

1135. Copiæ verborum et rerum D. Erasmi Roterodami libri II. De ratione studii, deque pueris instituendis commentariolus lib. I. De laudibus literariæ societatis urbis Argentinæ epistola. De puero Jesu concio et carmina pluscula. Sub *Preli Ascensiano*, 1522, in-4.

1136. Compendium rhetoricæ christianæ, methodi facilis prædicationis evangelicæ et controversiæ... Cui addita est brevis chronologia sacra ad majorem explicationem et confirmationem eorum quæ scripta sunt in quatuor primis libris hujus opusculi. *Parisiis*, *Jac. Langlois*, 1672, in-8.

1137. Reginæ Palatium eloquentiæ. *Lugduni*, *Candy*, 1657, in-4.

1138. D. Erasmi Roterodami de verborum copia. In-8.
Titre enlevé.

A la suite : Epitome libri de Copia verborum Erasmi Roterodami. *Parisiis*, *Wechelus*, 1542.

1139. Les Lumières de l'Éloquence prinses du vray

usage de la raison, et reduittes en art de bien dire, etc.... *Paris, Perier,* 1627, in-4.

1140. Trattato dello stile et del dialogo; composto dal padre Sforza Pallavicinio. *Roma, Mascardi,* 1662, in-12.

III. ORATEURS.

1. *Orateurs grecs.*

1141. Demosthenis et Œschinis principum Græciæ oratorum opera, cum utriusque autoris vita et Vulpiani commentariis, per Hieronymum Wolfium. *Genevæ, De la Rouière,* 1607, in-fol.

1142. Dionis Chrysostomi orationes L***. *Parisiis, Wechelus,* 1554, in-4.

1143. Themistii Euphradæ orationes XVI græcè et latinè, nunc primum editæ, cum notis Dionysii Petavii. *Flexiæ, Rezé,* 1617, in-8.

1144. Isocratis Orationes et Epistolæ cum latina interpretatione Hieronymi Wolfii. *Parisiis, Libert,* 1621, in-8.

2. *Orateurs latins modernes.*

1145. Panegyris triumphalis à Jano Cæcilio Frey. Tumulus Rupellæ, Epigraphiæ, Paralellæ. *Parisiis, Langlæus,* 1629, in-4.

Dans le même volume : 1° Jacobi Cusinoti Oratio de

Felice Rupellæ deditione. *Parisiis, Libert*, 1628. 2° Panégyrique à monseig. le cardinal de Richelieu, sur ce qui s'est passé aux derniers troubles de France. *Paris, Du Bray*, 1629. 3° Joannis Dartis de expeditione regia in Anglos, et deditione Rupellæ Oratio. *Parisiis, Langlœus*, 1629. 4° Joannis Perreau in regis christianiss. Ludovici XIII facinoribus oratio apodeictica, historica et christiana. 1629. 5° Rupella. 6° Iselasticon, seu Triumphus rupellanus Ludovici justi, Emerico Cruceo authore. *Parisiis, Libert*, 1629. 7° Ludovici XIII Franciæ et Navarræ Triumphus de Rupella capta. *Parisiis, Cramoisy*, 1628, portrait. 8° Λοδοικου βασιλεως θριαμβος. 9° La Rochelle aux pieds du roy. 10° Eloge du roy victorieux et triomphant de la Rochelle. 11° De christianissimo rege Ludovico justo, ejusque Rupellana divinitùs pacta victoria panegyricus à nobili et ingenuo adolescenti P. F. de Gondi dictus. 12° In faustos et felices eminentiæ titulos metrica panegyris ad eminentis. princip. cardin. ducem de Richelieu Franciæ pacem, etc.; authore Hub. Baltazar senonico. *Parisiis, Guillemot*, 1638.

1146. De Francia ab interitu vindicata, scholastica exercitatio; ad illustriss. Harleium P. P. Senatus. J. Grangier recensuit. *Parisiis, Libert*, 1611, in-8.

1147. Vacationes autumnales, sive de perfecta oratoris actione et pronunciatione libri III, auctore

Lud. Cresollio. *Lutetiæ Parisiorum, ex officina Nivelliana*, 1620, in-4.

A la suite : Panegyricus Ludovico XIII Galliæ et Navarræ regi, votus in gratiarum actionem pro scholis restitutis collegii claromontani, soc. Jesu, in academia parisiensi. — Item aliæ aliis gratiarum actiones, ab eodem auctore.

3. *Orateurs français.*

1148. Harangues héroïques des hommes illustres modernes. *Paris, Sommaville et Courbé*, 1643, in-4.

1149. Recueil de plusieurs pièces d'éloquence et de poésie présentées à l'Académie françoise, pour le prix de l'année 1673. *Paris, Le Petit*, 1673, in-12.

1150. Recueil de plusieurs pièces d'éloquence et de poésie présentées à l'Académie françoise, pour le prix de l'année 1683. *Paris, Le Petit*, 1683, in-12.

1151. Harangues tirées de l'histoire de France, de Mezeray. *Lyon, Rivière*, 1667, in-12.

1152. Discours d'éloquence sur divers sujets, par le sieur de Bonnet de la Chasenitte. *Paris, Fournot*, 1695, in-12.

1153. Le Magnanime, ou l'éloge du prince de

Condé, par un père de la compagnie de Jesus (le P. Rapin). *Paris*, *Le Clerc*, 1701, in-12.

1154. Discours, allocutions et réponses de S. M. Louis-Philippe, roi des Français, avec un sommaire des circonstances qui s'y rapportent, extraits du Moniteur. *Paris*, *Ve Agasse*, 1833, in-8, 4 vol.

1155. Le trésor des harangues, remonstrances et oraisons funèbres des plus grands personnages de ce temps, rédigées par ordre chronologique; par L. G., advocat au Parlement. *Paris, Michel Bobin*, 1564, in-4.

1156. Oraison funèbre d'Anne d'Autriche, mère du roy, reine de France et de Navarre, prononcée dans l'église des religieuses de la Miséricorde, par Hon. Bontemps. *Paris*, *Lambert*, 1666, in-4.
Voir les numéros 350, 351, 352.

1157. Harangues académiques de Jean-Baptiste Manzini. *Paris*, *Courbé*, 1640, in-8.
Titre enlevé.

IV. POÈTES.

1. *Poètes grecs anciens.*

1158. Homeri Carmina et Cycli epici reliquiæ, græcè et latinè, cum indice nominum et rerum. *Parisiis*, *Didot*, 1840, gr. in-8.

2. Poètes latins.

1159. Nicolai Merseri Pisiaci de conscribendo epigrammata. Opus curiosum in duas partes divisum. *Parisiis, De la Caille,* 1653, in-8.

1160. Novus apparatus Virgilii poeticus synonymorum, epithetorum, etc., thesaurum R. P. Laurent. Le Brun concinnatum. *Parisiis, Benard,* 1683, in-4.

1161. Epitheta Joann. Ravisii, quibus accesserunt de prosodia lib. IV. Item de carminibus præcepta collecta à Gregorio Sabino. *Tolosæ,* vidua *Colomerii,* 1606, in-8.

1162. Amaltheum prosodicum, sive brevis et accurata vocum omnium prosodia. *Lugduni, Molin,* 1684, in-12. — Prosodia latina, regulis brevissime comprehensa, ab uno è soc. Jesu. Ibidem, 1678.

1163. Elegantiarum poeticarum per locos communes digestarum flores; opera et stud. Jo. Blumerel. *Rothomagi, De Manneville,* 1634, in-12.

1164. Idem, ibidem, 1647, in-12.

1165. Prosodia Henrici Smetii prumptissima. *Lugduni, Bailly,* 1642, in-8.

1166. Enchiridium prosodicum emendata pronunciationis certissima amussis... *Parisiis, Meturas,* 1648, in-12.

1167. Regia Parnassi, seu Palatium musarum, etc. *Parisiis, Thiboust*, 1674, in-8, frontisp.

1168. Idem. *Parisiis, Thiboust*, 1699, in-8.

1169. Idem. *Lugduni, Davirot*, 1735, in-8.

1170. Gradus ad Parnassum, par Alfred de Wailly. *Paris, Guyot*, 1836, in-8.

Poètes latins anciens.

1171. Pub. Virgilii Maronis opera quæ quidem extant omnia. Cum commentariis Tib. Donati et Servii Honorati. Accesserunt iisdem Probi Grammatici, Pomponii Sabini... Annotationes utilissimæ, studio Lud. Lucii. *Basileæ, Henricpetrus*, 1663, in-fol.

1172. P. Virgilii Maronis Bucolica, Georgicæ et Æneis : Nicolai Erithræi opera in pristinam lectionem restituta, additis ejusdem Erithræi scholiis, etc. *Francofurti, Wechelus*, 1583, in-8.

A la suite : Maphæi Vegii laudensis liber.

1173. Q. Horatii Flacci carmina expurgata, cum notis Jos. Juvencii, juxta exemplar Romæ. *Lugduni, Lallemant*, 1767, in-12.

1174. Idem, 1746, in-12.

1775. Idem. *Turonibus, Masson*, 1688, in-12, frontisp.

1176. Idem. *Parisiis, Benard*, 1696, in-12.

1177. Idem. *Parisiis*, *Barbon*, 1719, in-12.

1178. Idem, cum annotationibus Henr. Glareani. *Friburgi Bisgoriæ*, apud *Joan. Fabrum*, 1553, in-12.

1179. Paraphrase de l'Art poétique d'Horace aux Pisons, par le sieur de Brueys de Montpellier. *Paris*, *Vᵉ Mauger*, 1684, in-12.

1180. Junii Juvenalis et Auli Persii Flacci satyræ. *Lugduni*, *Gryphius*, 1541, in-12.

1181. D. Junii Juvenalis et Auli Persii satyræ, omni obcænitate expurgatæ, cum interpretatione ac notis. *Rothomagi*, *Le Boullenger*, 1747, in-12.

1182. M. Val. Martialis epigrammaton lib. XIII. Interpretantibus Domitio Calderino, Georgioque Merula. Cum indice copiosissima. *Venetiis*, *Scotus et Amadeus*, 1542, in-fol.

En mauvais état.

1183. M. Annæi Lucani de bello civili lib. X. *Lugduni*, *Gryphius*, 1536, in-12.

1184. Publii Ovidii Nasonis metamorphoseos lib., unà cum annotationibus Raphaelis Regii. *Parisiis*, per magistrum *Andream Brocard*, optimis caracteribus impressus feliciter finit, 1496, in-4, gothique.

1185. Les Métamorphoses d'Ovide, traduittes en prose françoise, avec XV discours contenans l'explication morale des fables, etc. *Paris*, *Nicolas et Jean De la Coste*, 1658, in-8, portr.

1186. Ausonii, viri consularis, omnia, quæ adhuc in veteribus bibliothecis inveniri potuerunt opera, etc. *Burdigalæ, Millangius*, 1580, in-4.

1187. Titi Lucretii Cari de rerum natura libri sex, cum selectis optimorum interpretum annotationibus quibus suos adjecit P. Aug. Lemaire. *Parisiis, Didot*, 1838, in-8, 2 vol.

1188. Un volume in-4 contenant : 1º M. R. Ciceronis pro P. Quintio oratio. *Parisiis, Libert*, 1634. 2º M. T. Ciceronis pro Q. Roscio Comædo oratio III. *Parisiis, Prevosteau*, sans date. 3º Tibulli liber I. Elegia IX et X. 4º P. Virgilii Maronis Æneidos liber V. 5o Luciani de gymnasiis græcè. *Parisiis, Libert*, 1625. 6º M. T. Ciceronis oratio pro Q. Ligario ad C. Cæsarem. *Parisiis, Libert*, 1634. 7º T. Livii oratio Annibalis imperatoris Pæni ad P. Cor. Scipionem de pace ex tertiæ decadis Livianæ lib. X. Responsio P. Cor. Scipionis Romani ducis. *Parisiis, Libert*, 1628. 8º C. Marii Cos. contra nobilitatem oratio ex C. Salustii Crispi jugurthina; ibid., 1634. 9º Q. Horatii Flacci odarum seu carminum liber. Id., ib., 1634. 10º M. Val. Martialis epigrammatum de spectaculis liber unus; ibid., 1621. 11º Hesiodi Ascræi opera et dies græcè; ibid., 1626. 12º Aristophanis comædiarum scriptoris præstantissimi Plutus. ibid., 1624.

Chacune de ces pièces est suivie de longues annotations manuscrites.

Poètes latins modernes.

1189. Michaelis Hospitalii, Galliarum cancellarii, epistolarum seu sermonum libri sex. *Lutetiæ, Patissonius*, 1585, in-fol.
Bel exemplaire.

1190. Inscriptiones, Epitaphia et Elogia Aloysii Inglaris. *Lugduni, Barbier*, 1645, in-4, frontisp.

1191. Dionysii Petavii opera poetica. *Parisiis, Cramoisy*, 1642, in-8.

1192. Scævolæ Sammarthani poemata et elogia. *Augustoriti Pictonum*, vid. *Blanceti*, 1606, in-8.

1193. Marci Hieronymi Vidœ cremonensis abbæ episc. opera. *Lugduni, Antonius*, 1566, in-16.

1194. Joannis Chevalier burgundi polyhymnia, sive variorum carminum lib. septem. *Flexiæ, Griveau*, 1647, in-12.

1195. Petri l'Abbé, Eustachius, seu placidus heros Christianus : poema epicum, ex legibus antiquiss. et novis... *Lugduni, Thioly*, 1672, in-12.

1196. Album Dianæ Leporicidæ, sive venationis leporinæ leges; auct. Jac. Savary. *Cadomi, Le Blanc*, 1655, in-8.

1197. Mantuani Bapt. opera cum commentariis Murrhonis, Brantii et Ascensii. Coimpressa in ædibus

Ascensianis, impendio ipsius *Ascensii*, *Joan. Parvi et Jac. Forestarii*, 1507, in-4.

1198. Idem opus, ex eadem editione.

1199. F. Baptiste Mantuani Partenice secūdaque et Catharinaria inscribitur; additis Vaurentini argumentis et annotationibus ab Ascencio familiariter exposita. *Lugduni, Marion*, 1516, in-8, goth.

A la suite : Elegia Henrici de adversitate fortune et philosophie consolatione. *Lugduni, Vincent*, 1515, goth.

1200. J. Baptista Mantuanus de sacris diebus. Impressum *Lugduni*, in officina *Bernardi Lescuyer*, 1516, in-8.

Le titre manque.

Dans le même volume : 1° Chronicorum libellus, maximas quasque res gestas, ab initio mundi, apto ordine complectens... Joanne Carione mathematico authore. *Parisiis, Gaultherot*, 1543. 2° Primus Ludus Petri Alitis, Carnotensis, in Puerorum versiculos, non omnino illepidus. *Parisiis, Vidonœus*, 1543. (28 feuillets non chiffrés.) 3° Probæ Falconiæ, vatis clarissimæ à divo Hieronymo comprobatæ Centones, de fidei nostræ mysteriis è Maronis carminibus excerptum opusculum. *Parisiis, Franc. Stephanus*, 1543. 4° De civilitate morum puerilium, per Des. Erasm. Roterodamum libellus nunc primum et conditus et æditus. *Parisiis, Buffet*, 1543.

1201. Petri de Ponte Cecibrugensis incomparanda Genovefeum quä tutellarem totius Gallie dominam inficiari nemo potest. *Parrhisiis, Nicol. de Pratis*, 1500, in-4.

Sans chiffres ni réclames.

A la suite : Petri de Ponte ad diversos amicos epistole familiares. De Sunamitis querimonia. Dialogus brevis ac facetus Pyladis et Horestis comitum una cum caupone eorū hospite. Bertinias libri quatuor.

1202. Frat. Joan. Morocurtii Nervii Chartusii Threnodia adversus Lutheranos. *Antuerpiæ, Joan. Crinitus*, 1540, in-4.

Sans chiffres.

A la suite : 1° Hugonias, in qua divi Hugonis famigeratissimi olim Linconiæ apud Anglos episcopi, vitam, mores, etc., prosequitur et enarrat. 2° Carmen de Nativitate Domini. 3° Brunoniados libri quatuor.

1203. Scævolæ et Abelii Sammarthanorum patris et filii opera latina et gallica, tum ea, quæ soluta oratione, tum ea, quæ versu scripta sunt. Quibus accessit Scævolæ ipsius tumulus. *Lutetiæ Parisiorum, Jac. Villery*, 1633, in-4.

1204. Heroicæ poeseos deliciæ ad unius Virgilii imitationem. Ex summis poetis Sannazario, Buchanano, Vidæ, Bembo, etc. Selegit, recensuit, emendavit Philippus Labbe. *Parisiis, Meturas*, 1646, in-12.

1205. Patriarchæ, sive Christi servatoris genealogia, per mundi ætates traducta, A. D. Emanuele Thesauro, Patritio Taurinensi. *Rothomagi, De Manneville*, 1654, in-8.

Poètes français.

1206. Idée de la foy, ou Poème spirituel en forme de paraphrase, contenant l'explication du Symbole apostolique; par Ant. Langeois, curé du Mesnil-Jourdain. *Evreux, Rossignol*, 1665, in-8.

1207. Saint Louis, poème. *Paris, Martin*, in-fol. Le titre manque. En mauvais état.

1208. OEuvres chrestiennes de M. Arnauld d'Andilly. *Paris, Camusat*, 1644, in-fol.

1209. Les OEuvres de Jacques Poille, sieur de Saint-Gratien, divisées en onze livres. — L'Icare françois, en deux livres. *Paris, Blaise*, 1623, in-8.

1210. La Semaine, ou Création du monde; par Guillaume de Saluste, seigneur du Bartas; avec commentaires, argumens et annotations; par Goulard de Senlis. *Paris, Gadouleau*, 1583, in-4.

1211. Satyre de D***. *Paris, Billaine, Thierry, Léonard et Barbin*, 1668, in-8, frontisp.

1212. Auguste et Noémi, souvenir d'une mère, par Madame Guinard, 2ᵉ édition. *Paris, Réné*, 1841, in-8.

1213. Fastes poétiques de l'Histoire de France, par J.-L. Thieys, 2ᵉ édit. *Montauban, Forestié,* 1840, in-8.

1214. Penserosa. Poésies nouvelles, par Madame Louise Colet. *Paris, Crapelet,* 1840, in-8.

1215. Pauvres fleurs, par Madame Desbordes-Valmore. *Sceaux, Dépée,* 1839, in-8.

1216. Poésies de Magu, tisserand à Lizy-sur-Ourcq. *Meaux, Carro,* 1839, in-12.

1217. Les Noces de Thétis et Pélée, poème de Catulle, traduit en vers français, suivi de Poésies diverses, par Henri Dottin, et précédé d'une Notice sur Catulle, par De Pongerville. *Beauvais, Desjardins,* 1839, in-8.

VI. ART DRAMATIQUE.

1. *Dramatiques anciens.*

1218. Aristophanis comediæ et deperditarum fragmenta, ex nova recensione Guilelmi Dindorf. Accedunt Menandri et Philemonis fragmenta auctiora et emendatiora; græcè et latinè, cum indicibus. *Parisiis, Didot,* 1840, gr. in-8.

1219. Un vol. in-4, imprimé sur deux colonnes, en caractères gothiques; le titre et les neuf premiers feuillets manquent. Ce paraît être une de ces anciennes pièces de théâtre connues sous le nom de *Mystères;* le sujet et les personnages sont tirés de l'ancien Testament.

2. *Dramatiques français, italiens et anglais.*

1220. Hercule furieux, tragédie, (par De Nouvelon.) *Paris, Quinet,* 1639, in-4.

1221. La Popularité, comédie en cinq actes, en vers, par Casimir Delavigne. *Paris, Rignoux,* 1839, in-8.

1222. Il Pastor fido, tragicomedia pastorale di Battista Guarini. *Venetia, Franceschi,* 1592, in-8.

1223. The Play of William Shakspeare, accurately printed from the text of the corrected copies, left dy the late George Steevens, Esq., and Edmond Malone, Esq. *London,* 1826, in-8.
Très bel exemplaire.

VII. MYTHOLOGIE.

Fables et Apologues.

1224. Fabulæ selectæ Fontanii è gallico in latinum sermonem conversæ, in usum studiosæ juventutis; auth.. Patre *** Presbit. congreg. O. D. J. *Rothomagi, Machuel,* 1765, in-8.

1225. Eædem; authore J.-B. Giraud. *Rothomagi,* apud *Lud. Le Boucher et Laurent. Dumenil,* 1775, in-12, 2 vol.
Donné par M. Pigeot, contrôleur des contributions indirectes.

VIII. ROMANS.

Romans latins et français.

1226. Joan. Barclaii Argenis libri V, in-12.
Le titre manque.

1227. L'Argenis de Jean Barclay, traduction nouvelle. 1643, in-8, frontisp.

1228. D'Astrea Van den Heer Honoré d'Urfé, marquis de Verromé. *Amsterdam, Stam,* 1644, in-8, fig.

1229. Les Récits historiques, ou Histoires divertissantes, entremeslées de plusieurs agréables rencontres et belles réparties, par Jean-Pierre Camus, évesque de Belley. *Paris, Clousier,* 1644, in-8.

1230. Variétez historiques, par M. l'évesque de Belley. *Roven, Vaultier,* 1641, in-8.

1231. Divertissement historique, par M. l'évesque de Belley. *Roven, Vaultier,* 1642, in-8.

1232. Palombe, ou la Femme honorable, par M. l'évêque de Belley. *Paris, Chappelet,* 1625, in-8.

1233. Les Triumphes (*sic*) de la Noble Dame amoureuse et l'Art d'honnestement aimer, composés par le traducteur des Voies périlleuses. (Jean Bouchet.) *Louvain, Jean Bogard,* 1563, in-8.

1234. Parthénice, ou Peinture d'une invincible chasteté; histoire napolitaine, par M. l'évesque de Belley. *Paris, Chappelet,* 1621, in-8.

IX. PHILOLOGIE.

1. *Traités généraux, Critique et Mélanges littéraires.*

1235. Auli Gellii Noctium Atticarum libri undeviginti, cum scholiis Ascensianis. *Parrhisiis, in œdibus Petri Gromorsi*, 1526, in-4.

1236. Auli Gellii Noctes Atticæ, seu Vigiliæ Atticæ ad exemplar potissimum Henrici Stephani lucidiores redditæ. *Excudebat Samuel Crispinus*, 1602, in-16.

1237. Macrobii Ambrosii Aurelii Theodosii, in somnium Scipionis lib. II. Saturnaliorum lib. VII. *Lugduni, Gryphius*, 1556, in-8.

1238. Petri Criniti de honesta disciplina, lib. XXV; de poetis latinis, lib. V; et poematum, lib. II. *Impressum in œdibus Nicolai de Barra*, 1518, in-4.

1239. Alexandri ab Alexandro genialium dierum libri sex. *Parisiis, Gadolæus*, 1579, in-8.

1240. Idem opus. *Parisiis, Buon*, 1575, in-8.

1241. Ludovici Cœlii Rhodigini lectionum antiquarum libri triginta. *Genevæ, excudebat Philippus Albertus*, 1620, in-fol.

1242. Études morales et littéraires sur la personne et les écrits de Ducis, par Onésime Leroy. *Paris, Crapelet*, 1832, in-8.

1243. Études de mœurs et de critique sur les poètes latins de la décadence, par Nisard. *Paris, Decourchant*, 1834, in-8, 2 vol.

1244. Observations sur les écrits modernes. *Paris, Chambert*, 1735, in-12.
Depuis le t. 3 jusqu'au t. 13.

2. *Satires. Invectives. Apologies.*

1245. Gyges gallus et somnia sapientis, Petro Firmiano anthore. (Zacharie, capucin de Lisieux.) *Parisiis, vid. Thierry*, 1659, in-12.
Titre enlevé.

1246. Sæculi genius, Petro Firmiano authore (Zacarie, capucin de Lisieux.) *Parisiis, Thierry*, 1659, in-12.

1247. Idem. *Parisiis, Seb. Cramoisy*, 1653, in-8.

1248. Les Gymnopodes, ou de la Nudité des pieds, disputée de part et d'autre, par Sébastien Roulliard. *Paris*, 1624, in-4, portrait.

1249. L'OEil clairvoyant d'Euphormion dans les actions, des hommes et de son règne parmy les plus grands et signalés de la cour, traduit du latin de Barclay, par Nau. *Paris, Estoct*, 1626, in-8, frontisp.

3. *Gnomiques. Sentences. Apophtègmes. Adages. Proverbes. Bons mots. Ana et Esprits.*

1250. Loci communes sacri et profani sententiarum, omnis generis ex authoribus græcis plusquam tre-

PHILOLOGIE. 185

centis congestarum, per Joan. Stobæum, à Conrado Gesnero latinitate donati. *Francofurti, Wechelus*, 1581, in-fol.

1251. Adagiorum Des. Erasmi Roterodami Chiliades quatuor cum sesquicenturia. Quibus adjectæ sunt Henrici Stephani animadversiones. *Parisiis, Sonnius*, 1579, in-fol.

1252. Idem. *Robertus Stephanus*, 1558, in-fol.

1253. Adagiorum omnium tam græcorum quam latinorum aureum flumen.... ex novissima Des. Erasmi. Roterodami æditione, per Theodoricum Cortehœvium selectum. *Antuerpiæ, Mart. Cæsar*, 1530, in-8.

1254. Apophthegmata ex probatis græcæ latinæque linguæ scriptoribus, à Conrado Lycosthene collecta. Accesserunt parabolæ, sive similitudines ab Erasmo ex Plutarcho et aliis olim excerptæ. *Genevæ, Stœr*, 1609, in-8.

1255. Joannis Brucherii trecensis Adagiorum ex Erasmicis Chiliadibus excerptorum epitome. *Parisiis, Colinæus*, 1523, in-8.

1256. Proverbiorum centuriæ XIV; quibus adjecta est centuria una, somniorum suam interpretationem implicitam habentium. Item epistolarum sacrarum Decades V. Studio et labore Hermanni Germbergii. *Basileæ, Henricpetr.*, 1583, in-8.

1257. Enchiridion scholasticorum, seu flores omnium sententiarum ex probatissimis scriptoribus utriusque linguæ excerptum ... per Franc. Le Tort. *Parisiis*, *Poupy*, 1682, in-16.

4. *Hiéroglyphes. Symboles. Emblêmes et Devises.*

1258. Omnia Andreæ Alciati Emblemata cum commentariis, etc.; adjectæ novæ appendices nusquàm antea editæ, per Claud. Minoem. *Parisiis*, *Richerius*, 1602, in-8, fig. en bois.

1259. Idem. *Parisiis*, *Marnef*, 1583, in-8, fig. en bois.

1260. Recueil d'Emblêmes divers, par Jean Baudouin. *Paris*, *Villery*, 1638, in-8, 2 vol., frontisp. et fig.

1261. Didaci Saavedræ symbola christiano-politica. *Bruxellæ*, *Mommartius*, 1649, in-fol., frontisp. et fig.

1262. Idem opus, ex eadem editione.

1263. Symbola divina et humana Pontificum, Imperatorum, Regum. Accessit brevis et facilis Isagoge Jac. Typotii. *Francofurti*, *Schonwetterus*, 1652, in-fol., frontisp. et fig.

X. POLYGRAPHES.

1. *Polygraphes grecs et latins, anciens et modernes.*

1264. Leonis Allatii de Symeonum scriptis diatriba, Symeonis Metaphrastæ laudatio, auct. Michaele

Psello. Sanctæ Mariæ Planctus, ipso Metaphraste auct.; ejusdem aliquot epistolæ. Leone Allatio interprete. Originum rerumque Constantinopolitanarum manipulus, variis auctorib. F. Franciscus Combefis ex vetustis Mss. Codd. partim eruit, omnia reddidit ac notis illustravit. *Parisiis, Piget,* 1664, in-4.

1265. Les OEuvres morales et meslées de Plutarque, traduites de grec en françois. *Paris, Robinot,* 1645, in-fol., 2 vol.

1266. Marc. Tullii Ciceronis opera. *Lutetiæ, Turrisanus, sub Aldina bibliotheca,* 1565, gr. in-fol., doré sur tranches.

Les tomes 1 et 2 manquent.

1267. Thomæ Mori omnia, quæ hucusque ad manus nostras pervenerunt, latina opera : quorum aliqua nunc primum in lucem prodeunt, reliqua verò multo quàm antea castigatiora. *Lovanii, apud Bogardum,* 1565, in-fol.

1268. Epistolæ et varii tractatus Pii secundi; ad varios in quadruplici vite ejus statu transmisse. *Impresse Lugduni, per Johann. de Vingle,* 1497, in-4, goth.

1269. Æneœ Sylvii Piccolominei senensis opera quæ exstant omnia. *Basileæ,* 1551, in-fol.

A la suite : Gnomologia ex Æneæ Sylvii operibus collecta, per Conrad. Licosthenem rubeaqensem. Ibidem.

1270. Pii secundi Pontificis Max. Commentarii rerum memorabilium quæ temporibus suis contigerunt, etc. Quibus hac editione accedunt Jacobi Picolominei, cardinalis papiensis, qui Pio Pont. coævus et familiaris fuit, rerum gestarum sui temporis, et ad Pii continuationem, commentarii luculentissimi. Ejusdemque Epistolæ perelegantes, rerum reconditarum plenissimæ. *Francofurti, in offic. Aubriana,* 1614, in-fol.

1271. Francisci Petrarchæ florentini, philosophi, oratoris et poetæ clarissimi..... Opera que exstant omnia. *Basileæ, Henr. Petrus,* sans date, in-fol.

4 tomes en 2 volumes.

1272. Justi Lipsii opera, postremum ab ipso acuta et recensita. *Antuerpiæ, ex offic. Plant.,* 1637, in-fol., 4 vol., front.

1273. Guil. Budei opera emendata et edita à Cælio secundo curione. *Basileæ, Nicol. Episcopius,* 1557, in-fol.

4 tomes en 3 vol.

1274. Miscellaneorum libri duo. Auth. Danielo Priezaco. *Lutetiæ Parisiorum, Rocolet,* 1658, in-4.

1275. Commentationes Joannis Pici Mirandulæ in hoc volumine contentæ, quibus anteponitur vita per Joannem Franciscum illustris principis Galeotti Pici filium, conscripta. — Heptaplus de opere sex dierum Geneseos. — Apologia tredecim quæstionum. — Tractatus de Ente et uno, cum objectionibus quibusdam et responsionibus. — Oratio quædam elegantissima. — Epistolæ plures. — De precatoria ad Deum elegiaco carmine. — Testimonia ejus vitæ et doctrinæ.—Exhibunt propediem disputationes adversus astrologos aliaque cum plura tum ad sacra æloquia tum ad philosophiam pertinentia. Petit in-fol., sans date.

1276. Jacobi, Joannis, Andreæ et Hugonis fratrum Guiioniorum opera varia. *Divione, Chavance*, 1658, in-4.

1277. D. Fulberti Carnotensis episcopi antiquissimi, opera varia. Quibus adjicitur episcop. Carnot. cathalogus. *Parisiis, Blazius*, 1608, in-8.

1278. Gabrielis Cossartii è soc. Jesu, orationes et carmina. *Parisiis, Pepie*, 1690, in-8.

2. *Polygraphes français.*

1279. Les diverses OEuvres de l'illustrissime cardinal Duperron. *Paris, Chaudière*, 1633, in-fol.

1280. Les Essais de Michel, seigneur de Montaigne. In-8.
Le titre manque, ainsi que plusieurs feuillets à la fin.

1281. Les OEuvres du sieur Du Vair, garde des sceaux de France. *Paris, Bessin*, 1618, in-4.

1282. Les OEuvres diverses du sieur de Balzac, 2ᵉ édition. *Paris, Rocolet*, 1646, in-4, port.
Bel exemplaire.

1283. OEuvres de François de la Mothe le Vayer. *Paris, Augustin Courbé*, 1662, in-fol., 2 vol., portr.

1284. Les OEuvres de Sarasin. *Paris, Courbé*, 1656, in-4.
Le titre manque.

1285. Les OEuvres de M. de Voiture, 4ᵉ édition. *Paris, Courbé*, 1654, in-4.

1286. Entretiens de M. de Voiture et de M. Costar. *Paris, Courbé*, 1654, in-4.

1287. Harangues, Discours et Lettres de Messire Nicolas Fardoil. *Paris, Sébast. Cramoisy et Séb. Mabre Cramoisy*, 1665, in-4.

1288. Desseins de Professions nobles et publiques, contenant plusieurs Traictez divers et rares, etc., par Antoine de Laval. *Paris, L'Angelier*, 1605, in-4.

1289. OEuvres chrestiennes et morales, en prose, de Antoine Godeau. *Paris, Le Petit*, 1658, in-8, 2 vol.

1290. OEuvres diverses de Raffaneau. *Paris, de l'imprimerie de J.-B. Rousseau*, an V, in-8.

1291. OEuvres complètes de Voltaire. *De l'imprimerie de la Société littéraire typographique*, 1785, in-8, 70 vol.

1292. OEuvres de J.-J. Rousseau, citoyen de Genève. *Paris, Déterville et Lefebvre*, 1817, in-8, 18 vol., fig.

XI. ENTRETIENS ET DIALOGUES.

1293. Les Entretiens d'Ariste et d'Eugène. *Paris, Mabre Cramoisy*, 1671, in-8, frontisp.

1294. Luciani selecti mortuorum dialogi, cum interpretatione latina. *Parisiis, Cramoisy*, 1646, in-8.

1295. Réponse aux Lettres provinciales de Louis de Montalte, ou les Entretiens de Cléandre et d'Eudoxe. *Bruxelles, Friex*, 1697, in-12.

1296. Les Entretiens curieux d'Hermodore et du Voyageur inconnu, divisés en deux parties, par le sieur de Saint-Agran. *Lyon, Pillehotte*, 1634, in-4.

1297. Les Éclaircissemens de Méliton, sur les entretiens curieux d'Hermodore, à la justification du Directeur désintéressé, par le sieur de Saint-Agatange, 1635, in-4.

XII. ÉPISTOLAIRES.

1. *Epistolaires hébraïques, grecs et latins anciens.*

1298. Photii epistolæ grecæ, per Rich. Montacutium latine redditæ, et notis subinde illustratæ. *Londini, Daniel*, 1651, in-fol.

1299. Phalaridis, Agrigentinorum tyranni, epistolæ, Franc. Aretino interprete. *Lugduni, Tornæsius*, 1550, in-8.

1300. Epistolæ græcanicæ mutuæ antiquorum rhetorum, oratorum, etc. *Aureliæ Allobrogum*, 1625, in-fol.

1301. Marc. Tul. Ciceronis epistolæ familiares. *Rothomagi, Daré*, 1622, in-16.

1302. Idem. *Rothomagi, Valentinus*, 1622, in-16.

1303. Le Sénèque expliqué, ou Paraphrase sur les Épistres, avec les plus beaux ornements de sa langue, par frère Simon Roger. *Roven, Vereul*, 1651, in-12.

1304. C. Plinii Cæcilii secundi novocomensis epistolarum libri X. Una cum ejusdem panegyrica oratione Trajano imperatori Aug. dicta... Ejusdem de viris in re militari et administranda republica illustribus liber, Conradi Lycosthenis enarrationibus illustratus. *Basileæ, Froben*, 1552, in-fol.

1305. Q. Aurelii Symmachi epistolarum ad diversos libri decem, cum notis Francisci Jureti. *Parisiis, Chesneau*, 1580, in-4.

1306. Idem opus, ex eâdem editione.

2. *Epistolaires latins modernes.*

1307. Epistolarum Erasmi Roterodami libri XXXI et Petri Melancthonis libri IV. Quibus adjiciuntur Th. Mori et Lud. Vivis epistolæ. *Londini, Flesher et Young*, 1642, in-fol., portr.

1308. Epistolæ Gerberti, primo Remorum, dein

Ravennatum archiepiscopi, postea romani pontificis Silvestri secundi, epistolæ Joan. Sarasberiensis Cartonensis episc.; epistolæ Stephani Toracensis episcopi, nunc primum in lucem editæ. *Parisiis, Ruette*, 1611, in-4.

1309. Eryci Puteani epistolarum promulsis. centuria I, et innovata. *Lovanii*, ex off. *Flaviana*, 1612, in-4, frontisp.

1310. M. Antonii Mureti epistolæ. *Parisiis, Clopeiau*, 1580, in-8.

1311. Isaaci Casauboni epistolæ, quotquot reperiri potuerunt; adjecta est epistola de morbi ejus, mortisque causa, deque iisdem narratio Raph. Thorii. *Hagæcomitis, Maire*, 1638, in-4.

1312. Th. Reinesi ad viros clariss. D. Casp. Hoffmannum christ. ad Rupertum epistolæ. *Lipsiæ, Baverus*, 1660, in-4.

1313. Claudii Barthol. Morisoti epistolarum centuriæ. *Divionæ, Chavance*, 1656, in-4, 2 tom. en 1 volume.

1314. Opus epistolarum Petri martyris, cui accesserunt epistolæ Ferdinandi de Pulgar. *Amstelodami*, typis *Elzevirianis*, 1670, in-fol.

1315. Epistolæ Franc. Philelphi nuperlima acriori castigate cum quibusdam orationibus, videlicet divi Ambrosii Vignati Sabaudie legati. *Parrhisiis, Pet. Regius et Joann. de Fossa*, 1517, in-8.

1316. Idem opus. *Parrhisiis*, *Barbier*, 1517, in-8.

1317. Joannis Cruci Mercurius batavus, sive epistolarum libri V. *Amstelodami*, *Janssonius*, 1560, in-12.

A la suite : J. Cruci Mercurii batavi, sive epistolarum libri VI, 1653.

1318. Divi Hieronymi stridonensis epistolæ selectæ. *Parisiis*, *Nivellius*, 1602, in-16.

1319. Exemplaria literarum quibus et christianissimus Galliarum rex Franciscus, ab adversariorum maledictis defenditur : controversiarum causæ, ex quibus bella hodie inter ipsum et Carolum Quintum imperatorem emerserunt, explicantur. *Parisiis*, *Rob. Stephanus*, 1537, in-4.

1320. Jani Nicii Erythræi epistolæ ad diversos. *Coloniæ Ubiorum*, *Kalcovius* et socii, 1645, in-8.

1321. Epistolæ Francisci Philelphi nuperlima acriori castigate, cum quibusdam orationibus videlicet divi Ambrosii Vignati Sabaudic legati Alanique Aurige de bello gallico, cum aliis ejusdemque epistola de miseria curialium et de egressu Karoli regis ex urbe Parrhisia superadditis litteris græcis undique suis in locis impositis. *Parrhisiis*, *Petrus Regius et Joan. de Fossa*, 1504, in-8.

1322. Lettres de S. François Xavier, de la compagnie de Jésus, apostre du Japon, traduites en français par Louys Abelly. *Paris*, *Josse*, 1660, in-8.

ÉPISTOLAIRES.

3. *Epistolaires français.*

1323. Les lettres de messire Paul de Foix, archevêque de Tolose, et ambassadeur pour le roy auprès du pape Grégoire XIII, escrites au roy Henri III. *Paris, Chappellain*, 1628, in-4.

1324. Recueil des lettres de messire Charles Joachim Colbert, évesque de Montpellier. *Cologne*, aux dépens de la Compagnie, 1740, in-4.

1325. Lettres du cardinal d'Ossat au roy Henri-le-Grand et à M. de Villeroy, depuis l'année 1594 jusques à l'année 1604. *Paris, Bouillerot*, 1624, in-fol.

1326. Recueil de nouvelles lettres de M. de Balzac. *Rouen, Camusat*, 1637, in-8.

1327. Lettres de M. de Balzac, dernière édition. *Paris, Berthelin*, 1645, in-8, 2 vol.

1328. Lettres choisies du sieur de Balzac. *Paris, Courbé*, 1658, in-8, 2 vol.

4. *Épistolaires italiens, espagnols, anglais.*

1329. Scelta di lettere di diversi excellentiss. scrittori, disposto da Bartholomeo Zucchi da Monza. *In Venetia*, appresso la *Compagnia minima*, 1595, in-4, 2 vol.

1330. I tre libri delle lettere di M. Bernardo Tasso. *In Venegia*, appresso *Francesco Lorenzini*, 1564, in-8.

1331. Raccolta di lettere dal cardinal Bentivoglio in tempo delle sue nutiature di Fiandra e di Francia. *In Roma, Mascardi*, 1647, in-8.

1332. Raccolta di lettere scritte dal cardinal Bentivoglio, in tempore delle sue nutiature di Francia e di Fiandra, a diversi personnaggi. *In Roma, Filippo de Rossi*, 1654, in-8.

1333. Lettere di complimenti simplici, dell' illustriss. sig. abbate Angelo Gabrieli, nobile venetiano. *In Venetia*, 1661, in-12.

1334. Urundtlicke ghemeene sendtbrieven van don Anthonio de Guevara, etc. *Tot Amsterdam, Gedruckt*, 1632, in-12.

HISTOIRE.

INTRODUCTION.

Traités sur la manière d'écrire et d'étudier l'histoire. Atlas historiques.

1335. Antonii Riccoboni Rhodigini de historia liber; cum fragmentis historicorum veterum latinorum summa fide et diligentia ab eodem collectis et auctis. *Basileæ*, ex off. *Petri Pernæ*, 1579, in-8.

I. GÉOGRAPHIE.

1. *Introduction et Dictionnaires.*

1336. Michaelis Antonii Baudrand geographia ordine litterarum disposita. *Parisiis, Michallet,* 1682, in-fol., 2 vol.

1337. Lexicon geographicum, in quo universi orbis urbes, provinciæ, regna, maria et flumina recensentur, primum edidit Philippus Ferrarius, emendavit et auxit Antonius Baudrand. *Parisiis, Muguet,* 1670, in-fol., 2 tom. en 1 vol.

1338. Idem opus, ex eadem editione.

1339. Dictionnaire universel géographique et historique; par M. Corneille, de l'Académie Françoise. *Paris, Coignard,* 1708, in-fol., 3 vol.

2. *Géographie ancienne.*

1340. Geographia sacra ex veteri et novo testamento desumpta, et in tabulas tres concinnata; auctore N. Sanson. *Lutetiæ Parisiorum, Mariette,* 1665, in-fol., cartes.

1341. Geographia sacra, ex veteri et novo testamento desumpta, et in tabulas quatuor concinnata; auctore N. Sanson. *Amstelædami, Halma,* 1704, in-fol.

Double plus complet, mais les cartes manquent.

A la suite : Onomasticon urbium et locorum sacræ scripturæ; seu liber de locis hæbraicis græcè, primum ab Eusebio Cæsariensi, deindè latinè scriptus ab Hieronymo, cum notis et addimentis Jacobi Bonfrerii; cum animadversionibus Joannis Clerici; et descriptio terræ sanctæ. *Amstelædami, Halma,* 1707.

1342. Geographia sacra, sive notitia antiqua diæcesium omnium patriarchalium, metropolitanarum et episcopalium veteris ecclesiæ; auctore Carolo à S. Paulo, cum notis Holstenii. *Amstelædami, Halma,* 1704, in-fol., frontisp et cartes.

1343. Geographia sacra Phaleg, seu de dispersione gentium, et terrarum divisione facta in ædificatione turris Babel; auctore Samuele Bocharto. *Cadomi, Cardonellus,* 1651, in-fol.

1344. La sainte Géographie, c'est-à-dire exacte Description de la terre, et véritable démonstration du Paradis terrestre, depuis la création du monde jusques à maintenant, selon le sens littéral de la sainte Écriture, et selon la doctrine des saints pères et docteurs de l'église; par Jacques d'Auzoles Lapeyre. *Paris, Ant. Étienne,* 1629, in-fol., fig.

1345. Parallela geographiæ veteris et novæ, autore Philippo Brietio. *Parisiis, Seb. Cramoisy et Gabr. Cramoisy,* 1648, in-4, cartes.

1346. Philippi Cluverii, introductionis in univer-

GÉOGRAPHIE.

sam geographiam, tam veterem quam novam libri VI. *Lugduni, Borde*, 1642, in-16.

1347. Geographiæ universæ tum veteris tum novæ absolutissimum opus. Aut. Jos.-Ant. Magino Patavino. *Coloniæ, Keschedt*, 1597, in-4, frontisp. et cartes.

1348. Strabonis rerum geographicarum lib. XVII. *Basileæ*, 1523, in-fol., frontisp.

3. *Géographie moderne.*

1349. Description générale de l'Europe, avec tous ses empires, royaumes, estats et républiques; composé premièrement par Pierre Davity, reveu, corrigé et augmenté par Jean-Baptiste de Rocoles. *Paris, Béchet et Billaine*, 1660, in-fol., 3 vol.

1350. Description générale de l'Asie, avec tous ses empires, royaumes, estats et républiques; composé premièrement par Pierre Davity, corrigé et augmenté par Jean-Baptiste de Rocoles. *Paris, Béchet et Billaine*, 1660, in-fol.

1351. Description générale de l'Afrique, avec tous ses empires, royaumes, estats et républiques; composé premièrement par Pierre Davity; corrigé et augmenté par Jean-Baptiste de Rocoles. *Paris, Béchet et Billaine*, 1660, in-fol.

Dans le même volume : Description générale de l'Amérique; par le même.

1352. Description [de l'Afrique, tierce partie du monde, contenant ses royaumes, régions, villes, etc.; par Jean-Léon African. *Lyon, Temporal,* 1556, 2 tomes en 1 vol., in-fol.

<small>Le tome second contenant les navigations des capitaines portugalois et autres, jusques aux Indes.</small>

1353. Descriptio fluminum Galliæ, qua Francia est; Papirii Massoni opera. *Parisiis, Quesnel,* 1518, in-8.

1354. Rivières de France qui se jettent dans la Méditerranée; par le sieur Coulon. *Paris, Clousier,* 1644, in-8.

<small>La première partie manque.</small>

1355. La Géographie royale, présentée au très chrestien roy de France et de Navarre, Louis XIV; par le P. Philippe Labbe, 4ᵉ édition. *Grenoble,* 1658, in-8, frontisp.

1356. Nouvelle description des Pays-Bas et de toutes les villes des sept provinces, leurs situations, leurs fortifications, etc., avec une liste des places que le roy très chrétien a conquises sur les Hollandais, en sa campagne de 1672. *Roven, Besongne,* 1673, in-12.

1357. Dictionnaire topographique, statistique et historique du département de l'Eure; par Gadebled. *Evreux, Canu,* 1840, in-12.

4. *Géographie maritime.*

1358. L'ardante (*sic*) ou flamboyante Colonne de la mer, par laquelle les costes de la navigation septentrionale, orientale et occidentale sont fort esclaircies, et les fautes et erreurs du précédent Phalot, ou Miroir de mer, sont apertement démonstrées et corrigées ; par Jacques Colom. A quoi est adjoustée une briefve instruction de l'art marine, avec des nouvelles tables de la déclination, et un almanach pour vingt ans suivantes, fidèlement traduict du flameng en françois ; par Gérard Bordeloos. *Amsterdam, Colom,* 1633, in-fol., frontisp. et cartes.

1359. Orbis maritimi, sive rerum in mari et littoribus gestarum generalis historia ; authore Claudio Barthol. Morisoto. *Divione, Palliot,* 1643, in-f., frontisp., cartes et figures.

II. VOYAGES.

1. *Collections de voyages.*

1360. Bibliothèque portative des Voyages, traduite de l'anglais par Henri et Breton. *Paris, Ve Lepetit,* 1817, in-12, 49 vol., ainsi divisés : 1° Voyage de Bruce aux sources du Nil, 9 vol. ; 2° Voyage de Norden en Égypte et en Nubie, 4 vol., avec atlas ; 3° Premier voyage de Cook, 5 vol., avec atlas ; 4° Deuxième voyage de Cook, 5 vol. avec atlas ;

5° Troisième voyage de Cook; 5 vol. avec atlas; 6° Voyage de Macartney en Chine, 7 vol. avec atlas (le tome 4 manque); 7° Voyage de Barrow en Chine, 7 volumes avec atlas; 8° Voyage de Tavernier, 7 vol. avec atlas.

Cette collection a été donnée à la Bibliothèque, par M. F. Hache, de Louviers.

2. *Voyages en Europe, Asie, Afrique et Amérique.*

1361. Les voyages et observations du sieur de la Boullaye le Gouz. *Paris, Clousier,* 1657, in-4.

Titre en mauvais état.

1362. Voyage d'Espagne, curieux, historique et politique, fait en l'année 1565 (par Aarsens de Sommerdyck.) *Paris, De Sercy,* 1665, in-4, frontisp.

1363. Voyage pittoresque de la Grèce (par Choiseul Gouffier). *Paris,* 1782, in-fol., 3 vol., fig.

1364. Caroli Ogerii Éphemerides, sive Iter Danicum, Suecicum, Polonicum, etc.; accedunt Nicolai Borbonii epistolæ hactenus ineditæ. *Lutetiæ Parisiorum, Le Petit,* 1656, in-8.

1365. Relation du voyage d'Adam Olearius en Moscovie, Tartarie et Perse; augmentée, en cette nouvelle édition, d'une seconde partie contenant le voyage de Jean-Albert de Mandelslo aux Indes orientales; traduit de l'allemand par A. de Wicquefort. *Paris, Dupuis,* 1659, in-4, 2 vol.

VOYAGES.

1366. Voyages de l'Arabie Pétrée; par Léon de Laborde et Linant, publié par Léon de Laborde. *Paris, Giard*, 1830, gr. in-fol., planches.

1366 *bis*. Description de l'Egypte, ou Recueil des observations et des recherches qui ont été faites en Egypte pendant l'expédition de l'armée française, publiée par ordre du gouvernement; texte, 9 vol. in-fol.; planches, 14 vol. gr. in-fol.

1367. Le grand Voyage du pays des Hurons en l'Amérique, vers la mer douce, ès derniers confins de la nouvelle France, dite Canada. Avec un dictionnaire de la langue huronne, pour la commodité de ceux qui ont à voyager dans le pays, et n'ont l'intelligence d'icelle langue; par F. Gabriel Sagard Théodat. *Paris, Moreau*, 1632, in-8, frontisp.

1368. Voyage dans l'Amérique méridionale, par Alcide D. d'Orbigny, publié sous les auspices de M. Guizot. *Paris, Pitois*, 1834-41, livraisons 6 à 51, gr. in-4, atlas, in-f.

III. CHRONOLOGIE.

1. *Systèmes et Traités de chronologie générale.*

1369. Eusebii Pamphili thesauri temporum libri duo, gr. et lat., ex interpretatione S. Hieronymi, cum notis Josephi Scaligeri. *Amstelodami, Janssonius*, 1658, in-fol.

1370. Eusebii Cæsariensis episcopi chronicon : quod Hieronymus presbyter divino ejus ingenio latinum facere curavit et usque in Valentem Cæsarem Romano adjecit eloquio. Ad quem et Prosper et Matthæus Palmerius, demùm et Joannes Multivallis compluraque ad hæc usque tempora subsecuta sunt adjecere. *Henric. Stephanus*, 1512, in-4.

1371. Josephi Scaligeri Jul. Cæsaris F. opus novum de emendatione temporum in octo libros tributum. *Lutetiæ, Nivellius*, 1583, in-fol.

1372. Josephi Scaligeri Jul. Cæsaris opus de emendatione temporum. *Genevæ, Roverianus*, 1629, in-fol.

1373. Isagoge chronologica, hoc est Introductio ad cognitionem temporum et rerum quæ extiterunt à mundo condito ad usque annum salutis 1620; per R. P. P. Henricum Harvillæum. *Lutetiæ Parisiorum, Buon*, 1624, **in-fol.**, frontisp.

1374. Dionysii Petavii opus de doctrina temporum divisum in duas partes. *Lutetiæ Parisiorum, Cramoisy*, 1627, in-fol., 2 vol.

1375. Gilb. Genebrardi chronographiæ libri quatuor. Subjuncti sunt libri Hebræorum chronologici, eodem interprete. *Parisiis, Gorbinus*, 1580, in-f.

1376. Fasciculus temporum omnes antiquorum cronicas complectens. Petit in-fol., goth., sans date ni lieu d'impression ; fig. en bois.

1377. Artifisiosum chronologiæ compendium duabus constans partibus, quarum prior est chronologia mundi creati, posterior chronologia mundi redempti. *Rothomagi, Le Tourneur*, 1684, in-12.

1378. Thrésor chronologique et historique; par D. Pierre de Saint-Romuald. *Paris, De Sommaville*, 1646, in-fol., 3 vol.

Le titre du premier volume manque.

1379. La saincte Chronologie du monde, divisée en deux parties, et chacune d'icelles en cinquante-neuf siècles, y compris le siècle auquel nous sommes; par Jacques d'Auzoles Lapeyre. *Paris, Alliot*, 1632, in-fol.

1380. L'Art de vérifier les dates des faits historiques, des inscriptions, des chroniques, etc.; par un religieux de la congrégation de Saint-Maur, et mis en ordre par M. de Saint-Allais. *Paris, Moreau*, 1819, in-8, 35 vol.

1381. Défense de l'antiquité des temps, où l'on soutient la tradition des pères de l'église contre celle du Talmud; où l'on fait voir la corruption de l'hébreu des Juifs; par dom Paul Pezron. *Paris, Jean Boudot*, 1691, in-4.

2. *Systèmes et Traités de chronologie particulière à certaines époques. Chronologie historique, ou l'histoire réduite en tables.*

1382. Chronologia præsulum Lodovensium; authore Joanne Plantavitio de la Pause. 1634, in-4, frontisp.

1383. Lud. Capelli chronologia sacra à condito mundo ad eumdem reconditum, atque indè ad ultimam Judæorum per Romanos captivitatem deducta... *Parisiis*, *Martinus*, 1655, in-4.

1384. La bibliothèque historiale de Nicolas Vignier, de Bar-sur-Seine. *Paris, l'Angelier,* 1587, in-fol., 4 vol.

IV. HISTOIRE UNIVERSELLE
ANCIENNE ET MODERNE.

1385. Les histoires et chroniques du monde, de Jean Zonaras, descrivant toutes les histoires mémorables avenues en ce monde, en la révolution de six mille six cents ans et plus, et principalement de la Turquie, disposez en trois livres, traduit par J. de Maumont et J. Milles de Saint-Amour. *Paris, Du Carroy,* 1583, in-fol.

1386. Histoire universelle du sieur d'Aubigné, comprise en trois tomes, 2ᵉ édition. *Amsterdam, Commelin,* 1626, in-fol., 3 tom. en 1 vol.
Deux exemplaires.

1387. Les Estats, Empires et Principautez du Monde, représentez par la description des pays et mœurs des habitans, richesses des provinces, les forces, le gouvernement, la religion et les princes qui ont gouverné chacun estat, avec l'origine de toutes les religions, et de tous les chevaliers et ordres militaires par D. T. V. Y. (le sieur Davity). *Paris*, 1630, in-fol., nouvelle édition, frontisp.

1388. S. Antonini historiarum libri tres. Impressum *Lugduni*, opera, industriaque *Joan. Clein*, 1517, 3 tom. en 1 vol. in-fol., goth.

En mauvais état.

1389. Divi Antonini archiepiscopi Florentini et doctoris S. Theologiæ prestantissimi, chronicorum opus, in tres partes divisum. *Lugduni*, ex officina *Juntarum et Guiltii*, 1586, in-fol., 3 vol.

1390. Supplementum supplementi chronicarum ab ipso mundi exordio usque ad redemptionis nostræ annum 1510, editum et novissimè recognitum et castigatum à venerando patre Jac. Philip. Bergomate. *Venetiis* impressum, opere et impensa *Georgii de Tusconibus*, 1513, in-fol., frontisp., fig. en bois.

1391. Fratris Jacobi Philippi Bergomensis supplementum chronicarum. Impressum *Venetiis*, per *Bernardinum de Benaliis*, 1486, in-fol., goth., avec fig. en bois.

1392. Opus chronographicum orbis universi a mundi exordio usque ad annum 1611, continens historiam, icones et elogia summorum Pontificum, Imperatorum, Regum ac virorum illustrium, in duos tomos divisum, prior, auctore Petro Opmeero, posterior, auctore Laurentio Beyerlinck. *Antuer-*

piæ, *Verdussius*, 1611, in-fol., frontisp. et portraits.

1393. Historia universa sacra et profana. Illa quidem ex sacris, quæ vocant, bibliis, eorumque interpretibus; authore D. Andrea Hoio. *Duaci, Balthasarus Bellerus*, 1629, in-fol.

1394. Chronicon chronicorum ecclesiasticum et politicum, collectore Johanne Gualterio. *Francofurti*, ex officina *Aubriana*, 1614, in-8, 4 vol.
Le tome 1er manque.

1395. Commentarius brevis rerum in orbe gestarum ab anno salutis 1500, usque in annum 1574, ex optimis quibusque scriptoribus congestus, etc.; per F. Laurentium Surium Carthusianum. *Coloniæ*, 1574, in-8.

V. HISTOIRE DES RELIGIONS
ET SUPERSTITIONS.

1. Histoire de l'église chrétienne.

Introduction, histoire générale et particulière, ancienne et moderne, de l'église chrétienne.

1396. De ecclesiâ ante legem libri tres. In quibus indicatur, quis à mundi primordiis usque ad Moysen fuerit ordo ecclesiæ, quæ festa, quæ templa; authore P. Jacobo Boulduc. *Paris, Cottereau*, 1630, in-4.

1397. Nova bibliotheca manuscriptorum librorum; opera ac studio Philippi Labbe. *Parisiis, Cramoisy*, 1657, in-fol., 2 vol., portrait du surintendant Fouquet.

1398. Idem opus, ex eadem editione.

1399. Philippi Labbei nova bibliotheca Mss. librorum, sive Specimen antiquarum lectionum latinarum et græcarum, in quatuor partes tributarum. *Parisiis, Henault*, 1653, in-4.

1400. Annales ecclesiastici, auctore Cæsare Baronio Sorano. *Venetiis*, apud hæredem *Hieronymi Scoti*, 1600, in-fol., 12 vol., frontisp.

1401. Le corps des annales sacrées et ecclésiastiques de Baronius et de Sponde; traduction de Pierre Coppin. *Paris, D'Allin*, 1658, in-fol., portr.

1402. Critica historio-chronologica in annales ecclesiasticos Baronii; auctore Antonio Pagi. *Lutetiæ Parisiorum*, 1689, in-fol.

1403. Historiæ ecclesiasticæ scriptores græci, Joanne Christophorsono anglo interprete. *Coloniæ Agrippinæ*, hæredes *Birckmanni*, 1570, in-fol.

1404. Eusebii Pamphili ecclesiasticæ historiæ libri decem; ejusdem de vita imp. Constantini, libri IV. Henricus Valesius græcum textum collatis IV Mss. codicibus emendavit, latinè vertit, et adnotationibus illustravit. *Parisiis, Vitré*, 1659, in-fol.

1405. Socratis Scholastici et Hermiæ Sozomeni historia ecclesiastica. Henricus Valesius græcum textum collatis Mss. codicibus emendavit, latinè vertit, et adnotationibus illustravit. *Parisiis, Le Petit*, 1686, in-fol.

1406. L'histoire ecclésiastique de Nicéphore, fils de Calliste Xanthouplois, auteur grec; traduicte nouvellement du latin en françois. *Paris, De la Noüe*, 1578, in-fol.

1407. Ecclesiastica historia, integram ecclesiæ Christi ideam, quantum ad locum, propagationem... attinet, complectens; per aliquot studiosos et pios viros in urbe Magdeburgica. *Basileæ*, per *Joannem Oporinum*, 1560, in-fol., 12 tom. en 7 vol.

1408. Flavii Lucii dextri chronicon omnimodæ historiæ. Francisci Bivarii commentariis apodicticis illustratum. *Lugduni, Landry*, 1627, in-fol.

1409. Historiæ ecclesiasticæ scriptores græci, Joanne Christophorsono, anglo, interprete. *Parisiis*, 1571, in-fol.

1410. R. P. Natalis Alexandri historia ecclesiastica veteris novique testamenti, ab orbe condito ad annum post Christum natum 1600. *Parisiis, Dezallier*, 1699, in-fol., 8 tom. en 7 vol.

1411. Sulpicii Severi opera omnia, cum lectissimis commentariis accurante Georgio Hornio. *Lugduni Batavorum, Hackius*, 1647, in-8, frontisp.

1412. Idem opus. *Lugduni Batavorum, Hackius*, 1654, in-8, frontisp.

1413. Collectio romana bipartita veterum aliquot historiæ ecclesiasticæ monumentorum edi cœpta à Luca Holstenio. *Romæ*, typis *Jac. Dragondelli*, 1662, in-8.

1414. De hierarchia ecclesiastica libri quatuor; auctore Franc. Hallier. *Lutetiæ Parisiorum*, *Quesnel*, 1646, in-fol.

1415. Francisci archiepiscopi rothomagensis, Normaniæ primatis, ecclesiastica historia. *Parisiis*, *Le Blanc*, 1629, in-4.

Il n'y a que le premier livre.

1416. Francisci archiepiscopi rothomagensis, Normaniæ primatis, De rebus ecclesiæ earumque regimine ac origine, per axiomata politica, regulasque ecclesiasticas exquisitissima historia. *Parisiis*, *Antonius Vitré*, 1645, in-fol.

Volume en très mauvais état.

1417. Orderici Vitalis historiæ ecclesiasticæ libri tredecim; ex veteris codicis uticensis collatione emendavit, et suas animadversiones adjecit Augustus Le Prevost. *Parisiis, Renouard*, 1838, in-8, 2 vol.

1418. Histoire ecclésiastique, par Fleury. *Paris, Emery*, 1691, in-4, 34 vol.

Les tomes 28 et 36 manquent.

1419. Mémoires pour servir à l'histoire ecclésiastique des six premiers siècles par le sieur D. T.

(Lenain, de Tillemont). *Paris, Robustel*, 1693, in-4, 16 vol.

1420. Histoire ecclésiastique du xviie siècle. *Paris, Pralard*, 1727, in-8, 4 vol.

1421. Histoire de l'église, par messire Antoine Godeau. *Paris, Muguet*, 1674, in-fol., 3 vol., portrait.

1422. Histoire ecclésiastique proposant l'entière et vraye forme de l'église de nostre Seigneur Jésus, etc.; recueillie par François Bourgoing, ministre de la parole de Dieu en l'Eglise de Genève. *Genève*, 1560, in-fol.

Cette histoire est extraite, en partie, des centuries de Magdebourg. (*V.* la biographie Noël Bourgoing.)

Histoire ecclésiastique de différents pays.

1423. Gallia christiana... opus fratrum Gemellorum Scævolæ et Ludovici Sammarthanorum. *Lutetiæ Parisiorum, Guignard*, 1656, in-fol., 4 vol., frontisp.

1424. Gallia purpurata qua cum summorum pontificum, tum omnium Galliæ cardinalium, qui hactenus vixere, res præclarè gestæ continentur; adjectæ sunt parmæ, et earundem descriptiones. Capita selecta ad cardinalatum pertinentia. Epitome omnium conciliorum Galliæ, tam veterum, quàm recentiorum. Nomenclatura magnorum Franciæ

Eleemosynariorum; studio et opera petri Frizon. *Lutetiæ Parisiorum, Lemoine,* 1638, in-fol., frontisp.

1425. Neustria pia, seu de omnibus et singulis abbatiis et prioratibus totius Normaniæ; auctore Arturo du Monstier. *Rothomagi, Berthelin,* 1663, in-fol.

1426. Metropolis remensis historia... studio et labore Guilelmi Marlot. *Insulis, De Rache,* 1666, in-fol., 2 vol.

1427. Historia ecclesiæ parisiensis, auctore Gerardo Dubois. *Parisiis Muguet,* 1690, in-fol., frontisp.

1428. Sancta et metropolitana ecclesia turonensis, sacrorum pontificum suorum ornata virtutibus, et sanctissimis conciliorum institutis decorata, studio Joannis Maan. *Augustæ Turonum,* 1667, in-fol.

1429. Annales ecclesiæ aurelianensis sæculis et libris sexdecim; addito tractatu accuratissimo de veritate translationis corporis sancti Benedicti ex Italia in Gallias ad monasterium floriacense diœcesis aurelianensis; auctore Carolo Sausseyo. *Parisiis, Drouart,* 1615, in-4.

1430. Annales de l'église de Noyon, avec une sommaire description de la ville de Noyon, par Jacques Le Vasseur. *Paris, Sara,* 1633, in-4, 2 vol.
Titre enlevé.

1431. Parthenie, ou Histoire de la très auguste et

très dévote église de Chartres, dédiée par les vieux Druides, en l'honneur de la Vierge qui enfanterait; par Sebast. Roulliard. *Paris, Thierry et Chevalier*, 1609, in-8.

1432. Histoire ecclésiastique des Pays-Bas, contenant l'ordre et suite de tous les évesques et archevesques de chacun diocèse, avec un riche recueil de leurs faicts plus illustres; par feu, d'heureuse mémoire, Guillaume Gazet. *Valenciennes, Veruliet*, 1614, in-4.

1433. L'Histoire ecclésiastique de la cour, ou les antiquitez et recherches de la chapelle et oratoire du roy de France, depuis Clovis jusques à nostre temps; par Guillaume du Peyrat. *Paris, Sara*, 1645, in-fol.

1434. Joannes de Beka et Wilhelmus Heda, de Episcopis ultrajectinis, recogniti et notis historicis illustrati ab Arn. Buchelio. Accedunt Lamb. Hortensii Montfortii secessionum ultrajectinarum libri, et Siffridi Petri Frisii appendix ad historiam ultrajectinam. *Ultrajecti, Doorn*, 1643, in-fol., front. et carte.

1435. Commentarius de erectione novorum in Belgio episcopatuum, deque iis rebus quæ ad nostram hanc usque ætatem, in eo præclarè gestæ sunt; auctore R. P. Arnoldo Havensio. *Coloniæ Agrippinæ, Kinckius*, 1609, in-4.

1436. Hierogazophylacium Belgicum, sive Thesaurus

sacrarum reliquiarum Belgii; authore Arnoldo Rayssio. *Duaci, Girard Pinchon*, 1628, in-8.

1437. Fuldensium antiquitatum libri IIII, auctore R. P. Christophoro Brouvero. *Antuerpiæ*, ex off *Plantiniana*, 1612, in-4, frontisp.

1438. Bohæmia pia, hoc est, historia brevis, pietatem avitam Bohæmiæ, è miraculis, ducibus et regibus, sanctis quoque episcopis et archiepiscopis, et ex aliis ostendens, quinque libris comprehensa. Accedunt res quædam gestæ sub Ludovico rege hactenus non evulgatæ; authore Georgio Bartholdo Pontano. *Francofurti, Marnius et hæredes Aubrii*, 1608, in-fol.

1439. Provinciæ Massiliensis ac reliquæ Phocensis annales, sive Massilia gentilis et christiana libri tres; authore Joan. Bapt. Guesnay. *Lugduni, Cellier*, 1657, in-fol., frontisp.

1440. Germania topo-chrono-stemmato-graphica sacra et profana; opera et studio Gabrielis Bucelini. *Ulmæ, Gorlinus*, 1655, in-fol., 2 vol., frontisp.

1441. Moguntiacarum rerum ab initio usque ad reverendissimum et illustriss. hodiernum archiepisc. ac electorem dominum Joannem Schwichardum, libri quinque; auctore Nicolao Serario. *Moguntiæ, Lippius*, 1604, in-4, frontisp.

1442. Historia anglicana ecclesiastica à primis gentis susceptæ fidei incunabulis ad nostra ferè tempora deducta; auctore Nicolao Harpsfeldio. Adjecta brevi narratione de divortio Henrici VIII ab uxore Catherina, et ab ecclesia catholica romana discessione, scripta ab Edmundo Campiano. Nunc primum in lucem producta, opera et studio R. P. Richardi Gibboni Angli. *Duaci, Wyon,* 1622, in-fol.

1443. Florum historiæ ecclesiasticæ gentis Anglorum, libri septem, ex quibus dulcissimum mel catholicæ religionis, ejusque admirabiles fructus in ea gente copiosissimè colliguntur. Collectore Richardo Smitheo. *Parisiis, Léonard,* 1654, in-fol.

1444. Antiquæ constitutiones regni Angliæ, sub regibus Joanne, Henrico tertio et Edoardo primo, circà jurisdictionem et potestatem ecclesiasticam, per Gul. Prynne. *Londini,* 1672, in-fol., 2 vol.

1445. Britannicarum ecclesiarum antiquitates, quibus inserta est pestiferæ adversus Dei gratiam à Pelagio Britanno in ecclesiam inductæ hæreseos historia, à Jacobo Usserio. *Londini, Tooke,* 1687. in-fol.

1446. De antiquitate britannicæ ecclesiæ et nominatìm de privilegiis ecclesiæ cantuariensis, atque de archiepiscopis ejusdem LXX historia. *Hanoviæ, Wechelianus,* 1605, in-fol.

1447. Monasticon anglicanum, sive Pandectæ cænobiorum benedictinorum, cluniacensium...; per Rogerum Dodsworth et Gulielmum Dugdale. *Londini, Hodgkinsonne,* 1655, in-fol., 3 vol., fig.

1448. Britannicarum ecclesiarum antiquitates. Collectore Jacobo Usserio. *Dublinii*, 1639, in-4.

1449. Lusitania infulata et purpurata, seu Pontificibus et Cardinalibus illustrata; ab Antonio de Macedo. *Parisiis, Sebast. et Mabre Cramoisy*, 1663, in-4.

1450. Joannis Colombi libri quatuor, de rebus gestis Valentinorum et Diensium Episcoporum. *Lugduni, Canier*, 1652, in-4.

1451. Italia sacra, sive de episcopis Italiæ et insularum adjacentium, rebusque ab iis præclarè gestis, deducta seriè ad nostram usque ætatem; authore Ferdinando Ughello. *Romæ, Bernardinus Tanus*, 1644, in-fol., 9 vol.

1452. Antonii Caraccioli de sacris Ecclesiæ neapolitanæ monumentis, liber singularis. Opus posthumum Francisci Boluiti. *Neapoli, Octavius Beltranus*, 1645, in-fol.

1453. Sicilia sacra in qua episcopatuum nunc florentium, ac eorum diœceseon notitiæ traduntur; liber tertius; auctore D. Roccho Pirro. *Panormi*, typis *Hieronymi de Rossellis*, 1641, in-fol., frontispice.
Incomplet.

1454. Sicilia sacra, disquisitionibus et notitiis illustrata; auctore Roccho Pirro. *Panormi, Coppula*, 1644, in-fol.
Incomplet.

1455. L'Estat des Églises cathédrales et collégiales...; par Jean de Bordenave. *Paris, Dupuis*, 1643, in-fol.

1456. La Syrie sainte, ou la Mission de Jésus et des pères de la compagnie de Jésus en Syrie; divisée en deux parties; par le R. P. Joseph Besson. *Paris, Henault*, 1660, in-8.

1457. La même, même édition.

1458. Leonis Allatii de ecclesiæ occidentalis atque orientalis perpetua consensione libri tres, cum dissertationibus variis. *Coloniæ Agripp., Kalcovius*, 1648, in-4.

1459. Histoire ecclésiastique des îles et royaumes du Japon, recueillie par le P. François Solier. *Paris, Cramoisy*, 1627, in-4, 2 vol., frontisp.

1460. Relation de la persécution du Japon, pour les années 1628, 29, 30; traduicte de l'italien. *Paris, Cramoisy*, 1635, in-8.

1461. Relation de ce qui s'est passé de plus remarquable en la nouvelle France, en l'année 1635; par le P. Paul Lejeune. *Paris, Cramoisy*, 1636, in-8.

1462. Relation de ce qui s'est passé en la nouvelle France, ès années 1643, 1644; par le R. P. Barthélemy Vimont. *Paris, Cramoisy*, 1645, in-8.

1463. Relation de ce qui s'est passé de plus remarquable ès missions des pères de la compagnie de

Jésus, en la nouvelle France, sur le grand fleuve Saint-Laurens, en l'année 1647. *Paris, Cramoisy*, 1648, in-8.

1464. Relation de ce qui s'est passé en la mission des Pères de la compagnie de Jésus, aux Hurons, pays de la nouvelle France, ès années 1648 et 1649; par le R. P. Paul Racueneau. *Paris, Cramoisy*, 1650, in-8.

1465. Relation de ce qui s'est passé de plus remarquable à Saint-Erini, île de l'Archipel, depuis l'établissement des Pères de la compagnie de Jésus, en icelle; par le P. François Richard. *Paris, Cramoisy*, 1657, in-8.

1466. Relation des missions et des voyages des évesques, vicaires apostoliques, et de leurs ecclésiastiques, 1672, 1673, 1674 et 1675. *Paris, Angot*, 1680, in-8.

1467. Historia Patriarcharum Alexandrinorum Jacobitarum a D. Marco usque ad finem sœculi XIII, par Eus. Renaudot. *Parisiis, Fournier*, 1713, in-4.

Histoire des Conciles.

1468. Instructions et missives des roys très chrestiens de France, et de leurs ambassadeurs; et autres pièces concernant le Concile de Trente, pris sur les originaux. 1608, in-8.

1469. Histoire du Concile de Trente, de Fra Paolo Sarpi; traduite par Amelot de la Houssaie. *Amsterdam, Blaeu*, 1686, in-4.

1470. Histoire du Concile de Trente, traduite de l'italien de Fra Paolo Sarpi, par Pierre-François le Courayer. *Amsterdam, J. Wetstein et Smith*, 1736, in-4, 2 vol., portrait.

1471. Histoire du Concile de Trente, de Fra Paolo Sarpi, traduite par Amelot de la Houssaie. *Amsterdam, Blaeu*, 1713, in-4.

1472. Instructions et lettres des rois très chrestiens et de leurs ambassadeurs et autres actes, concernant le Concile de Trente, pris sur les originaux. *Paris*, 1654, in-4.

1473. Vera Concilii tridentini Historia. Scripta à P. F. Sfortia Pallavicino; latinè reddita.... à Jo. Bapt. Giattino. *Antuerpiæ*, ex off. *Plantin.*, 1670, in-4, 3 vol., frontisp.

1474. Histoire du Concile de Constance; par Jacques Lenfant. *Amsterdam, Pierre Humbert*, 1714, in-4, portraits.

1475. Nouvelle histoire du Concile de Constance; par Bourgeois du Chastenet. *Paris*, 1718, in-4.

1476. Traité du célèbre Panorme, touchant le Concile de Basle, mis en français par Gerbais. *Paris, Ant. Dezallier*, 1697, in-8.

1477. Histoire des conciles généraux et assemblées

tenues en Orient et en Occident, depuis le temps des apôtres jusqu'au Concile de Trente. *Paris, Maurice Villéry*, 1699, in-12, 4 vol.

Histoire des Papes, des Cardinaux, des Conclaves, des Archevêques, etc.

1478. Vitæ et res gestæ Pontificum romanorum et Cardinalium ab initio nascentis ecclesiæ usque ad Urbanum VIII; auctoribus Ciaconio, Cabrera, Victorello. *Romæ*, typis *Vaticanis*, 1630, in-fol., portraits.

1479. Platinæ historici liber de vita Christi ac Pontificum omnium qui hactenus ducenti et viginti duo fuere. 1485, in-fol., très bel exemplaire, sans chiffres ni réclames, notes Ms. marg.

1480. Bibliotheca pontificia duobus libris distincta; cui adjungitur catalogus hæreticorum qui adversus romanos pontifices aliquid ediderunt. Accedit fragmentum libelli S. Marcelli; auct. R. P. F. Ludovico Jacob. *Lugduni*, heredes *Boissat et Anisson*, 1643, in-4.

1481. Papirii Massoni libri sex de episcopis urbis, qui romanam ecclesiam rexerunt, rebusque gestis eorum. *Parisiis, Nivellius*, 1586, in-4.

1482. Histoire des papes et souverains chefs de l'église; par François Duchesne. *Paris, Le Bé*, 1653, in-fol., 2 tomes en un volume, portrait du cardinal de Retz, gravé par Nanteuil.

1483. L'Histoire et la Vie des papes. *Lyon, Combat,* 1669, in-12.

1484. Histoire des saints papes, cardinaux, patriarches, archevesques, etc.; par Fr. Antoine Mallet. *Paris, Branchu,* 1634, in-8.

1485. Histoire de saint Grégoire-le-Grand, pape et docteur de l'église; par dom Denys de Sainte-Marthe. *Rouen, Ve Louis Béhourt et Guil. Béhourt,* 1697, in-4, portrait.

1486. Histoire du pontificat de saint Grégoire-le-Grand; par M. Maimbourg. *Paris, Barbin,* 1686, in-4.

1487. Histoire du pontificat de saint Léon-le-Grand, par M. Maimbourg. *Paris, Barbin,* 1687, in-4.

1488. La vie du B. pape Pie V, de l'ordre des frères prescheurs; par le R. P. Jean-Baptiste Feüillet. *Paris, Cramoisy,* 1674, in-8.

1489. Antonii Mariæ Gratiani de vita Joan. Franc. Commendoni cardinalis, libri quatuor. *Parisiis, Mabre Cramoisy,* 1669, in-4, portrait.

1490. La vie du cardinal Jean-François Commendon, divisée en quatre livres; traduite du latin d'Antoine Maria Gratiani, par Fléchier. *Paris, Mabre Cramoisy,* 1671, in-4.

1491. Vita del B. Nicolo Albergati Card. di sancta Croce, scritta da Fr. Buonaventura Cavallo dell' Amantea min. osserv. riformato. *In Roma, Mascardi,* 1654, in-4.

1492. Discours de la vie de saint Charles Borromée, cardinal du titre de Saincte-Praxède, et archevesque de Milan ; par Jean-Baptiste Possevin, domestique dudict seigneur, traduict de l'italien en françois par A. C., avec l'oraison funèbre faicte par le révérendiss. F. François Panigarolle, évesque d'Ast. *Bourdeaus, Millanges*, 1611, in-8.

1493. Chronologie des archevesques de Rouen, in-8.
Titre enlevé.

1494. Histoire des archevesques de Rouen..., avec plusieurs lettres des papes, des roys de France, des ducs de Normandie et des roys d'Angleterre, etc. ; par un religieux bénédictin de la congrég. de Saint-Maur (dom Pommeraye). *Rouen, Maurry*, 1667, in-fol.

1495. La vie de S. Athanase, patriarche d'Alexandrie, divisée en douze livres ; par Godefroy Hermant. *Paris, Dezallier*, 1679, in-4, 2 vol., portrait gravé par G. Edelinck.
Deux exemplaires.

1496. La vie de saint Chrysostôme, patriarche de Constantinople et docteur de l'église. *Paris, Savreux*, 1664, in-4, portrait gravé par N. Pitau.

1497. Qui gesta pontificum tungrensium, trajectensium et leodiensium scripserunt, auctores præcipui, ad seriem rerum et temporum collocati, ac in tres tomos distincti ; studio et industria R. D. Chapeavilli. Accessit venerabilis P. Ægidii

Bucherii de primis tungrorum seu leodiensium, episcopis historica disputatio, itemque chronologia posteriorum. *Leodii, Ouwerx*, 1612, in-4, 3 vol.

1498. La vie de saint Ambroise, archevesque de Milan, docteur de l'église et confesseur, divisée en douze livres; par Godefroy Hermant. *Paris, Dezallier*, 1679, in-4, portrait gravé par G. Edelinck.

1499. La vie de saint Thomas, archevesque de Cantorbéry, et martyr, tirée des quatre auteurs contemporains qui l'ont écrite; par le sieur de Beaulieu (S. J. Camboust de Pontchasteau), *Paris, Le Petit*, 1674, in-4.

1500. Chronologia historica successionis hierarchicæ illustriss. archiantistitum Lugdunensis archiepiscopatus, Galliarum primatus. Nec non latior illustrissimæ ecclesiæ cathedralis, et cæterarum diœceseos lugdunensis historia; autore Jacobo Severtio. *Lugduni, Rigault*, 1628, in-fol.

1501. La vie de messire Jean-Baptiste Gault, évesque de Marseille; par François Marchetty. *Paris, Huré*, 1650, in-4.

1502. Le prélat accomply, représenté en la personne d'illustrissime seigneur Philippe Cospean, évesque et comte de Lizieux; par Réné Lemée, cordelier. *Saumur, Lesnier*, 1647, in-4.

1503. La vie de monseigneur Alain de Solminihac, évesque, baron et comte de Caors, et abbé régulier de Chancellade; par le R. P. Léonard Chastenet. *Caors, Bonnet*, 1663, in-8.

1504. Series præsulum Magalonensium et Monspeliensium, variis Guillelmorum Monspelii dominorum, comitum Melgoriensium, Maioricensium, Aragoniorum et Gothorum regum historiis locupletata...; auctore Petro Gariel. *Tolosæ, Boude*, 1665, in-fol., frontisp.

1505. Histoire des évesques de l'église de Metz; par le R. P. Meurisse. *Metz, Jean Anthoine*, 1634, in-fol.

1506. L'histoire du R. P. Charles de Lorraine, grand prince, grand prélat, grand religieux; par le P. N. de Condé. *Paris, Meteras*, 1652, in-16.

1507. La vie de saint Augustin, évesque d'Hyponne; par Antoine Godeau. *Paris, Le Petit*, 1652, in-4.

A la suite : La Vie de saint Benoist; par le P. dom Bernard Planchette. *Paris, Billaine*, 1652.

1508. Vie de M. Pavillon, évesque d'Alet. *Saint-Miel*, 1738, in-12, 2 vol.

1509. La vie de saint François de Sales, évesque et prince de Genève, par Marsollier. *Paris, Couterot*, 1700, in-12, 2 vol.

1510. La vie de messire Barthelemy de Donadieu de

Griet, évesque de Comenge; par E. Molinier. *Paris*, *Camusat*, 1639, in-8.

1511. Instauratio antiqui episcoporum principatus, et religiosæ erga eosdem monachorum et clericorum omnium observantiæ; per N. Le Maistre. *Parisiis*, *Pelé*, 1633, in-4.

1512. La vie de S. Basile-le-Grand, archevesque de Césarée, en Cappadoce, et celle de saint Grégoire de Nazianze, archevesque de Constantinople, par Godefroy Hermant. *Paris*, *Dezallier*, 1679, in-4, portrait gravé par G. Edelinck.

Histoire générale des ordres religieux et militaires.

1513. Histoire de l'ordre monastique; par ***, de la congrég. de Saint-Maur. *Paris*, *De Bats*, 1686, in-8.

1514. Le même. *Paris*, *Warin*, 1686, in-8.

1515. Essai de l'histoire monastique d'Orient, par*** (Louis Bulteau), de la congrégation de Saint-Maur. *Paris*, *Billaine*, 1680, in-8, portr.

1516. Asceticon, sive originum rei monasticæ, libri decem; authore Antonio Dadino Alteserra. *Parisiis*, *Billaine*, 1674, in-4.

1517. Antiquarium monasticum in quo ex sanctis PP. conciliis et probatissimis scriptoribus traduntur enucleatè pleraque ad initium progressum et observationes status religiosi pertinentia; studio ac labore R. D. Nebridii à Mundelheim. *Viennæ de Austriæ*, 1650, in-fol., frontisp.

1518. Narration historique et topographique des couvents de l'ordre de Saint-François, et monastères S. Claire, érigez en la province anciennement appelée Bourgongne, etc.; par Jacques Fodere. *Lyon, Rigaud*, 1619, in-4.

1519. Apostolatus Benedictinorum in Anglia, sive disceptatio historica de antiquitate ordinis congregationisque Monachorum Nigrorum sancti Benedicti in regno Angliæ; opera et industria Clementis Reyneri. *Duaci, Kellamus*, 1626, in-fol., frontisp.

1520. Idem opus, eadem editione.

1521. Histoire panégyrique de l'ordre de Notre-Dame-du-Mont-Carmel; par F. Mathias de Saint-Jean. *Paris, Thierry*, 1658, in-fol.

1522. Historia general de la Orden de Nuestra senora de la Merced; por el padre F. Alonso. *Madrid*, 1618, in-fol., 2 vol., front.

1523. Recueil de pièces relatives à l'ordre de Citeaux. In-4.
Ce recueil contient plusieurs pièces manuscrites.

Histoire des religieux réguliers et des chanoines.

1524. R. P. D. Johan. Mabillonii actis sanctorum ordinis sancti Benedicti, in seculorum classes distributis præfixæ; quibus accedit ejusdem disquisitio de cursu gallicano. *Rothomagi, Le Boucher*, 1732, in-4.

1525. Concordia regularum, auctore S. Benedicto, notis et observationibus illustrata; auctore Fr. Hugone Menardo. *Parisiis, Drouard*, 1638, in-4.

1526. Chroniques générales de l'ordre de Saint-Benoist, patriarche des religieux, traduites de l'espagnol de dom Antoine de Yepes; par dom Mathieu Olivier. *Paris, Langlois*, 1624, in-4, 2 vol., frontisp.

1527. Abrégé de l'histoire de l'ordre de Saint-Benoist, où il est parlé des saints, des hommes illustres, de la fondation et des principaux événements des monastères (D. L. Bulteau). *Paris, Coignard*, 1684, in-4, 2 vol.

1528. Commentaire littéral, historique et moral sur la règle de Saint-Benoist, avec des remarques sur les différents ordres religieux qui suivent la règle de Saint-Benoît; par dom Augustin Calmet. *Paris, Emery*, etc., 1734, in-4, 2 vol.

1529. Beati Bernardi fundatoris et primi abbatis SS. Trinitatis de Tironio ord. S. Benedicti vita, auctore Coætaneo Gaufrido Grosso, nunc primum prodit in lucem opera et studio Joan. Bapt. Soucheti. *Lutetiæ Parisiorum, Billaine*, 1649, in-4.

1530. Le chandelier d'or du temple de Salomon, ou la chronologie des prélats et des religions (*sic*) qui suivent la reigle de Saint-Augustin ; par Athanase de S. Agnès. *Lyon, Rigaud,* 1643, in-4.

1531. Liber privilegiorum sacro ordini Cisterciensi per sommos pontifices concessorum. *Parisiis, Cramoisy et Mabre Cramoisy*, 1666, in-4. (*Voir* le n° 712.)

1532. Traité historique du chapitre général de l'ordre de Citeaux..... 1737, in-4.

1533. Priviléges de l'ordre de Citeaux, recueillis et compilez de l'autorité du chapitre général, et par son ordre exprès, divisez en deux parties, contenant les bulles des papes et les lettres patentes des rois et leurs réglements. *Paris, Mariette,* 1713, in-4.

1534. Du premier esprit de l'ordre de Cisteaux....; par le R. P. dom Julien Paris. *Paris, Alliot,* 1664, in-4.

1535. Le véritable gouvernement de l'ordre de Cisteaux, pour servir de réponse à plusieurs libelles et factums, etc. (Par dom Louis Mechet, abbé de la Charité.) *Paris, Mabre Cramoisy,* 1678, in-4.

1536. Réponse au livre qui porte pour titre : Le véritable Gouvernement de l'ordre de Cisteaux. In-4.
Titre enlevé.

1537. Della vita e dell' instituto di sanct. Ignatio fondatore della compagnia di Giesu libri cinque del P. Daniello Bartoli. *In Roma, Ignatio de Lazari,* 1659, in-fol.

1538. De vita et moribus Ignatii Loiolæ, qui societatem Jesu fundavit, libri III; auctore Joanne Petro Maffeio. *Duaci, Bogardus*, 1585, in-8.

1539. Historia societatis Jesu; auctore Nicolao Orlandino. *Antuerpiæ, apud filios Martini Nutii*, 1620, in-fol, frontisp.

1540. Imago primi sæculi societatis Jesu. In-fol.
Sans date.

1541. Historiæ societatis Jesu pars quinta; auctore Francisco Sacchino. *Romæ, Varesius*, 1661, in-fol.

1542. Bibliotheca scriptorum societatis Jesu, à Philippo Alegambe Bruxellensi. *Antuerpiæ, Meursius*, 1643, in-fol.

1543. La vie du vénérable P. Louis Dupont, de la compagnie de Jésus, grand maistre de la vie spirituelle, traduite de l'espagnol de François Cachupin, par le R. P. Nicolas Roger. *Paris, Claude Cramoisy*, 1663, in-12.

1544. La vie du père Pierre Coton, de la compagnie de Jésus, confesseur des roys Henry IV et Louys XIII; par le P. Pierre Joseph d'Orléans. *Paris, Michallet*, 1688, in-4.

1545. La vie de saint François-Xavier, de la compagnie de Jésus, apostre des Indes et du Japon (par le P. Bouhours.) *Paris, Mabre Cramoisy*, 1682, in-4.

1546. Vita P. Caroli Spinolæ soc. Jesu, pro Christiana religione in Japonia mortui : italicè scripta à P. Fabio Ambrosio Spinola, latinè reddita à P. Hermanno Hugone. *Antuerpiæ, ex off. Plant.*, 1630, in-8, portr.

1547. Annales Minorum Capucinorum; auctore R. P. Zacharia Boverio. In-fol., 2 vol.

Le premier volume, dont le titre est enlevé, ne paraît pas être de la même édition que le second volume, imprimé à Lyon, en 1629.

1548. Le Courtisan prédestiné, ou le duc de Joyeuse capucin; par M. de Caillière. *Paris, André*, 1662, in-8, portrait.

1549. Le même. *Paris, De Bats*, 1672, in-8.

1550. Le Capucin écossais, dont l'histoire merveilleuse et très véritable est arrivée de notre temps ; traduite de l'italien de monseigneur l'archevesque et prince de Ferme, nonce de sa sainteté, en Irlande (par le R. P. François Bartault). *Rouen, Vaultier*, 1678, in-12.

1551. Annales Minorum; authore R. P. F. Luca Waddingo. *Lugduni, Prost*, 1647, in-fol., 8 vol.

1552. Chronicon generale ordinis Minorum....; accedit registrum pontificium, seu bullarium à Sixto IV ad Urbanum VIII; auct. F. Francisco Lanovio. *Lutetiæ Parisiorum, Cramoisy*, 1635, in-fol., frontisp.

1553. Histoire générale de l'origine et progrez des frères Mineurs de saint François, vulgairement appelés Récolets; par le R. P. Charles Rapine. *Paris, Sonnius,* 1631, in-4.

1554. Les vies et actions mémorables des saintes et bienheureuses, tant du premier que du tiers ordre du glorieux père et patriarche saint Dominique, par le R. P. Jean de Sainte-Marie. *Paris, Huré,* 1635, in-4, 2 vol.

1555. La vie de dom Barthélemy des Martyrs, religieux de l'ordre de saint Dominique, archevesque de Brague, en Portugal. *Paris, Le Petit,* 1663, in-8.

1556. La vie de dom Barthélemy des martyrs, religieux de l'ordre de saint Dominique, archevesque de Brague, en Portugal. *Paris, Roulland,* 1679, in-4.

1557. Historia de S. Domingos particular do reyno e conquistas de Portugal; por Frey Cabecas. *Impression covento de S. Domingos, por Giraldo de Vinha,* 1623, in-fol., 2 tom. en 1 vol.

1558. Historia clericorum regularium; auctore Josepho Silos. *Romæ, Vitalis Mascardus,* 1650, in-fol., 2 vol.

1559. Annalium relig. cleri. reg. ministrantium infirmis, pars 1ª; auctore Cosma Lenzo Neapoli. *Roncaliolus,* 1641, in-fol., frontisp.—*A la suite de cette première partie:* Poema spettante à gl'... annali de chièrici regolari ministri de gl' infermi dell' istesso autore, 1644.

1560. Vita P. Camilli de Lellis fundatoris religionis clericorum regularium infirmis ministrantium : scripta italicè à P. Santio Cicatello, latinitate donata à P. Petro Halloix. *Antuerpiæ*, ex officina *Plantiniana*, 1632, in-8.

1561. La vie du bienheureux Gaëtan Thiene, fondateur des clercs réguliers ; par M. Charpy de Sainte-Croix. *Paris, Cramoisy*, 1657, in-4.

1562. Histoire générale des Carmes déchausséz et des Carmélites déchaussées, etc., traduit de l'espagnol du R. P. François de Sainte-Marie ; par le R. P. Gabriel de la Croix. *Paris, V*^{e} *Sébast. Huré et Sébast. Huré*, 1655, in-fol., frontisp.

1563. La vie de sainte Marie-Magdeleine de Pazzi, religieuse Carmélite de l'ancienne observance du monastère de Sainte-Marie-des-Anges, à Florence, traduite de l'italien de Vincent Puccini, par Louis Brochand. *Paris, Cramoisy*, 1670, in-4.

1564. La vie de saincte Thérèse-de-Jésus, fondatrice des religieuses et religieux Carmes déchaussés, et de la première règle ; traduicte de l'espagnol, par J. D. B. P. *Paris, Billaine*, 1622, in-12.

1565. La vie de la mère Magdeleine de Saint-Joseph, religieuse Carmélite déchaussée, de la première règle, selon la réforme de sainte Thérèze, par un prêtre de l'Oratoire (le P. Senault). *Paris, Ve Camusat et Le Petit*, 1645, in-4.

1566. La vie de sœur Catherine-de-Jésus, religieuse du premier monastère de l'ordre de Notre-Dame-du-Mont-Carmel. *Paris, Vitré*, 1656, in-8.

1567. Compendio historial de N. senora del Carmen, compuesto por el padre Fray Miguel de la Fuente. *En Toledo, por Diego Rodriguez*, 1619, in-4.

1568. Annales congregationum beatissimæ Virginis Mariæ. Collecti ex annalibus, Soc. Jes. opera unius è Soc. eâdem. *Burdigalæ, De la Court*, 1624, in-8.

1569. La vie de saint Bernard, premier abbé de Clairvaux, et père de l'église, divisée en six livres (par Antoine Le Maître). *Paris, Vitré et Ve Durand*, 1648, in-4.

1570. Les vies des huit vénérables veues (*sic*) religieuses de l'ordre de la Visitation sainte Marie, écrites et dédiées à madame la marquise de Tasson, par la R. mère Françoise-Madeleine de Chaugy. *Anessy, Clerc*, 1659, in-4.

1571. Les vies des VII religieuses de l'ordre de la Visitation sainte Marie, écrites et dédiées à madame la princesse de Chisi, par la mère Françoise-Madeleine de Chaugy. *Anessy, Clerc*, 1659, in-4.

1572. Les vies de quatre des premières mères de l'ordre de la Visitation sainte Marie, écrites et dédiées à N. S. P. le pape Alexandre VII, par la R. mère Françoise-Madeleine de Chaugy. *Anessy, Clerc*, 1659, in-4.

1573. La vie de dom Armand-Jean Lebouthillier de Rancé, abbé régulier et réformateur du monastère de la Trappe; par l'abbé de Marsollier. *Paris, De Nully*, 1703, in-12, 2 vol.

1574. La même, par dom Pierre Le Nain. 1715, in-12, 3 vol.

1575. Apologie de M. l'abbé de la Trappe (Armand le Bouthillier, de Rancé), par l'abbé Thiers. *Grenoble*, 1694, in-12.

1576. La vie de M. de Renty; par le P. Jean-Baptiste Saint-Jure. *Paris, Le Petit*, 1651, in-4, portrait gravé par K. Audran.

1577. Vita del B. Filippo Neri fiorentino fondatore della congregatione dell' Oratorio; raccolta da' processi fatti per la sua canonizatione da Pietro Jacomo Bacci Aretino. *In Roma, Brugiotti*, 1622, in-4.

1578. La vie du père Charles de Condren, second supérieur général de la congrégation de l'oratoire de Jésus, divisée en deux parties (par Denis Amelotte). *Paris, Sara*, 1643, in-4.

1579. Vie des saints de l'ordre des Frères Prescheurs. In-4, 3 vol.

Titre enlevé.

1580. Bibliotheca Cluniacensis, in qua SS. Patrum abb. Clun. vitæ, miracula, scripta, statuta, privilegia chronologiaque duplex. Omnia nunc primum ex Ms. codd. collegerunt Martinus Marrier et Andreas Quercetanus. *Lutetiæ Parisiorum, Foüet*, 1614, in-fol., frontisp.

1581. L'histoire sacrée de l'ordre des Chartreux et du très illustre S. Bruno, leur patriarche, etc., et la même histoire des Chartreux en un poème héroïque de cinq ou six cents vers; par Jacques Corbin. *Paris, Pellé*, 1653, in-4.

1582. Leven van den H. Bruno Instelder van het Ordender Cartuysers. *T'Antwerpen, Woons*, 1673, in-8, frontisp., fig.

1583. La vie du vénérable serviteur de Dieu, Vincent de Paul, instituteur et premier supérieur général de la congrégation de la Mission, divisée en trois livres; par Louis Abelly. *Paris, Lambert*, 1664, in-4.

1584. Histoire générale de l'ordre sacré des Minimes, divisée en huict livres, recueillie et composée par le père Louys Dony-d'Attichy. *Paris, Cramoisy*, 1624, in-4, frontisp.

1585. Le portrait, en petit, de François de Paule, instituteur et fondateur de l'ordre des Minimes, avec plusieurs bulles des papes, etc.; par F. Hilarion de Coste. *Paris, Cramoisy*, 1655, in-4.

1586. La vie de saint Gaucher, natif de la ville de

Meulent, fondateur et premier prieur de Saint-Jean-d'Aurel; par François de Blois. *Paris, Billaine*, 1652, in-12.

1587. Histoire de l'ordre de Font-Evraud (par Honorat Nicquet, jésuite). *Paris, Soly*, 1642, in-4.

1588. Modèle de la perfection religieuse en la vie de la vénérable mère Jeanne Absolu, dite de Saint-Sauveur, religieuse de Hautes-Bruyères, de l'ordre de Fontevrault, deuxième édition, augmentée d'une troisième partie, par M. Jean Auvray, prêtre. *Paris*, 1655, in-4, frontisp.

1589. Historiæ congregationum de auxiliis divinæ gratiæ, sub summis pontificibus Clemente VIII et Paulo V, libri quatuor; autore Aug. Le Blanc. *Lovanii, apud Ægidium Denique*, 1700, in-fol.

1590. Bibliotheca sebusiana, sive variarum chartarum, diplomatum, etc., a summis pontificibus, imperatoribus, etc., ecclesiis, monasteriis, etc. concessarum, nusquam antea editarum, miscellæ centuriæ II. Ex archivis regiis, monasteriorum tabulariis.... collegit et notis illustravit S. Guichenon. *Lugduni, Barbier*, 1660, in-4.

1591. Reomaus, seu historia monasterii S. Joannis reomaensis in tractu lingonensi. Primariæ inter gallica cœnobia antiquitatis, ab anno Christi 1425. Collecta et illustrata à P. Petro Roverio. *Parisiis, Cramoisy*, 1637, in-4.

1592. Chronica sacri monasterii Casinensis, auctore Leone cardinali episcopo Ostiensi, continuatore Petro Diacono ejusdem coenobii monachis. Præmittitur in vitam sanctiss. patriarchæ Benedicti spicilegium. *Lutetiæ Parisiorum, Billaine*, 1668, in-fol.

1593. Dell' imagini sacre dialoghi del R. P. D. Constantino Ghini da Siéna. *In Siéna, Bonettus*, 1595, in-4.

1594. Critique de l'histoire des Flagellans, et justification de l'usage des disciplines volontaires, par Jean-Baptiste Thiers. *Paris, Nully*, 1703, in-12.

1595. Historia degli huomini illustri, che furono religiosi, divisa in cinque libri. *In Bergamo, Ventura*, 1593, in-4.

1596. De Canonicorum ordine disquisitiones, quibus hujusce ordinis origo, propagatio, varia ac multiplex, et natura dilucidè articulatèque tractantur. *Parisiis, Couterot*, 1697, in-4.

1597. Idem opus, eadem editione.

1598. Sanctus Norbertus Canonicorum præmonstratentium patriarcha, in se et suis voce soluta. A. D. F. Petro de Waghenare. *Duaci, Bellerus*, 1651, in-8.

1599. Le Miroir des Chanoines, par Vital Bernard. *Paris, Quesnel*, 1630, in-8, frontisp.

Vies des Martyrs, des Saints, et autres personnes célèbres par leur piété.

1600. Sacrum Gynecæum, seu martyrologium amplissimum SS. ac BB. mulierum, etc.; authore R. P. Arturo. *Parisiis, Couterot*, 1657, in-fol.

1601. Martyrologium franciscanum... curâ et labore R. P. Arturi. *Parisiis, Couterot*, 1653; in-fol.

1602. The english Martyrologe conteyning a summary of the most renowned and illustrious Saints of the three Kingdomes England, Ireland, and Scotland. Collected, reviewed et much augmented in this second edition, By J. W. P. 1640, petit in-8.

1603. Voragine (Jac. de) legenda sanctorumque Lombardica nominatur historia. In edibus *Petri Luceii*, cognomento Principis, impressa, in-4, goth., sans date.

1604. Florilegium Insulæ sanctorum seu vitæ et acta sanctorum Hiberniæ; quibus accesserunt non vulgaria monumenta....; auctore Thoma Messinghamo. *Parisiis, Cramoisy*, 1624, in-4.

1605. Chronologia sanctorum et aliorum virorum illustrium, ac abbatum sacræ insulæ Lerinensis. A D. Vincentio Barrali Salerno, cum annotationibus ejusdem. *Lugduni, Rigault*, 1613, in-4, front.

1606. Vitis florigera de palmitibus electis odorem spirans suavitatis; hoc est, dissertatio et doctrina moralis de festis, vita, gestis sanctorum qui in ecclesia coluntur annua solemnitate; auct. R. P. Jacobo Marchantio. *Parisiis, Alliot*, 1646, in-4.

1607. La vie, gestes, mort et miracles des saints de la Bretagne armorique, ensemble un ample catalogue chronologique et historique des évesques des neuf éveschez d'icelle; par Fr. Albert-le-Grand. *Rennes, Vatar et Ferré*, 1659, in-4.

1608. Les vies des Saints, pour tous les jours de l'année, avec l'histoire des mystères de Notre Seigneur (par Goujet, Messenguy et Rossel); nouvelle édition, augm. de pratiques et de prières (par Laurent Blondel). *Paris, Lottin, Desaint et Dehansy*, 1734, in-4, 2 tom. en 1 vol.

1609. Les vies des Saints, composées sur ce qui nous est resté de plus authentique et de plus assuré dans leur histoire. *Paris, De Nully*, 1704, in-fol., 3 vol.

1610. Vitis aquilonia, seu vitæ sanctorum qui Scandinaviam magnam arctoi (*sic*) orbis peninsulam ac præsertim regna Gothorum Sueonumque olim rebus gestis illustrarunt; opera et studio Joannis Vastotii Gothi. *Coloniæ Agrippinæ, ex off. Antonii Hierati*, 1623, in-fol., frontisp.

1611. Les fleurs des Saints, in-fo.
<small>Titre enlevé.</small>

1612. Catalogus sanctorum Italiæ in menses duodecim distributus; auth. Philippo Ferrario Alexandrino. *Mediolani, Bordonius*, 1613, in-4.

1613. Les vies des Saints, composées sur ce qui nous est resté de plus authentique et de plus assuré dans leur histoire. *Paris, Nully*, 1701, 12 vol., in-8.
Le tome 11 manque.

1614. Les vies des saints Pères des déserts, et de quelques saintes; par des pères de l'église, et autres anciens auteurs ecclésiastiques, traduites en françois par Arnaud d'Andilly. *Paris, Le Petit*, 1657, in-4, 2 vol.

1615. Helvetia sancta, seu paradisus sanctorum Helvetiæ, collectore Henrico Murer. *Lucerne*, 1648, in-fol., fig.

1616. La vie de saint Augustin, etc. In-fol.
Le titre manque.

1617. Divi Hieronimi in vitas patrum percelebre opus..... 1509, in-4, goth.

1618. Historia christiana veterum patrum in qua omnium ferè eorum qui à tempore Apostolorum viguerunt. R. Laurentii de la Barre labore et industria castigata, atque per ordinem digesta. *Parisiis, Sonnius*, 1583, in-fol.

1619. Divi Hieronimi in vitas patrum. *Lugduni, Jacobus Myth*, 1515, in-4, goth.

1620. Vitæ patrum, de vita et verbis seniorum, sive

historiæ Eremiticæ libri X. Opera et studio Heriberti Ros-Weydi. *Antuerpiæ*, ex off. *Plantiniana*, 1628, in-fol., frontisp.

1621. Chronicon SS. Dei paræ Virginis Mariæ, in quo omnia vitæ ejus acta... prolixius describuntur; auctore R. P. F. Benedicto Gonono. *Lugduni*, *Coffin et Plaignard*, 1637, in-4, frontisp.

1622. Histoire de la vie et mœurs de Marie Tessonnière, native de Valence, en Dauphiné, par Louis de la Rivière. *Lyon*, *Prost*, 1655, in-4.

1623. La vie de la vénérable mère Marie-Agnès Dauvaine, l'une des premières fondatrices du monastère de l'Annonciade céleste de Paris; par un père de la compagnie de Jésus (le P. de la Barre). *Paris*, *Michallet*, 1675, in-4, portrait.

1624. La vie de madame Catherine de Montholon, Ve de M. de Sauzelles, maistre des requestes, et fondatrice des Urselines de Dijon ; par le P. J. François Senault. *Paris*, *Le Petit*, 1653, in-4.

1625. La vie de madame Helyot. *Paris*, *Michallet*, 1684, in-8, portrait.

1626. La vie de messire Charles de Saveuses, prestre, conseiller du roi en la grand'chambre de Paris, et restaurateur des Urselines de Magny; par le R. P. Jean Marie de Vernon. *Paris*, *Méturas*, 1678, in-8.

1627. La vie de messire Bénigne Joly, prestre, docteur de la faculté de Paris....; par un religieux bénédictin de la congrég. de Saint-Maur. *Paris*, *Guérin*, 1700, in-8, portrait.

1628. La vie de la vénérable mère Catherine de Vis, une des premières religieuses de l'ordre des Minimes, en France; par Simon Martin. *Paris*, *Huré*, 1650, in-12.

1629. La vie de la vénérable mère Anne de Jésus, traduicte de l'espagnol du R. P. Ange Manrique. *Bruxelles*, *Vivien*, 1639, in-4.

1630. Illustrium Ecclesiæ orientalis scriptorum qui sanctitate juxta et eruditione, primo Christi sæculo floruerunt, et apostolis convixerunt, vitæ et documenta; autore Petro Helloix. *Duaci*, *Rogardus*, 1633, in-fol.

1631. Histoire catholique où sont descrites les vies, faicts et actions héroïques, et signalés des hommes et des dames illustres qui, par leur piété et leur saincteté de vie, se sont rendus recommandables dans les XVI et XVIIe siècles; par Hilarion de Coste. *Paris*, *Chevalier*, 1625, in-fol.

1632. La vie du comte Louis de Sales, frère de saint François de Sales, par le P. Buffier. *Paris*, 1737, in-8.

Histoire des Lieux saints, des Cimetières, des Reliques, etc.

1633. Roma subterranea novissima; opera et studio

Pauli Aringhi. *Romæ, Mascardus*, 1651, in-fol., 2 vol., frontisp. et fig.

1634. Roma sotterranea, opera postuma di Antonio Bosio.... composta, disposita et accresciuta dal P. Giovanni. *Severani, da S. Severino*, 1650, in-4.

1635. Tombeaux de la Cathédrale de Rouen, par A. Deville. *Rouen, Nicétas Periaux*, 1833, in-8, fig.

Histoire des Hérésies et des Schismes.

1636. OEuvres du P. L. Maimbourg. *Paris, Cramoisy.* 10 vol. in-4, savoir : Histoire des Iconoclastes, 1 vol. — Schisme des Grecs, 1 vol. — Des Croisades, 2 vol. — De la Décadence de l'Empire, 1 vol. — Du grand Schisme d'Occident, 1 vol. — Du Calvinisme, 1 vol. — De la Ligue, 1 vol. — Traité des prérogatives de l'Église de Rome, 1 vol.

Voir les numéros 1486 *et* 1487.

Les 2 premiers vol. de la collection manquent; savoir : l'Histoire de l'Arianisme.

1637. L'Histoire de la naissance, progrez et décadence de l'hérésie de ce siècle, divisée en huit liv.; par Florimond de Ræmond. *Rouen, Maille*, 1648, in-4.

1638. Défense de la censure de la faculté de théologie de Paris, du 18 octobre 1700, contre les propositions des livres intitulez : Nouveaux mémoires sur l'état présent de la Chine, histoire de l'édit de l'empereur de la Chine; lettres des cérémonies de la Chine; par Louis-Ellies Dupin. *Paris, Pralard,* 1701, in-12.

1639. Celebris historia Monothelitharum atque Honorii controversia scrutiniis octo comprehensa. *Parisiis, Dupuis,* 1678, in-8.

1640. Conradi Heresbachii J. C. historia Anabaptistica, de factione monasteriensi anno 1534 et seqq. ad Erasmum Roterodamum epistolæ forma anno 1536 descripta. Nunc demum ex authoris autographo, cum hypomnematis ac notis theologicis, historicis ac politicis edita. Opera et studio Theodorii Strackii. Accedit tumultuum Anabaptistarum liber, authore Lamberto Hortensio. *Amsterdam, Laurentius,* 1637, in-12.

1641. Historia Albigensium et sacri belli in eos anno 1209 suscepti duce et principe Simone à Monte-Forti, dein tolosano comite, rebus strenuè gestis clarissimo, autore Petro. *Trecis, Griffard,* 1615, in-8.

1642. Historia Flagellantium de recto et perverso flagrorum usu apud Christianos. *Parisiis, Anisson,* 1700, in-12.

1643. Les prétendus réformez convincus de schisme, pour servir de réponse à un écrit intitulé: Considérations sur les lettres circulaires de l'assemblée du clergé de France, de l'année 1682. *Paris, Desprez et Josset,* 1684, in-12.

1644. Vera et sincera historia schismatis anglicani, de ejus origine ac progressu : tribus libris fideliter conscripta, ab R. D. Nicolao Sandero; aucta per Eduardum Rishtonum. *Coloniæ Agripp.*, *Henningius*, 1628, in-12.

1645. Histoire des révolutions arrivées dans l'Europe, en matière de religion; par Varillas. *Paris*, *Barbin*, 1686, in-12, 12 vol.
Le tome 3 manque.

1646. Response à l'insolente apologie des religieuses de Port-Royal, avec la découverte de la fausse église des Jansénistes, et de leur fausse éloquence; par le sieur de Saint-Sorlin. *Paris, Legras et Audinet,* 1666, in-8.

1647. Traittez concernant l'histoire de France, savoir : la condamnation des Templiers, l'histoire du Schisme, les Papes tenans le siège en Avignon, et quelques procès criminels; par Dupuy. *Paris, Dupuis et Martin*, 1654, in-4.

1648. Le même, même édition.

1649. Recueil historique des bulles et constitutions, brefs, décrets et autres actes, concernant les erreurs de ces deux derniers siècles, tant dans les matières de la foy que dans celles des mœurs, depuis le saint Concile de Trente jusqu'à notre temps. *Mons, Migeot,* 1697, in-8.

1650. Lettre de Messieurs des missions étrangères

au pape, sur les idolâtries et superstitions chinoises. In-8.

1651. Histoire des cinq propositions de Jansénius. *Trévoux, Ganeau*, 1702, in-12.

1652. Exposition historique de toutes les hérésies et les erreurs que l'église a condamnées sur les matières de la grâce et du libre arbitre. *Amsterdam, Pierre de Coup*, 1716, in-12.

1653. Le Rabelais réformé par les ministres, et nommément par Pierre Dumoulin, ministre de Charanton, pour response aux bouffonneries insérées en son livre de la vocation des pasteurs. *Brusselles, Girard*, 1619, in-8.

VI. HISTOIRE ANCIENNE.

1. *Histoire générale et particulière de plusieurs peuples anciens.*

1654. Essai sur l'organisation de la tribu, dans l'antiquité, par Routorga. *Paris, Didot*, 1839, in-8.

1655. Justini historiarum ex Trogo Pompeio libri XLIV. Cum prologis ab erudissimo abbate de Longuerue, emendatis notisque illustravit. *Parisiis, Nyon*, 1734, in-16.

1656. Justinus de historiis philippicis et totius mundi originibus, interpretatione et notis illustravit Joseph Cantel, ad usum Delphini. *Parisiis, Léonard*, 1677, in-4.

1657. Antonii le Grand historia sacra à mundi exordio ad Constantini magni imperium deducta. Nunc primum in Germania, post novissimam editionem londinensem recusa. *Herbornæ, Nicol. Andrea*, 1686, in-12.

1658. Aaron purgatus, sive de vitulo aureo libri duo.... autore Francisco Moncæio. *Atrebati, Riverius*, 1606, in-8.

2. *Histoire des Juifs.*

1659. Josephi Judei historici præclara opera. *Impressum Parrhisii, impensis Franc. Regnault et Joan. Petit*, 1514, petit in-fol.

1660. Flavii Josephi hebræi historiographi opera. *Parisiis, Savetier*, 1528, in-fol.

1661. Flavii Josephi hierosolymitani sacerdotis opera quæ exstant, græco-latina. *Genevæ, De la Rouière*, 1611, in-fol.

1662. Histoire de Fl. Joseph, sacrificateur hébreu; mise en françois, premièrement par D. Gil. Génébrard, et depuis corrigée suivant le texte grec, et enrichie par Frédéric Morel. *Paris, Petit-Pas*, 1612, in-8, 2 vol.

1663. Histoire de Flavius Josephe, sacrificateur hébreu, mise en françois par Gilb. Génébrard. *Paris, Cramoisy*, 1631, in-fol.

1664. De republica Hebræorum libri octo. Auctore

N. P. Joan. Stephano Menochio. *Parisiis, Bertier,* 1648, in-fol.

1665. Jerusalem, sicut Christi tempore floruit et suburbanorum insigniorumque historiarum ejus brevis descriptio.... Christiano Adrichom Delpho autore. *Coloniæ Agripp , Kempuensis,* 1584, in-8.

3. *Histoire générale et particulière de la Grèce.*

1666. Xenophontis scripta quæ supersunt, græcè et latinè, cum indicibus nominum et rerum locupletissimis. *Parisiis, Didot,* 1840, grand in-8.

1667. Xenophontis Cyropedia et opera reliqua. *Bononiæ, Benedictus Hector,* 1502, in-fol.

1668. Diodori Siculi bibliothecæ historicæ libri XVII. *Lugduni, Gryphius,* 1552, in-16.

1669. Q. Curtii de rebus gestis Alexandri magni libri, in-12.

Titre enlevé.

1670. Observations sur l'histoire de la Grèce, ou des causes de la prospérité et des malheurs des Grecs, par l'abbé de Mably. *Genève, Dufart,* 1789, in-12.

4. *Histoire générale et particulière du Peuple romain et de ses Empereurs.*

1671. C. Cornelii Taciti opera quæ exstant, a Justo

Lipsio postremum recensita, ejusque auctis emendatisque commentariis illustrata; item C. Velleius Paterculus, cum ejusdem Justi Lipsii autoribus notis. *Antuerpiæ, ex off. Plantiniana*, 1648, in-fol.

1672. Opera C. Cornelii Taciti quæ exstant, gnomologia et distinctis breviariis aucta. *Parisiis, Libert*, 1636, in-16.

1673. C. Julii Cæsaris commentarii de bello Gallico et civili. *Antuerpiæ, Plantinus*, 1586, in-8.

1674. C. Julii Cæsaris commentarii. *Lugduni, Gryphius*, 1536, in-8.

1675. C. Julii Cæsaris rerum à se gestarum commentarii. *Lugduni, Pillehotte*, 1603, in-16.

1676. Les Commentaires de César, des guerres de la Gaule, mis en françois par Blaise de Vigenère. *Paris, Chesneau*, 1576, in-4.

1677. Les mêmes, in-4, fig. en bois.
Le titre manque.

1678. Dionysii Halicarnassei Antiquitatum rom. libri XI; ab Æmilio Porto recens et post aliorum interpretationes latinè redditi. *Stoer*, 1603, in-16.

1679. C. Suetonii Tranquilli de XII Cæsaribus libri VIII. Isaacus Casaubonus iterum recensuit. Accesserunt ejusdem animadversionum appendicula; additi etiam sunt Suetonii libelli de illustribus grammaticis et de claris rhetoribus. *Lugduni, Rigaud*, 1621, in-16.

1680. C. Suetonii Tranquilli XII Cæsares. Ausonius poeta de XII Cæsaribus per Suetonium Tranq. scriptis. Ejusdem Tetrasticha à Julio Cæsare usque ad tempora sua. Jo. Baptistæ Egnatii Veneti de romanis principibus libri III. Ejusdem annotationes in Suetonium. Annotata in eumdem, et loca aliquot restituta per D. Erasmum Roter. *Lugduni, Gryphius*, 1539, in-8.

1681. C. Salustii Crispi conjuratio Catilinæ, et bellum Jugurthinum, opus. *Lutetiæ Parisiorum*, 1725, in-16.

1682. Appiani Alexandrini romanorum historiarum libri XII. *Lugduni, Gryphius*, 1588, in-16.

1683. Joannis Philippi Vorburgici ex historia romano-germanica primitiæ, sive ex demonstratione, ad hanc consequentem necessaria, series rerum ab orbe condito, usque ad annum Christi 268, urbis cond. 1020. *Francofurti, Weisius*, 1645, in-fol., 4 vol.

1684. Historiæ Romanæ scriptores latini veteres qui extant omnes, Regum, Consulum, Cæsarum res gestas ab urbe condita continentes. *Aureliæ Allobrogum, De la Rouière*, 1619, in-fol.

1685. Idem. *Genève, De la Rouière*, 1623, in-fol., 2 vol.

1686. Caroli Sigonii Mutinensis, fasti consulares, ac triumphi acti à Romulo rege usque ad T. Cœsarem. Ejusdem in fastos et triumphos, id est, in universam romanam historiam commentarius. *Basileæ*, *Nic. Episcopius*, 1559, in-fol.

1687. Fasti et triumphi Romanorum, à Romulo rege usque ad Carolum V. Cœs., Aug. Onuphrio Panvinio authore. Additæ sunt suis locis impp. et orientalium et occidentalium verissimæ icones ex vetustissimis mumismatis quam fidelissimè delineatæ. *Venetiis*, *Strada*, 1557, in-fol., fig.

1688. Histoire Romaine, contenant tout ce qui s'est passé de plus mémorable depuis le commencement de l'empire d'Auguste, jusques à celui de Constantin-le-Grand, par le R. P. Coeffeteau. *Paris*, *Alliot*, 1646, in-fol.

1689. Observations sur les Romains, par l'abbé de Mably. *Genève*, *Dufart*, 1789, in-12.

1690. Antiquitatum Romanarum corpus absolutissimum; auctore Th. Dempstero. *Genevæ*, *Chouët*, 1640, in-4.

VII. HISTOIRE BYZANTINE
OU DU BAS-EMPIRE.

1691. Ph. Labbé de historiæ Byzantinæ scriptoribus publicandis protrepticon. *Parisiis*, 1648, gr. in-fol.

1692. Agathiæ scholastici de imperio et rebus gestis Justiniani imperatoris, libri quinque, cum interpretatione et notis Bonaventuræ Vulcanii. Accesserunt ejusdem Agathiæ epigrammata. *Parisiis*, 1660, grand in-fol.

1693. Georgii Sincelli chronographia, gr. et lat.; cum notis Jac. Goard. *Parisiis*, 1652, grand in-fol.

1694. Anastasii Bibliothecarii historia ecclesiastica, sive chronographia tripertita (*sic*). Accedunt notæ Caroli Annibalis Fabroti. — *A la suite :* De vitis pontificum. *Parisiis*, 1649, grand in-fol.

1695. S. P. N. Theophanis chronographia gr. et lat., ex interpretatione Jac. Goard, cum notis Franc. Combefis. *Parisiis*, 1655, grand in-fol.

1696. Georgii Cedreni compendium historiarum, grec. et lat., cum notis Jac. Goard et C. Annibalis Fabroti glossarium. *Parisiis*, 1647, grand in-fol.

1697. Const. Manassis breviarium historicum ex interpretatione Joan. Levnclavii, cum ejusdem et Joan. Meursii notis. Accedit variarum lectionum libellus, cura Leonis Allatii et Caroli Annibalis Fabroti. *Parisiis*, 1655, in-fol.

1698. Mich. Glycæ annales gr. et lat., cum notis Philippi Labbe. *Parisiis*, 1660, grand in-fol.

1699. Annæ Comnenæ porphirogenitæ Cœsarissæ Alexias, sive de rebus ab Alexio imperatore, vel ejus tempore gestis, libri quindecim. *Parisiis*, 1651, grand in-fol.

1700. Nicetæ Acominati Choniatæ historia, grec. et lat. *Parisiis*, 1647, in-fol.

1701. Georgii Acropolitæ historia Byzantina, gr. et lat., cum notis Theod. Douzæ. *Parisiis*, 1651, grand in-fol.

1702. Ducæ Michaelis Ducæ nepotis historia byzantina, res in imperio Græcorum gestas complectens; à Joan. Palæologo I ad Mehemetem II. Accessit chronicon breve, quo Græcorum, Venetorum et Turcorum aliquot gesta continentur. *Parisiis*, 1649, grand in-fol.

1703. Joann. Cantacuzeni historiarum libri IV. Jacobus Pontanus latine vertit, et notas suas cum Jacobi Gretseri adnotationibus addidit. *Pariis*, 1645, grand in-fol., 3 vol.

1704. Nicephori Gregoræ Romanæ, hoc est Byzantinæ historiæ libri XI. Accessit Laonici Chalcocondylæ historia turcica. *Basileæ, Oporinus,* 1562, in-fol.

1705. Laonici chalcocondylæ Atheniensis historiarum libri X. *Parisiis*, 1650, grand in-fol.

1706. Georgius Codinus Curopalata, de officiis magnæ ecclesiæ, et aulæ Constantinopolitanæ. *Parisiis*, 1648, in-fol.

1707. Historia Byzantina duplici commentario illustrata. Auctore Carolo Dufresne D. du Cange. *Lutetiæ Parisiorum, Billaine*, 1680, in-fol., fig.

1708. Histoire de l'empire de Constantinople, sous les empereurs françois, par Geoffroy de la Ville Hardoin. *Paris*, 1657, in-fol.

1709. Theophylacti Simocattæ historiarum libri VIII. Interprete Jac. Pontano. Studio C. Annibalis Fabroti. *Parisiis*, 1647, grand in-fol.

1710. Gesta Dei per Francos, sive orientalium expeditionum et regni Francorum hierosolimitani historia, à variis, sed illius ævi scriptoribus, litteris commendata. *Hanoviæ, Wechelus*, 1611, in-fol., 2 tomes en un vol., cartes.

VIII. HISTOIRE MODERNE.
EUROPE.

1. HISTOIRE GÉNÉRALE DE L'EUROPE MODERNE, AVEC L'HISTOIRE PARTICULIÈRE DE CERTAINES ÉPOQUES.

1711. Luitprandi subdiaconi Toletani opera quæ extant. *Antuerpiæ, ex off. Plantiniana*, 1640, in-fol., front. et portr.

1712. Histoire de Paolo Jovio Comois, évesque de Nocera, sur les choses faites et avenues de son temps en toutes les parties du monde, traduite du latin par Denis Sauvage. *Paris, Beys*, 1581, in-f.

1713. Joh. Isaaci Pontani discussionum historicarum libri duo. Accedit Casparis Varrerii Lusitani de Ophyra regione et ad eam navigatione commentarius. *Harderuici Gelrorum, Nic. Wieringen*, 1637, in-8.

1714. Illustris viri Jacobi Thuani historiarum sui temporis, ab anno domini 1543 usque ad annum 1607, libri CXXXVIII. Accedunt commentariorum de vita sua libri sex hactenus inedita. *Ge-*

nevæ, apud hœredes *Petri de la Rouière*, 1626, in-fol., 4 vol.

1715. Nominum propriorum, virorum, mulierum, populorum, etc., quæ in viris illustris Jacobi Augusti Thuani historiis leguntur index. *Genevæ, Aubertus*, 1634, in-4.

1716. Thesaurus politicus Philippi Honorii opus collectum ex italicis cum publicatis tum manuscriptis variis variorum ambassatorum, etc., latine simul et italice editum. *Francofurti, Hoffmannus*, 1617, in-4, 2 vol.

1717. Histoire de la guerre sainte, dite proprement la Franciade orientale. Faite latine par Guillaume, archevesque de Tyr, et traduite en françois, par Gabriel du Préau. *Paris*, 1573, in-fol.

1718. Joannis Trithemii opera historica, quotquot hactenus reperiri potuerunt omnia. *Francofurti, Wechelus*, 1601, in-fol.

2. Histoire de France.

Histoire générale avec l'histoire particulière de certaines époques.

1719. Historia Gallorum veterum, autore Antonio Gosselino. *Cadomi, Poisson*, 1636, in-8.

1720. Les annales et chroniques de France, depuis la destruction de Troye jusques au roy Louis XI,

par Nicolle Gilles. *Paris*, *Jehan Ruelle*, in-fol., sans date.
Incomplet.

1721. De Gallorum imperio et philosophia, libr. septem. Stephano Forcatulo auth. *Parisiis, Chaudière*, 1579, in-4.

1722. Le Trésor de l'histoire de France, réduit par tiltres et lieux communs, divisé en deux parties; par L. C., avec l'histoire des roys de France, et leurs portraits. *Roven, Ferrand*, 1650, in-8.

1723. Papirii Massoni annalium libri quatuor : quibus res gestæ Francorum explicantur. *Lutetiæ, Chesneau*, 1578, in-8.

1724. Les chroniques et annales de France, dès l'origine de François et leur venue ès Gaules, par Nicolle Gilles, jusqu'au roy Charles huitième; et depuis additionnées par Denis Sauvage, jusqu'au roy François second. Revues, corrigées et augmentées par F. de Belleforêts, avec la suite et continuation jusqu'au roy Louis XIII, par J. Savaron. *Paris, Chevalier*, 1621, in-fol., portraits.

1725. Histoire de France, depuis l'établissement de la monarchie françoise dans les Gaules, par le P. G. Daniel. *Paris, Mariette*, 1713, in-fol., 2 vol.

1726. Élémens de l'histoire de France, depuis Clovis jusqu'à Louis quinze, par l'abbé Millot. *Paris, Durand*, 1788, in-12, 3 vol.

1727. Histoire générale de France, avec l'estat de l'église et de l'empire, par Scipion Dupleix; précédé des mémoires des Gaules, depuis le déluge jusques à l'établissement de la monarchie françoise. *Paris, Sonnius et Bechet*, 1650-54, in-fol., 5 vol.

1728. Corpus francicæ historiæ veteris et sinceræ. *Hanoviæ, Wechelus*, 1613, in-fol.

1729. Pauli Æmylii de rebus gestis Francorum à Pharamundo ad Carolum octavum libri X. Arnoldi Ferroni de rebus gestis Gallorum libri IX ad historiam Pauli Æmylii additi à Carolo octavo ad Henricum II. Continuatio Jac. Henricpetri ad Æmylium et Ferronum adjecta usque ad annum 1601. Ad hujus historiæ lucem, in fine adjunctum est Chronicon Joan. Tilii de regibus Francorum à Pharamundo usque ad Henricum II, à D. Jac. Henricpetri auctum usque ad Henricum IV. *Basileæ, Seb. Henricpetrus,* 1601, in-fol., portraits.

1730. Joannis de Bussières, historia francica, ab Pharamundo continua serie ad Ludovicum XIV, deducta. *Lugduni,* 1661, in-12, 4 vol.

1731. Inventaire général de l'histoire de France, depuis Pharamond jusques à Louis XIV, par Jean de Serres. *Roven, Vaultier,* 1647, in-fol., portraits.

1732. Le véritable inventaire de l'histoire de France,

depuis Pharamond jusques à Louis XIV, par Jean de Serres. *Rouen, Cailloüe*, 1660, in-fol., 2 vol.

1733. Florus francicus, sive rerum à Francis bello gestarum epitome, autore P. Berthault. *Parisiis, Libert*, 1644, in-12, frontisp.

1734. Idem. 1644, in-12.

1735. Historiæ Francorum scriptores coætanei ab ipsius gentis origine, ad Pipinum usque regem; opera ac studio Andreæ Duchesne. *Lutetiæ Parisiorum, Cramoisy*, 1636, in-fol., 5 vol.

1736. Aimoini de gestis Francorum libri quinque. De inventione sive translatione beati Vencentii levitæ et martyris libri duo. De obsessa à Nortmannis Lutecia Parisiorum libri duo...... *Parisiis, Drouart*, 1603, in-fol.

1737. Observations sur l'histoire de France, par l'abbé de Mably. *Kehl*, 1788, in-12, 6 vol.

1738. Genealogiæ Francicæ plenior assertio... Auctore Davide Blondello. *Amstelœdami, Blaeu*, 1654, in-fol., 2 vol.

1739. Historiæ Francorum ab anno Christi 900 ad annum 1285, scriptores veteres XI. *Francofurti, Wechelus*, 1596, in-fol.

1740. Les chroniques d'Enguerran de Monstrelet. *Paris, Chaudière*, 1572, in-fol.

1741. Assertor Gallicus contra vindicias hispanicas Joannis Jacobi Chiffletii.. Opus Antonii Dominicy. *Parisiis, è Typographia regia*, 1646, grand in-4.

1742. Veritas vindicata adversus Joann. Jac. Chiffletii vindicias hispanicas.... qua retectis variis arcanis salicis, historicis, genealogicis; Christianissimorum regum jura, dignitas, prærogativæ demonstrantur, opera et studio Jacobi Alexandri Tennenrii. *Parisiis, Billaine*, 1651, in-fol.

1743. Portus Iccius Julii Cæsaris demonstratus per Joan. Jac. Chiffletium. *Antuerpiæ, Plantin*, 1627, in-4.

Dans le même volume : 1° Insignia gentilitia equitum ordinis Velleris aurei, fecialium verbis ennuntiata à Joan. Jac. Chiffletio. 2° Acia Cornelii Celsi propriæ significationi restituta : Alphonsus Nunez regius Archiater defensus; à Joanne Jac. Chiffletio. 3° Geminiæ matris sacrorum titulus sepulchralis explicatus, verus exequiarum ritus una detectus; à Joan. Jac. Chiffletio. 4° Prælibatio de terra et lege salica, ex vindiciis Lotharingicis, Joan. Jac. Chiffletii.

1744. Discours historique concernant le mariage d'Ansbert et de Blithilde, prétendue fille du roi Clothaire I ou II; par Louis Chantereau Le Febure. *Paris, Vitré*, 1647, in-4.

Dans le même volume: 1° Ansberti familia rediviva,

Auct. Marco-Ant. Dominicy. *Parisiis, Cramoisy*, 1648; — 2° De sacra ampulla Remensi Tractatus apologeticus adversus Joan. Jac. Chiffletium, cœcum veritatis disquisitorem, etc. *Parisiis, Billaine*, 1652.

1745. La vraye et entière histoire des troubles et guerres civiles avenues de nostre temps, pour le faict de la religion, tant en France, Allemaigne que Pays-Bas; par J. Le Frère, de Laval. *Paris, De la Nouë*, 1573, in-8.

1746. De l'estat et succez des affaires de France; par Bernard de Girard. *Paris, Le Mur*, 1611, in-8.

Histoire particulière des Rois de France, sous les trois dynasties, jusqu'en 1789.

1747. De tribus Dagobertis Francorum regibus diatriba, Godefredi Henschenii. *Antuerpiæ, typis Meursii*, 1655, in-4.

1748. Histoire de Louis-le-Juste. In-8.
Le titre manque.

1749. Acta inter Bonifacium VIII, Benedictum XI, Clementem V et Philippum Pulchrum regem.... 1614, in-8.

1750. Entrevues de Charles IV, empereur, de son fils Wenceslaus, roy des Romains, et de Charles V, roy de France à Paris, l'an 1378; et de Louis XII et de Ferdinand, roy d'Aragon, à Savonne, l'an 1507. Discours sur l'origine des roys de Portugal yssus en ligne masculine de la maison de France. Mémoires concernans la dignité et majesté des roys de France; par T. Godefroy. *Paris, Chevalier*, 1612, in-4.

1751. Histoire de Charles VI, roy de France; traduction de Le Laboureur. *Paris, Billaine*, 1663, in-fol., 2 vol.

1752. Histoire de Charles VI, roy de France; par Jean Juvénal des Ursins. Augmentée en cette seconde édition par Denys Godefroy. *Paris, Imprimerie royale*, 1653, in-fol.

1753. Mémoires de messire Philippe de Comines, seigneur d'Argenton, contenans l'histoire des roys Louis XI et Charles VIII, depuis l'an 1464 jusques en 1498, par Denys Godefroy. *Paris, Imprimerie royale*, 1649, in-fol.

1754. Histoire de Louys XII, roy de France, et de plusieurs choses mémorables advenues en France et en Italie, jusques en l'an 1510; par Jean de Sainct-Gelais, et mise en lumière par Théod. Godefroy. *Paris, Pacard*, 1622, in-4.

1755. Henrico tertio Francorum et Poloniæ regi, relata gratia, Stephano Forcatulo jurisconsulto authore. *Parisiis, Chaudière*, 1579, in-8.

1756. Histoire générale des derniers troubles arrivez en France, sous les règnes des roys très chrestiens, Henry III, Henry IV et Louis XIII, par Pierre Mathieu. *Paris, Petit-Pas*, 1622, in-4.

1757. Mémoires de Du Bellay. In-fol.
Titre enlevé.

1758. Histoire de la vie de duc d'Espernon, divisée en trois parties. *Paris, Courbé*, 1655, in-fol.

1759. Histoire de l'administration du cardinal d'Amboise, grand ministre d'estat en France; par Michel Baudier. *Paris, Rocolet*, 1634, in-4.

1760. La même. *Paris*, 1524, in-4.

1761. Lettres et mémoires d'estat des roys, princes, ambassadeurs et autres ministres, sous les règnes de François Ier, Henry II et François II; par Guillaume Ribier. *Imprimé à Blois, par Hotot*, 1666, in-fol., 2 vol., portrait de Colbert.

1762. Fragment de l'histoire militaire de la France. Guerres de religion, de 1585 à 1590, par le colonel de Saint-Yon. *Paris, Anselin*, 1834, in-8.

1763. Recueil de divers mémoires, harangues, remonstrances et lettres servans à l'histoire de nostre temps. *Paris, Chevalier*, 1623, in-4.

1764. Décade contenant la vie et gestes de Henry le Grand, roy de France et de Navarre, IIIIe du nom; par Baptiste Le Grain. *Roven, V^e Du Bosc*, 1633, in-4.

1765. Discours des faicts héroïques de Henry le

Grand, par Hiérosme de Bénévent. *Paris, Heuqueville*, 1611, in-8.

1766. Mémoires des sages et royales économies d'estat, domestiques, politiques et militaires de Henry le Grand, etc., et des servitudes utiles obéissances convenables et administrations loyales de Maximilian de Béthune.... *Amstelredam*, in-fol., 2 vol.

1767. Histoire de France et des choses mémorables advenues aux provinces estrangères, durant sept années de paix du règne de Henry IV. *Paris, Bessin*, in-8, 2 vol.

1768. Le cinquiesme livre des derniers troubles de France, contenant l'histoire des choses plus mémorables advenues depuis la mort du roy Henry III jusques au siége de la Fère. 1597, in-8.

1769. La couronne royalle, par Charles de Rœmond, abbé de la Fræ. *Paris, Sevestre*, 1610, in-8.

1770. Recueil de pièces diverses : 1° Préceptes d'estat, tirez des histoires anciennes et modernes. *Paris*, 1611. 2° Mémoires de plusieurs choses considérables avenües en France. *Paris*, 1634. 3° Lettre de la Roine mère au Roy. 4° Response du Roy à la lettre de la Royne sa mère. 5° Discours d'un vieil courtisan désintéressé, sur la lettre que la Roine mère du Roy a escrite à sa Majesté après estre sortie du royaume. 6° Remonstrance à Monsieur, par un François de qualité. 7° Discours au Roy, touchant les libelles faits contre le gouvernement de l'estat, 1631. 8° Lettre escrite au Roy par Monsieur, et par luy envoyée à Messieurs du Parlement, pour la présenter à sa Majesté, avec la response du Roy à ladite lettre de Monsieur. *Paris*, 1631. 9° La vie du cardinal d'Amboise, en suite de laquelle sont traictez quelques poincts sur les affaires présentes, par le s^r de Montagnes. *Paris*, 1631. 10° Le coup d'estat de Louis XIII. 11° Les entretiens des Champs Elizées. 1631. 12° Si, du temps de Charles VIII, roy de France, les princes italiens eussent bien faict de prendre les armes contre luy, lorsqu'il s'apprestait pour s'en retourner en France après s'estre acquis le royaume de Napples. 13° Eloge funèbre de très-haute et très-puissante princesse madame la duchesse de la Valette, compris en trois discours, par le R. P. Charles Hersent. *Paris*, 1627, in-8.

1771. Capta Rupecula Cracina servata, auspiciis ac ductu christianissimi regis et heroîs invictissimi Ludovici XIII, descripta utraque ab P. Philiberto Moneto. *Lugduni, Pillehotte*, 1630, in-12.

1772. Historiarum Galliæ ab excessu Henrici IV, Libri XVIII. Autore Gabr. Bartholomæo Gramondo. *Tolosæ, Colomerius*, 1643, in-fol.

1773. Pièces curieuses en suite de celles du sieur de Saint-Germain, contenant plusieurs pièces pour la défense de la royne mère, du roy très chrétien Louis XIII, et autres traitez d'estat sur les affaires du temps, depuis l'an 1630 jusques à l'an 1643, par divers autheurs, sur la copie imprimée à Anvers. 1644, in-4.

1774. Diverses pièces pour la défense de la royne mère du roy très chrétien Louis XIII, faites et revues par Messire Matthieu de Morgues, sieur de Saint-Germain. Petit in-fol., frontisp.

1775. La vie du cardinal de Berulle, instituteur et premier supérieur général de la congrégation de l'Oratoire de J. C., par Germain Habert. *Paris, Huré*, 1646, in-4, frontisp.

1776. Histoire du ministère du cardinal duc de Richelieu, sous le règne de Louys le Juste, XIII du nom. *Paris*, 1650, in-fol., portrait.

1777. Mémoires pour l'histoire du cardinal duc de Richelieu, recueillis par le sieur Aubery. *Paris, Berthier*, 1660, in-fol., 2 vol.

1778. Historia prostratæ à Ludovico XIII, sectariorum in Gallia rebellionis. Authore Gabri. Barthol. Gramoundo. *Tolosæ, Bosc*, 1623, in-4, front.

1779. Pièces curieuses pour la défense de la Royne, mère du roy Louys XIII; par divers autheurs, en suite de celles du sieur de Saint-Germain. Jouxte la copie imprimée à Anvers, in-8, tome 2.
Le premier tome manque.

1780. Le Prince, nouvelle édition, divisée par chapitres, avec des sommaires. *Paris, Bouillerot*, 1642, in-8.

1781. Les Palmes du Juste, poème historique divisé en neuf livres, où, par l'ordre des années, sont contenues les immortelles actions du très chrestien et très victorieux monarque Louis XIII..... par Le Hayer du Perron. *Paris, Quinet,* 1635, in-4, frontisp.

Cet ouvrage devrait être placé dans la division des Belles-Lettres.

1782. Esclaircissement de quelques difficultez touchant l'administration du cardinal Mazarin, par le sieur de Silhon. *Paris, Imprimerie royale,* 1660, in-fol.

1783. Benjamini Prioli ab excessu Ludovici XIII, de rebus gallicis, historiarum libri XII. *Parisiis, Léonard,* 1665, in-4.

1784. Le siècle des beaux-arts et de la gloire, ou la mémoire de Louis XIV justifiée des reproches odieux de ses détracteurs.... par M. Ossude. *Versailles, Dufaure,* 1838, in-8, 1 vol.

1785. Le Mars françois, ou la guerre de France, en laquelle sont examinées les raisons de la justice prétendue des armes et des alliances du roi de France, mises au jour par Alex. Patricius Armacanus (Corn. Jansenius), et traduite de la troisième édition (par Ch. Hersent). Sans désignation de lieu, 1637, in-8.

Révolution, République, Empire et Restauration.

1786. Histoire monarchique et constitutionnelle de la Révolution française, composée sur un plan nouveau et d'après des documents inédits; par Eugène Labaume. *Paris, Anselin,* 1834, in-8, 5 vol.

1787. Mémorial de Sainte-Hélène, par le comte de Las Cases. *Paris, Lebègue,* 1823-1824, in-8, 8 vol.

1788. Manuscrit inédit de Louis XVIII, précédé d'un examen de sa vie politique, par Martin Doissy. *Paris, Paul Dupont,* 1839, in-8; portrait et fac simile de l'écriture de Louis XVIII.

Cérémonial français.

1789. Le Cérémonial françois, ou description des cérémonies, rangs et séances observées en France, en divers actes, et assemblées solennelles, recueilly par Théodore Godefroy, et mis en lumières par Denys Godefroy. *Paris, Cramoisy,* 1649, in-fol., 2 vol.

1790. Le même. *Paris, Pacard,* 1619, in-4.

Mélanges d'histoire politique de France; Gouvernement; Offices civils et militaires; Milices, Marine, Monnaies, etc.

1791. Le destin de la France, par l'abbé de Mably. 1790, in-12.

1792. Recueil des traitez de paix, de trève, de neutralité, de confédération, d'alliance et de

HISTOIRE MODERNE.

commerce faits par les roys de France, avec tous les princes et potentats de l'Europe, depuis près de trois siècles; assemblé, mis en ordre et imprimé par Frédéric Léonard. *Paris*, 1693, in-4. 6 vol.

1793. L'état de la France, contenant les princes, le clergé, les ducs et pairs, etc., avec les noms des officiers de la maison du roy, leurs fonctions, etc. *Paris, Cavelier*, 1722, in-12, 5 vol.

1794. Histoire des Connestables, Chanceliers et Gardes des seaux, Mareschaux, Amiraux, etc. depuis leur origine; par Jean le Feron, continuée par Denys Godefroy. *Paris, Imprimerie royale*, 1658, in-fol., fig.

1795. Histoire du temps, ou le véritable récit de ce qui s'est passé dans le Parlement, depuis le mois d'août 1647 jusques au mois de novembre 1648. *Roven, Du Petit-Val et Viret*, 1649, in-4.

1796. Chronologie des Etats généraux, où le tiers-état est compris, depuis l'an 1615, jusques à 422; par Jean Savaron. *Caen, Leroy*, 1788, in-8.

1797. Traité historique des monnoyes de France, depuis le commencement de la monarchie jusques à présent; par Le Blanc. *Paris, Ribou*, 1703, in-4, planches.

Histoire de la Province de Normandie.

1798. Rollo northmanno-britannicus, autore V.

HISTOIRE.

N. Roberto Denyaldo. *Rothomagi, Le Boullenger,* 1660, in-fol.

1799. Historiæ Normannorum scriptores antiqui; nunc primum edidit Andreas Duchesnius. *Lutetiæ Parisiorum,* 1619, in-fol.

1800. Histoire de Normandie, depuis les temps les plus reculés jusqu'à la conquête de l'Angleterre, en 1066; par T. Licquet. *Rouen, Nicétas Periaux,* 1835, in-8, 2 vol.

1801. Notes pour servir à l'histoire de Normandie et des Normands de la Seine, par Auguste Le Prevost. *Caen, Leroy,* 1834, in-8.

1802. Discours du siège de la ville de Rouen, au mois de novembre 1591. Le pourtraict du vieil et nouveau fort (par G. Valdory.) *Rouen, Rich. L'Allemant,* 1592, in-8.
Il manque plusieurs feuillets à la fin.

1803. Histoire de Louviers, par Louis-Réné Morin. *Rouen, P. Periaux,* 1822, in-12, 2 vol, atlas.

1804. Essai historique sur Louviers; par Paul Dibon. *Rouen, Nicétas Periaux,* 1836, in-8.

1805. Essai historique, archéologique et statistique sur l'arrondissement de Pont-Audemer; par A. Canel. *Paris, Vimont,* 1833, in-8, 2 vol., atlas.

1806. Le Mercure de Gaillon, ou Recueil de pièces curieuses, tant hiérarchiques que politiques. *Gaillon,* 1644, in-4.

HISTOIRE MODERNE. 271

1807. Souvenirs historiques des résidences royales de France; par J. Vatout, tome 3. Château d'Eu. *Paris, Didot,* 1839, in-8.

1808. Esquisses sur Navarre; par M. d'Avannes. *Rouen, Nicétas Periaux,* 1839, in-8, fig.

Histoires particulières des anciennes provinces et des villes de France.

1809. Chronique d'Arras et de Cambrai; par Balderio, chantre de Térouane au xie siècle, et enrichie de deux supplémens, avec commentaires, glossaire et plusieurs index; par Le Glay. *Paris,* 1834, in-8.

1810. Histoire ancienne et moderne d'Abbeville et de son arrondissement; par F.-C. Louandre. *Abbeville, Boulanger,* 1834, in-8, 2 vol.

1811. Les Annales d'Aquitaine; par Jean Bouchet. *Poitiers, Mounin,* 1644, in-fol., frontisp.

A la suite : 1° Les mémoires et recherches de France et de la Gaule aquitaine, du sieur Jean de la Haye, 1643. 2° De l'université de la ville de Poictiers, du temps de son érection, du recteur et officiers et priviléges de ladite université.

1812. Le même ouvrage.

1813. Gallo-Flandria sacra et profana, in qua urbes, oppida, municipia et pagi præcipui gallo-flandrici tractus describuntur, etc. Autore Joanne

Buzelino Cameracensi. *Duaci, Wyon*, 1625, in-fol.

1814. Traicté de l'ancien estat de la Petite-Bretagne, et du droict de la Couronne de France sur icelle ; contre les faussetez et calomnies de deux histoires de Bretagne, composées par le feu sieur Bertrand d'Argentré ; par feu Nicolas Vignier. *Paris, Périer*, 1619, in-4.

1815. Histoire généalogique des ducs de Bourgongne de la maison de France, à laquelle sont adjoustez les seigneurs de Montagu, de Sombernon et de Couches, issus des mesmes ducs; par André Duchesne. *Paris, Cramoisy*, 1628, in-4.

A la suite: Histoire des comtes d'Albon et daufins de Viennois; par le même. 2° Histoire généalogique des comtes de Valentinois et de Diois, seigneurs de Saint-Valier, de Vandans et de la Ferté, de la maison de Poictiers, par le même.

1816. Histoire des comtes de Poictou et ducs de Guyenne, contenant ce qui s'est passé de plus mémorable en France, depuis l'an 811, jusques au roi Louis le Jeune; par Jean Besly. *Paris, Bertault*, 1647, in-fol.

1817. Histoire générale du Dauphiné; par Nicolas Chorier. *Grenoble, Charuys*, 1661, in-fol.

1818. Histoire de Béarn, contenant l'origine des roys de Navarre, des ducs de Gascogne, marquis de Gothié, princes de Béarn, etc. Avec diverses observations géographiques et historiques concernant principalement lesdits pays; par Pierre de Marca. *Paris*, *Camusat*, 1640, in-fol.

1819. Panorama historique et descriptif de Pau et de ses environs; par Dugenne. *Pau, Vignancour*, 1839, in-8, carte et fac-simile.

1820. Histoire des comtes de Tolose; par Guillaume Catel. *Tolose, Bosc*, 1623, in-fol.

1821. Annales de la ville de Toulouse, depuis la réunion de la comté de Toulouse à la Couronne; avec un abrégé de l'ancienne histoire de cette ville; par Lafaille. *Toulouse, Colomyez*, 1687, in-fol.

1822. Histoire Tolosaine; par Antoine Noguier. *Tolose, Boudeville*, 1559, in-4, frontisp.

1823. Histoire civile, ecclésiastique et littéraire de la ville de Nismes, avec des notes et les preuves; suivie de dissertations historiques et critiques sur ses antiquités, et diverses observations sur son histoire naturelle ; par Ménard. *Paris, Chaubert*, 1750, in-4, 4 vol., planch.

1824. Discours historial de l'antique et illustre cité de Nismes; par Jean Poldo d'Albenas. *Lyon, Rouille*, 1560, in-fol., fig.

1825. Augustoduni amplissimæ civitatis et Galliarum quondam facile principis antiquitates; auth. Stephano Ladoneo. *Augustoduni, Simonnot*, 1640, in-8.

1826. Recherches et mémoires servans à l'histoire de l'ancienne ville et cité d'Autun; par Jean Munier. *Dijon, Chavance*, 1660, in-4.

1827. Les Annales générales de la ville de Paris; par Cl. Malingre. *Paris, Rocolet*, 1640, in-fol.

1828. Le Théâtre des antiquitez de Paris, où est traicté de la fondation des églises et chapelles de la cité, université, ville.... comme aussi de l'institution du parlement.... divisé en quatre livres; par Jacques Du Breul. *Paris, par la Société des Imprimeurs*, 1639, in-4.

1829. Recueil de la fondation du collége Mazarini; lettres-patentes et arrests d'enregistrement. In-fol.

1830. Souvenirs historiques des résidences royales de France, par J. Vatout. Palais-Royal, 1 vol. in-8. — Château d'Eu, 1 vol. — Château de Fontainebleau, 1 vol. *Paris, Didot.*

1831. Bellum Sequanicum secundum; Joh. Mereleto authore. *Divione, Chavance*, 1668, in-8.

1832. J. Jac. Chiffletii Vesontio civitas imperialis libera, Sequanorum metropolis... etc. *Lugduni, Duhan*, 1650, in-4.

3. HISTOIRE DE LA BELGIQUE ET DE LA HOLLANDE.

1833. Famiani Stradæ romani de bello Belgico decas prima ab excessu Caroli V imp., usque ad initia proefecturæ Alexandri Farnesii, Parmæ ac Placentiæ ducis III. Juxta exemplar *Romæ* impressum, apud *Hermannum Scheus*, 1648, in-12.

1834. Bellum Belgicum, sive Belgicarum rerum, è commentariis Pompei Justiniani peditatus italici tribuni, et à conciliis bellicis regis catholici, libri sex, edente Josepho Gamurino, ex italica latinitate donati. Accessit commentarius rerum à sacris præsulibus in Belgio gestarum. *Coloniæ Agrippinæ*, *Kinckius*, 1611, in-4.

1835. Historia Belgica nostri potissimum temporis Belgii sub quatuor Burgundis et totidem Austriacis principibus conjunctionem et gubernationem breviter. A. E. Meterano. In-fol., sans date ni lieu d'impression; portraits. — 2 exemplaires.

1836. Rerum Belgicarum historia. In-fol.
Le titre manque.

1837. Histoire de Tournay, ou quatre livres des chroniques, annales ou démonstrations du christianisme de l'évesché de Tournay, par Jean Cousin. *Douay*, *Wyon*, 1619, in-4.

1838. Caroli Scribani è soc. Jesu Antuerpia. *Antuerpiæ*, *ex off. Plantiniana*, 1610, in-4, planches.

1839. Athenæ Belgicæ, sive nomenclator infer. Germaniæ scriptorum, qui disciplinas philosophicas, etc., illustrarunt; aut. Franc. Sweertio. *Antuerpiæ*, *Gulielmus à Tungris*, 1628, in-fol.

1840. Histoire générale des guerres de Flandres,

par le cardinal Bentivoglio. *Paris, Villery*, 1669, 2 vol. in-12.

Il n'y a que la première partie.

1841. Batavia illustrata, seu de Batavorum insula, Hollandia, Zelandia, Frisia, Territorio trajectensi et Gelria scriptores varii notæ melioris ex musæo Scriverii. *Lugduni Batavorum*, apud *Lud. Elzevirium*, 1609, in-4.

A la suite : Illustrissimorum Hollandiæ, Zelandiæque comitum ad Dominorum Frisiæ icones et historia.

1842. La grande chronique ancienne et moderne de Hollande, Zélande, Westfrise, Utrecht, Frise, Overyssel et Groeningen, jusques à la fin de l'an 1600, par Jean-François Le Petit. *Dordrecht, Canin*, 1601, 2 vol. in-fol., frontisp. et portraits.

1843. Histoire de Frédéric-Henry de Nassau, prince d'Orange; par J. Commelyn, translatée du flamand en françois. *Amsterdam, V^e et héritiers Janssonius*, 1656, in-fol., planches.

1844. Jacobi Revii Daventriæ illustratæ, seu historiæ urbis Daventriensis libri sex. *Lugduni Batavorum, Leffen*, 1651, in-4.

4. Histoire de l'Italie et de la Suisse.

1845. Het Eerste deel der Neder-Landsche oorloghe. In 't latijn beschreven door den Eerweerd. P. Famianus Strada, priester der societeyt Jesu, etc. *Tantwerpen*, 1646, in-8.

1846. Francisci Guicciardini historiarum sui temporis libri viginti, ex italico in latinum sermonem nunc primùm et conversi et editi, Cælio secundo Curione interprete. *Basileæ*, 1566, in-fol.

1847. Histoire de Naples et de Sicile, par Matthieu Turpin. *Paris*, 1630, in-fol.

1848. Rerum sicularum scriptores ex recentioribus præcipui, in unum corpus nunc primum congesti, diligentique recognitione plurimis in locis emendati. *Francofurti ad Mænum*, *Wechelus*, 1579, in-fol.

1849. Tristani Calchi mediolanen. historiæ patriæ libri XX. In-fol., frontisp.

1850. Historia particolare delle cose passate tra'l sommo pontifice Paolo V, e la senerissima republica di Venetia, gl'anni 1605, 1606, 1607, divisa in sette libri. *In Mirandola*, 1624, in-4.

1851. Della republica et magistrati di Venetia libri V, di M. Gasparo Contarini. *In Venetia, presso Aldo*, 1591, in-8.

1852. Rerum Venetarum ab urbe condita ad annum 1575. Historia Petri Justiniani Patricii veneti, etc. Cui hæc accesserunt opuscula Bernardi Justiniani, Ludovici Heliani, Coriolani Cepionis, Petri Gallimachi, Alexandri Peantii, etc. *Argentorati, Zetznerus*, 1611, in-fol.

1853. Relatione della corte di Roma, e de riti da osservarsi in essa, e de suo magistrati, et officii, con la loro distinta giurisdittione, del signor cavalier Girolamo Lunadoro, etc. *In Venetia, per il Brigonci*, 1661, in-12. — Idem, ibidem. 1664.

1854. Les Nœuds de l'amour, dessin des appareils dressez à Chambéry, à l'entrée de leurs Altesses royales (Charles-Emmanuel II, duc de Savoie, et madame Françoise d'Orléans Valois), à l'occasion de leurs nopces. *Chambéry, Du Four*, 1663, in-4.

1855. Francisci Guillimanni de Rebus Helvetiorum, sive antiquitatum libri V. *Friburgi, Mæss*, 1598, in-4.

1856. Le Mercure suisse. *Genève, Albert*, 1634, in-8.

5. Histoire d'Espagne et de Portugal.

1857. Hispaniæ illustratæ, seu rerum urbiumque Hispaniæ, Lusitaniæ, Æthiopiæ et Indiæ scriptores varii. *Francofurti, Marnius et hæredes Aubrii*, 1603, in-fol., 3 vol.

1858. Rerum hispanicarum scriptores aliquot. *Francofurti, Wechelus*, 1579, in-fol.

1859. De republica, moribus, gestis, fama, religione, sanctitate, imperatoris, Cæsaris, Augusti, Quinti, Caroli, Maximi monarchæ, libri septem ;

auctore Gulielmo Zenocaro. *Gandavi*, *Manilius*, 1559, in-fol.

Le quatrième livre est manuscrit.

1860. Histoire de l'administration du cardinal Ximenès, grand ministre d'Estat en Espagne; par le sieur Michel Baudier. *Paris*, *Cramoisy*, 1635, in-4, portrait.

1861. Histoire du cardinal Ximenès; par Fléchier. *Paris*, *Anisson*, 1694, in-12, 2 vol.

1862. Lusitania liberata ab injusto Castellanorum dominio; per D. Antonium de Sousa de Macedo. 1645, in-fol., frontisp. et fig.

1863. Histoire de Portugal, contenant les entreprises, navigations et gestes mémorables des Portugalois, tant en la conqueste des Indes orientales, par eux descouvertes, qu'ès guerres d'Afrique et autres exploits, depuis l'an 1496, sous Emmanuel I, Jean III, et Sébastien I du nom, comprinse en vingt livres, dont les douze premiers sont traduits du latin de Jérosme Osorius, les huit suivants prins de Lopez Castagnede et d'autres historiens, mise en françois par S. G. S. *Paris*, *Chaudière*, 1587, in-8.

6. Histoire générale d'Allemagne.

1864. Totius Germaniæ descriptio pulcherrima et jucundissima, complectens veterum Germanorum res gestas, victorias et trophæa, etc.; à Francisco

Irenico. *Francofurti ad Mœnum, apud hæredes Brubachii*, 1570, in-fol., planches.

1865. Germanicarum rerum scriptores aliquot insignes, hactenus incogniti, ex bibliotheca Marquardi Freheri. *Francofurti, Wechelus*, 1624, in-fol.

1866. Illustrium veterum scriptorum, qui rerum à Germanis per multas ætates gestarum historias vel annales posteris reliquerunt tres tomi. *Francofurti, Marnius*, 1613, in-fol., 2 vol.

1867. Rerum germanicarum veteres jamprimùm publicati scriptores VI. *Francofurti ad Mœnum, Pressius*, 1653, in-fol., 3 vol.

1868. Prosopographia heroum atque illustrium virorum totius Germaniæ, authore Heinrico Plantaleone. *Basileæ, Brylingerus*, 1565, in-fol., fig.

1869. Veterum scriptorum, qui cæsarum et imperatorum germanicorum res peraliquot secula gestas, literis mandarunt, tomus unus, ex bibliotheca Justi Reuberi. *Francofurti, heredes Wecheli*, 1584, in-fol.

1870. Antonii Bonfinii rerum ungaricarum decades quatuor cum dimidia; his accessêre Joannis Sambuci aliquot appendices, etc. *Hanoviæ, typis Wechelianis*, 1606, in-fol.

1871. Joannis Lucii de regno Dalmatiæ et Croatiæ libri sex. *Amstelodami, Blaeu*, 1668, in-fol.

1872. Rerum bohemicarum antiqui scriptores aliquot insignes, partim hactenus incogniti, ex bibliotheca Marquardi Freheri. *Hanoviæ, typis Wechelianis*, 1602, in-fol.

1873. Respublica Bojema, à Paulo Stransky. *Lugduni Batavorum*, 1643, in-16.

1874. Georgii Fabricii Chemnicensis Saxoniæ illustratæ libri novem. 1606, in-fol.

1875. Vandaliæ et Saxoniæ Alberti Cranzii continuatio, ab anno Christi 1500, ubi ille desiit : per studiosum quendam historiarum instituta; accessit Metropolis seu episcoporum in viginti diæcesibus Saxoniæ, catalogus, usque ad præsentem annum 1585, deducta. *Witebergæ, hæredes Cratonis*, 1586, in-fol.

1876. Alberti Crantzii saxonicarum rerum libri XIII. *Coloniæ, Quentelianus*, 1596, in-8.

7. Histoire de la Grande-Bretagne et de l'Irlande.

1877. Flores historiarum, per Matthæum Westmonasteriensem collecti; præcipuè de rebus britannicis, ab exordio mundi usque ad annum domini 1307. Et chronicon ex chronicis ab initio mundi usque ad annum domini 1118 deductum, auctore Florentio Wigoriniensi; cui accessit continuatio ad annum Christi 1141. *Francofurti, typis Wechelianis*, 1601, in-fol.

1878. Histoire d'Angleterre, d'Ecosse et d'Irlande;

contenant les choses plus dignes de mémoire, avenuës aux îles et royaumes de la Grande-Bretagne, d'Irlande, de Man et autres adjacentes; par André Duchesne, 3ᵉ édition. *Paris, Petit-Pas*, 1641, in-fol.

1879. Matthæi Paris historia major, juxta exemplar Londinense 1571, verbatim recusa. *Londini, Hodgkinson*, 1640, in-fol., portrait.

1880. Historia rerum Britannicarum, ut et multarum Gallicarum, Belgicarum et Germanicarum, tam politicarum quam ecclesiasticarum, ab anno 1572, ad annum 1628; auctore Roberto Johnstono Scoto Britanno. *Amstelodami, Ravesteynius*, 1655, in-fol.

1881. Historiæ anglicanæ scriptores ex vetustis manuscriptis nunc primum in lucem editi, adjectis variis lectionibus, glossario, indice copioso. *Londini, Bée*, 1652, in-fol., 2 vol.

1882. Rerum anglicarum scriptores post Bedam præcipui, nunc primum in lucem editi. *Francofurti, Wechelus*, 1601, in-fol.

1883. Britannia, sive florentissimorum regnorum Angliæ, Scotiæ, Hiberniæ et insularum adjacentium, ex intima antiquitate chorographica descriptio; Guilielmo Camdeno authore. *Londini, Bishop et Norton*, 1607, in-fol., cartes.

1884. Joannis Pitsei relationes historiæ de rebus anglicis. *Parisiis, Thierry et Cramoisy*, 1619, in-4.

1885. Eleuchus motuum nuperorum in Anglia simul ac juris regii ac parlamentarii brevis enarratio. *Francofurti*, ex off. *Sam. Broun*, 1650, in-4.

1886. Polydori Vergilii urbanitatis anglicæ historiæ libri viginti septem. *Basileæ, Isingrinius*, 1555, in-fol.

1887. Claudii Salmasii defensio regia, pro Carolo I, rege Angliæ, et Joannis Miltoni defensio pro populo anglicano contra Claudii anonyni, alias Salmasii, defensionem regiam. *Apud viduam Mathurini Du Puis*, 1651, in-4.

1888. Ad Joannem Miltonum responsio, opus posthumum Claudii Salmasii. *Divione, Chavance*, 1660, in-4.

1889. Defensio regia pro Carolo I, ad serenissimum Magnæ-Britanniæ regem Carolum II, sumptibus regiis. 1649, in-fol.

1890. Sylloge variorum tractatuum... Quibus Caroli I Magnæ-Britanniæ, Franciæ et Hiberniæ regis innocentia illustratur... Accessit responsum pernecessarium ad declamationem seu provocationem Joan. Coke, aut. J. V. A. R. 1649, in-4.

1891. Rerum anglicarum Henrico VIII, Edwardo VI, et Maria regnantibus, annales nunc primum editi. Ex off. *Nortoniana*, 1616, in-fol.

1892. Annales rerum anglicarum et hibernicarum, regnante Elizabetha ad annum salutis 1589, Guilielmo Cambdeno authore; item ejusdem authoris

Britann. sive Angliæ, Scotiæ, Hiberniæ et insularum adjacentium ex intima antiquitate, chronographica descriptio. *Francofurti, typis Bringeri,* 1616, in-8.

1893. De origine, moribus et rebus gestis Scotorum libri decem. Accessit nova et accurata regionum et insularum Scotiæ, cum vera ejusdem tabula topographica, descriptio; authore Johanne Leslæo, Scoto. *Romæ, in ædibus Populi romani,* 1578, in-4.

1894. Rerum scoticarum historia, auctore Georgio Buchanano scoto ad Jacobum VI, Scotorum regem; accessit de jure regni apud Scotos dialogus, eodem auctore. *Amstelodami, Lud. Elzevirius,* 1643, in-8.

1895. Scotorum Historiæ, a prima gentis origine, cum aliarum et rerum et gentium illustratione non vulgari, libri XIX, Hectore Boethio Deidonano auctore. *Parisiis, Du Puys,* 1574, in-fol.

1896. Anglica, Hibernica, Normannica, Cambrica, à veteribus scripta. *Francofurti, Marnius,* 1602, in-fol.

1897. Jacobi Waræi de Hibernia et antiquitatibus ejus disquisitiones, editio secunda, emendatior et quarta parte auctior. Accesserumt rerum Hibernicarum regnante, Henrico VII, annales. *Londini, Tyler,* 1658, in-8, frontisp.

1898. Idem opus, eadem editione.

8. Histoire générale des Peuples septentrionaux de l'Europe.

1899. Gothorum Sueonumque historia; authore Jo. Magno Gotho. *Romæ, De Viottis*, 1554, in-fol., frontisp. et fig. en bois.

1900. Historia Gothorum, Vandalorum et Langobardorum, ab Hugone Grotio partim versa, partim in ordinem digesta. *Amstelodami, Lud. Elzevirius*, 1655, in-8.

1901. Magni Olai historia de gentibus septentrionalibus. *Basileæ, Henric. Petrus*, 1567, in-fol., fig.

9. Histoire de la Pologne.

1902. Polonicæ historiæ corpus; hoc est, Polonicarum rerum latini recentiores et veteres scriptores quotquot extant, uno volumine comprehensi omnes, et in aliquot distributi tomos, ex bibliotheca Joan. Pistorii Nidani. *Basileæ, Henric. Petrus*, 1582, in-fol.

1903. Gesta Vladislai IV, Pol. et Suec. regis, auth. E. Wassenbergio. *Gedani, typis Hunefeldi*, 1643, in-4.

1904. Historiæ rerum Polonicarum, libri quinque, auctore Salomone Neugebavero. *Francofurti, Wechelianus*, 1611, in-4.

1905. La vieille Pologne, recueil historique et poétique; par M. Charles Forster, avec une préface de M. Saint-Marc Girardin. *Paris, Brockhaus et Avenarius*, 1839, gr. in-8, portraits.

10. Histoire du Danemarck, de la Norwège, de la Suède et de la Russie.

1906. Olai Wormii antiquitates Danicæ, litteratura runica, cui accessit de prisca Danorum poesi dissertatio. *Hafniæ*, 1651.— Specimen lexici runici. *Hafniæ*, 1650.—Monumentorum Danicorum libri sex, fig. — Regum Daniæ series duplex et limitum inter Daniam et Sueciam descriptio. *Hafniæ*, 1642.— Fastorum Danicorum libri III, fig., in-fol.

1907. Saxonis grammatici Danorum historiæ libri XVI, trecentis abhinc annis conscripti; accessit rerum memorabilium index locupletissimus; Des. Erasmi Roterodami de Saxone censura. *Basileæ, Bebelius*, 1534, in-fol.

1908. Alberti Krantzii rerum Germanicarum historici clariss., regnorum Aquilonarium, Daniæ, Suecie, Norvagiæ chronica. *Francofurti ad Mœnum, Wechelus*, 1575, in-fol.

Dans le même volume: Alberti, etc., Saxonia.

1909. Le Soldat suédois, ou l'histoire véritable de ce qui s'est passé depuis l'avenue du roi de Suède en Allemagne, jusques à sa mort. 1634, in-8.

1910. Rerum Moscoviticarum auctores varii ; unum in corpus nunc primum congesti, quibus et gentis historia continetur. *Francofurti, heredes Wecheli*, 1600, in-fol., planches et fig. en bois.

11. Histoire générale de l'Empire ottoman,

avec l'Histoire particulière des possessions turques en Europe.

1911. Chronicorum turcicorum, in quibus Turcorum origo, principes, imperatores, bella, prælia, etc., continuo ordine, et perspicua brevitate exponuntur. *Francofurti ad Mœnum*, 1578, in-fol., trois tomes en un vol., fig. en bois.

1912. Libro dell' origine, et successione dell' imperio de Turchi composto da Vasco Dias Tanco, et tradotto dalla lingua spagnuola nella italiana, per il signor Alphonso di Ulloa. *In Venegia, appresso Gabriel Giolito de Ferrari*, 1558, in-8.

1913. L'histoire mahométane, ou les quarante-neuf Califs du Macine, divisée en trois livres, traduit de l'arabe en françois, avec un sommaire de l'histoire des Musulmans ou Sarrasins en Espagne, par Pierre Vattier. *Paris, Soubret*, 1657, in-4.

1914. Histoire de Georges Castriot, surnommé Scandecbeg, roy d'Albanie; par Jacques de Lavardin, seigneur du Plessis-Bourrot. *La Rochelle, Haultin*, 1593, in-8.

ASIE.

HISTOIRE DES PEUPLES DE L'ASIE.

1915. Historia Saracenica, arabice olim exarata à Georgio Elmacino, et latinè reddita opera ac studio Thome Erpenii. *Lugduni Batavorum, ex typ. Erpeniana*, 1625, in-fol.
Rare.

1916. Cælii Augustini Curionis Sarracenicæ historiæ libri tres... in quibus Sarracenorum, Turcarum, aliarumque gentium origines et res per annos septingentos gestæ continentur. His accessere Volfgangy Drechsleri earumdem rerum chronicon; item Cæl. August. Marochensis regni in Mauritania nobilissimi à Sarracenis conditi descriptio, cœli secundi de bello melitensi à Turcis gesto historia nova. *Basileæ, ex off. Oporiniana*, 1568, in-8.

1917. Chronicon hierosolymitanum, id est de bello sacro historia exposita libris XII, opera et studio Reineri Reineccii. *Helmaestadii, typis Jac. Lucii*, 1584, in-4, 2 vol.

1918. Histoires des choses plus mémorables advenues tant ez Indes orientales que autres pays de la découverte des Portugais, en l'établissement et progrez de la foy chrétienne et catholique, par le P. Pierre du Jarric. *Bourdeaus, Millanges*, 1608-1614, in-4, 3 vol.
Le premier manque.

1919. Histoire géneralle (*sic*) des Indes occidentalles et Terres-Neuves qui, jusques à présent, ont esté descouvertes, traduite de l'espagnol de François Lopez; par le sieur de Genillé Mart. Fumée. *Paris, Sonnius*, 1584, in-8.

1920. De Christiana expeditione apud Sinas suscepta ab societate Jesu, ex P. Matthæi Riccii commentariis libri V, in quibus sinensis regni, mores, leges, etc., accurate et summa fide describuntur; auctore Nicolao Trigautio Belga. *Lugduni, Cardon*, 1616, in-4, frontisp.

1921. De bello tartarico historia; in qua, quo pacto tartari hac nostra ætate Sinicum imperium invaserint, ac ferè totum occuparint, narratur, eorumque mores breviter describuntur; auctore R. P. Martino Martinio tridentino. *Antuerpiæ*, ex offic. *Plantiniana*, 1654, in-8.

AMÉRIQUE.

Histoire générale et particulière.

1922. Joan. de Laet notæ ad dissertationem Hugonis Grotii de origine gentium americanarum et observationes aliquot ad meliorem indaginem difficillime illius quæstionis. *Parisiis, Pélé*, 1643, in-8.

1923. America, qua de ratione elementorum: de novi orbis natura, etc., etc., *Francofurti, Beckerus*, 1602, in-fol., fig.

1924. Mémoires de John Tanner, ou trente années dans les déserts de l'Amérique du Nord, traduits sur l'édition originale publiée à New-York; par Ernest de Blosseville. *Paris, Husard*, 1835, in-8, 2 vol.

OCÉANIE.

1925. Histoire des colonies pénales de l'Angleterre dans l'Australie, par Ernest de Blosseville. *Paris, Leclère*, 1831, in-8.

IX. HISTOIRE DE LA CHEVALERIE
ET DE LA NOBLESSE,
AVEC L'HISTOIRE HÉRALDIQUE ET GÉNÉALOGIQUE.

1926. Origine et pratique des armoiries à la gauloise; par Philibert Monet. *Lyon, Landry*, 1631, in-4.

1927. Les blasons des armes de la royale maison de Bourbon et de ses alliances recherchées; par le sieur de la Rocque, le tout gravé en taille-douce. *Paris, Firens*, in-fol., fig.

1928. Considérations historiques sur la généalogie de la maison de Lorraine; par Louis Chantereau Le Febure. *Paris, Bessin*, 1642, in-fol.

1929. L'histoire généalogique des comtes de Ponthieu, et majeurs d'Abbeville; où sont rapportez les priviléges que les roys leurs (*sic*) ont donnez, leurs actions héroïques et leurs armoiries. *Paris, Clouzier*, 1657, in-fol., fig.

1930. Histoire de la maison de Châtillon-sur-Marne, par André Duchesne. *Paris, Nivelle*, 1621, in-fol., fig.

1931. Histoire généalogique de plusieurs maisons illustres de Bretagne, enrichie des armes et blasons d'icelles, etc.; par François Augustin du Paz. *Paris, Buon*, 1619, in-fol.

1932. Histoire généalogique de la maison de Harcourt; par Gilles André de la Roque. *Paris, Cramoisy*, 1662, in-fol., fig., 3 vol.

1933. Histoire généalogique de la royale maison de Savoye, par Samuel Guichenon. *Lyon, Barbier*, 1660, in-fol., portraits, 2 vol.

1934. Le pourpris historique de la maison de Sales de Thorenc, en Genevois; par Charles-Auguste de Sales, évêque et prince de Genève. *Annessy, Clerc*, 1659, in-4.

X. ANTIQUITÉS.

Dictionnaires, Traités généraux et Mélanges. Mœurs, Usages et Monuments antiques.

1935. Onuphrii Panvinii de ludis circensibus libri II. De Triumphis liber unus, quibus universa ferè Romanorum veterum sacra ritusque declarantur, ac figuris æneis illustrantur. Cum notis Joannis Argoli, et addimento Nicolai Pinelli. *Patavii, typis Frambotti*, 1642, in-fol., frontisp. et fig.

1936. Antiquitatum variarum autores, quorum catalogum sequens continet pagella. *Lugduni, Gryphius*, 1552, in-16.

1937. Dissertation sur l'hemine de vin et la livre de pain de saint Benoist, et des autres anciens religieux, etc. (par Claude Lancelot). *Paris, Savreux*, 1667, in-12.

1738. Sylloge numismatum elegantiorum quæ diversi imp. reges, principes, comites, respublicæ diversas ob causas ab anno 1500 ad annum 1600 cudi fecerunt, concinnata et historica narratione illustrata ; opera ac studio Joan. Jac. Luckii. *Argentinæ, typis Reppianis*, 1620, in-fol., fig.

1939. Mémoire sur la collection des vases antiques, trouvés en mars 1830, à Bertrouville (arrondissement de Bernay); par Auguste Le Prevost. *Caen, Chalopin*, 1832, in-4, planch.

1940. De Lucernis antiquorum reconditis libri sex ; autore Fortunio Liceto. *Utini, Schirattus*, 1653, in-fol., fig.

1941. Monumenta Patavina, Sertorii Ursati studio collecta, digesta, explicata, suisque iconibus expressa. *Patavii*, 1652, in-fol., frontisp., port. et fig.

1942. La France métallique, contenant les actions célèbres, tant publiques que privées, des roys et reynes remarquées en leurs médailles d'or, argent et bronze, tirées des plus curieux cabinets ; par Jacques de Bie. *Paris, Camusat*, 1636, in-fol.

1943. Symbola divina et humana pontificum, imperatorum, regum; accessit brevis et facilis isagoge, Jac. Typotii. *Francofurti, Schonwetterus*, 1652, trois tomes en un vol. in-fol.

XI. HISTOIRE LITTÉRAIRE.

Histoire générale et particulière de la littérature, des langues, diplomatique, etc.

1944. Histoire de la littérature allemande, d'après la 5ᵉ édition de Heinsius; par Henry et Apffel, avec une préface de M. Matter. *Paris, Locquin*, 1839, in-8.

1945. De re diplomatica libri VI, opera et studio Joh. Mabillon. *Lutetiæ Parisiorum, Billaine*, 1681, in-fol., planches, 2 vol., y compris le supplément.

1946. Alphabetum tironianum, seu notas Tironis explicandi methodus. Labore et studio D. P. Carpentier. *Lutetiæ Parisiorum, Guerin*, 1747, in-fol.

1947. Historia universitatis Parisiensis, authore Cæsare Egassio Bulæo. *Parisiis, Noel*, 1665, in-fol., 6 vol.

1948. Regiæ scientiarum Academiæ historia. Autore J. B. Du Hamel. *Parisiis, Michallet*, 1698, in-4.

1949. Seconde Apologie pour l'université de Paris... contre le livre fait par les jésuites, pour response à la première Apologie, etc. *Paris*, 1643, in-8.

XII. BIBLIOGRAPHIE.

1. *Traités généraux sur les livres et les bibliothèques. Bibliographes généraux et des ordres religieux.*

1950. Traité des plus belles bibliothèques publiques et particulières, qui ont esté et qui sont à présent dans le monde; par L. Jacob. *Paris, Rolet, Leduc,* 1644, in-8.

1951. Photii Myriabiblon, sive Bibliotheca librorum quos legit et censuit Photius, græce edidit notis Dav. Hœschelius, latinè reddidit Andr. Schottus. *Rothomagi, Berthelin*, 1653, in-fol.

1952. Bibliotheca instituta et collecta primum à Conrado Gesnero, deinde in epitomen redacta per Josiam Simlerum. *Tiguri, Froschoverus*, 1574, in-fol.

1953. Manuel du libraire et de l'amateur de livres; par Jacques-Charles Brunet. *Paris, Crapelet,* 1820, in-8, 4 vol.

Offert à la Bibliothèque par M. Paul Dibon.

1954. Index expurgatorius librorum qui hoc sæculo prodierunt, vel doctrinæ non sanæ erroribus inspersis, vel inutilis et offensivæ maledicentiæ fellibus permixtis, juxta sacri concilii tridentini decretum, etc. Accesserunt huic editioni excerpta aliorum librorum expurgatorum, qui in indice hoc belgico desiderabantur, ex indice hispanico, D. D. Gasparis Quiroga. *Argentorati, Zetznerus*, 1609, in-8.

1955. Bibliotheca scriptorum utriusque congregationis et sexus Carmelitarum excalceatorum collecta et digesta per P. Martialem à S. Joanne-Baptista. *Burdigalœ, Séjourné*, 1730, in-4.

1956. Bibliotheca scriptorum sacri ordinis cisterciensis, elogiis plurimorum maxime illustrium adornata, opere et studio R. D. Caroli de Visch. *Coloniœ Agrippinœ, Busœus*, 1656, in-4.

1957. Bibliotheca patrum cisterciensium, labore et studio F. Bertrandi Tissier. *Bonofonte, Renesson*, 1660, in-fol., 4 vol.

2. *Bibliographes professionnaux.*

1958. Bibliothèque ecclésiastique; par Louis-Ellies Dupin. *Paris, Pralard,* 1701 et suiv., in-8, 50 vol.

Il manque, pour que la collection soit complète : 1° Les deux premiers volumes du v° siècle ; 2° les deux premiers volumes de la continuation, par Gouget; 3° les Remarques, par Petit Didier, 3 vol.; 4° Critiques, par Simon, 4 vol.

1959. Guilielmi Cave scriptorum ecclesiasticorum Historia litteraria, à Christo nato usque ad seculum XIV. *Genevœ*, 1705, in-fol.

1960. Bibliothèque historique de la France, contenant le catalogue de tous les ouvrages, tant imprimés que manuscrits, etc.; par Jacques Lelong. *Paris, Martin*, 1719, in-fol.

1961. Supplementum de scriptoribus, vel scriptis ecclesiasticis à Bellarmino omissis ad annum 1460, vel ad artem typographicam inventam; collectore Casimiro Oudin. *Parisiis, Dezallier*, 1686, in-8.

1962. Idem opus, ex eadem editione.

1963. Chartophilax ecclesiasticus quo propè 1500 scriptores ecclesiastici, tam minores quàm majores... studio et labore Guil. Cave. *Lipsiæ*, 1687, in-12.

1964. Histoire générale des auteurs sacrés et ecclésiastiques; par dom Remy Ceillier. *Paris*, 1729-1758, in-4, 22 vol.

1965. Discours historique sur les principales éditions des Bibles polyglottes; par l'auteur de la Bibliothèque sacrée (le père Le Long). *Paris, Pralard*, 1713, in-12.

3. *Bibliographes périodiques ou Journaux.*

1966. Journal des savants, par le sieur Hédouville (Denis Sallo), etc. *Paris*, 1665-1792.
Incomplet.

1967. Année littéraire, par Fréron père et autres. *Amsterdam*, in-12.
Années 1754 à 1762, et les tomes 3 et 4 de 1765.

BIBLIOGRAPHIE. 297

1968. Nouveau choix de pièces tirées des anciens Mercures et autres journaux. In-12.

Vers et prose, 2 vol. —Antiquités, dissertations et usages, 1 vol. — Histoire, 1 vol.

1969. Journal étranger, d'avril à novembre 1754, et de janvier 1755 à septembre 1762, par l'abbé Prévost, Toussaint, Arnauld, Suard, Fréron, etc. *Paris*, in-12.

1754, avril à novembre, 2 vol. — 1755, janvier à octobre, 4 vol. — 1756, février à mai, 2 vol. — 1757, 4 vol.

1970. La continuation du Mercure français, depuis la régence de Marie de Médicis jusqu'en 1644. *Paris*, in-8, 23 vol.

Les tomes 2 et 5 manquent.

1971. Journal historique sur les matières du temps; imprimé à Verdun, in-12.

Années 1715 à 1758, incomplet.

4. *Catalogues des Bibliothèques publiques et particulières.*

1972. Catalogue descriptif et raisonné des manuscrits de la bibliothèque de Cambrai; par A. Le Glay. *Cambrai*, 1831, in-8.

1973. Traité de matériaux manuscrits de divers genres d'histoire, par Amans-Alexis Monteil. *Paris, Duverger*, 1836, in-8, 2 vol.

1974. Bibliothecæ cordesianæ catalogus, cum indice titulorum. *Parisiis, Vitray*, 1643, in-4, portraits.

1975. Bibliotheca classica, seu Catalogus officinalis, in quo philosophici... libri omnes, qui intra hominum fere memoriam usque ad annum 1624 inclusive in publicum prodierunt. Additis ubivis loco, tempore et forma impressionis; autore Georgio Draudio. *Francofurti*, 1625, in-4.

1976. Catalogue de la bibliothèque de Rouen. — Sciences et Arts, par MM. Th. Licquet et A. Pottier. Belles-Lettres, par M. Th. Licquet. *Rouen, Nicétas Periaux*, in-8, 2 vol.

XIII. BIOGRAPHIE.

1. *Biographie générale ancienne et moderne.*

1977. Cl. Viri Jo. Papirii Massonis elogia quæ imperatorum, regum, ducum..... vitam complectitur, in duas partes distributa. *Parisiis, Huré et Léonard*, 1656, in-8.

1978. Promptuarium Iconum insigniorum à seculo hominum, subjectis eorum vitis, per compendium ex probatissimis autoribus desumptis, in duas partes distributum. *Lugduni, Rovillius*, 1553, in-4, fig.

1979. Le grand Dictionnaire historique; par L. Moréri. *Lyon*, 1674, in-fol.

1980. Biographie universelle ancienne et moderne. *Paris, Michaud*, 1811-1828, in-8, 52 vol.

1981. Joannis Boccatii de certaldo insigne opus de claris mulieribus. *Bernæ, Apiarius*, 1539, in-fol., figures.

1982. Dictionnaire théologique, historique, poétique.....; par De Juigné. *Paris*, 1650, in-4.

2. *Biographie ancienne.*

1983. Diogenis Laertii de vitis, dogmatis, apophtegmatis eorum qui in philosophia claruerunt, libri X, græce et latine. Cum annotationibus Henrici Stephani. Excudebat *Henric. Steph.*, 1570, in-8.

1984. Les Vies des hommes illustres, grecs et romains, comparées l'une avec l'autre; par Plutarque de Chæronée, translatées par Jacques Amyot. *Paris, Gueffier*, 1609, in-8, 2 vol., portr.

1985. Plutarchi virorum illustrium vitæ; per Nicolaum Jenson Gallicum. *Venitiis impressæ*, 1478, grand in-fol.

Très beau volume, dont les lettres majuscules sont en or, sur un fond bleu et rouge, sans chiffres ni réclames.

1986. Plutarchi Cheronei græcorum, romanorumque illustrium vitæ. *Basileæ, Isingrinius*, 1542, in-fol.

1987. Vitæ græcorum romanorumque illustrium, autore Plutarcho. *Parisiis*, 1532, in-fol.

1988. Vitæ virorum illustrium, auctoribus Æmylio Probo de vita excellentium imperatorum..... Cum annotationibus Hieronymi Magii Georgio Cassandro de viris illustribus qui ante Procam in Latio fuêre. C. Plinio secundo de viris illustribus cum commentariis Conradi Lycosthenis, et appendice Georgii Cassendri. — C. Suetonio Tranquillo de claris grammaticis et rhetoribus. — F. Petrarcha de rebus memorandis et viris illustribus. — Lobardo Sirichio in supplemento epitomatis illustrium virorum. — Fl. Philostrato de Heroibus trojanis, Stephano nigro : ac de vitis sophistarum, Antonio Bonfinio, interpretibus. — Suida quotquot imperatorum vitas descripsit, Hermanno Witekindo collectore. *Basileæ, Henricus Petrus*, 1563, in-fol.

3. *Biographie moderne.*

1989. Les éloges et les vies des Reynes et Princesses et des dames illustres en piété, en courage et en doctrine, qui ont fleury de nostre temps et du temps de nos pères. Avec l'explication de leurs devises, emblêmes, hiéroglyphes et symboles; par Hilarion de Coste. *Paris, Cramoisy*, 1647, in-4, 2 vol.

1990. Uberti Folietæ clarorum Ligurum elogia. *Romæ*, 1574, in-4.

1991. Bibliotheca calcographica; id est : Icones virorum virtute atque eruditione illustrium, etc. *Francofurti, Joh. Ammonius*, 1650, in-4, portraits. Incomplet.

1992. Biographie de Buonaparte; par M. de Salvandy. In-8.

4. *Vies et éloges ou notices des hommes illustres dans les Sciences et les Lettres, rangés par nation.*

1993. Tychonis Brahei equitis Dani astronomorum coryphæi vita; auth. Petro Gassendo. Accessit Nicolai Copernici, Georgii Peurbachii et Joannis Regiomontani astronomorum celebrium vita. *Parisiis, Dupuis*, 1654, in-4, portr.

XIV. EXTRAITS HISTORIQUES.

1994. Bapt. Fulgosii factorum dictorumque memorabilium libri IX, à P. Justo Gaillardo Campano, aucti et restituti. *Parisiis, Cavellat*, 1578, in-8.

1995. Horatii Turselini epitome historiarum libri X. *Lugduni, Cardon et Cavellat*, 1621, in-12, front.

1996. Histoire ou commentaires de toutes choses mémorables, advenues depuis 70 ans en ça par toutes les parties du monde tant au faict séculier que ecclésiastic (*sic*); traduit du latin, de Laurens Surius, par Jacq. Estourneau. *Paris, Chaudière*, 1573, in-8.

1997. Valerius Maximus cum duplici commentario historico videlicet et literato Oliverii Arzignanensis et familiari ad modum ac succincto Jodoci Badii Ascencii........ Ex off. *Ascenciana*, 1513, in-fol.

1998. Appendix ad regulas historicas, continens novorum axiomatum centurias tres; Gregorio Richtero Gorlicio. *Gorlici, Rhamba,* 1614, in-4.

1999. Valerii Maximi exemplorum memorabilium libri novem, interpretatione et notis illustravit Petrus Josephus Cantel, ad usum Delphini. *Parisiis, Thiboust,* 1679, in-4.

FIN.

TABLE DES DIVISIONS.

THÉOLOGIE.

I. Écriture sainte.

1. Texte et versions de la Bible; livres séparés de l'Ancien Testament, en différentes langues....... pag. 1
2. Textes et versions du Nouveau Testament et de ses livres séparés, en différentes langues.. 3
3. Harmonie et concordes des Evangiles; concordance de l'Ecriture sainte............... 4
4. Histoires abrégées et figures de la Bible entière, ou relatives à quelques-unes de ses parties.. 5
5. Interprètes juifs et chrétiens de l'Ecriture sainte. 7
6. Interprètes des livres séparés de l'ancien et du nouveau Testament................. 9

II. Philologie sacrée.

Introduction à l'étude de l'Ecriture sainte. Traités critiques sur les textes et versions de l'Ecriture sainte, etc............... 13

III. Liturgie.

1. Traités sur les Offices divins, les Rites et Cérémonies de l'Eglise................. 16

2. Liturgie des Eglises grecques et orientales ; de l'Eglise romaine et gallicane............ 18
3. Liturgies particulières................... 19

IV. Conciles.

1. Traités touchant les Conciles et les Synodes ; Collections de Conciles................ Ibid.
2. Conciles généraux, nationaux, provinciaux et diocésains........................ 21

V. Saints-Pères.

1. Introduction à l'étude des SS. Pères ; Collections, Extraits et Fragments des ouvrages des SS. Pères...................... 22
2. Ouvrages des SS. Pères grecs............. 24
3. Ouvrages des SS. Pères latins et de quelques autres écrivains ecclésiastiques.......... 27

VI. Théologiens.

1. Théologie scholastique et dogmatique....... 35
2. Théologie morale..................... 41
3. Théologie catéchétique et parénétique....... 45
4. Théologie ascétique.................... 49
5. Théologiens polémiques................. 59
6. Théologiens séparés de l'Eglise romaine...... 71

VII. Religion des chinois, des indiens, des mahométans et des sabéens. 72

JURISPRUDENCE.

I. Introduction a l'étude du droit, et traités généraux sur les lois. 72

DES DIVISIONS.

II. Droit de la nature et des gens.

Traités généraux; Droit des Gens entre les nations; Droit politique 74

III. Droit civil et criminel.

1. Droit romain 75
2. Droit français 77
    1re *Partie.*— Droit français ancien; Traités généraux et Dictionnaires .... ibid.
    Droit français jusqu'en 1789 78
    Coutumes 82
    Arrêts, Plaidoyers et Mémoires 85
    Traités généraux et particuliers sur le droit. ibid.
    Jurisprudence des Fiefs et Matières féodales. 87
    Droit français depuis 1789 88
    2e *Partie.*— Les cinq Codes. Lois, Traités, etc., postérieurs au Code civil .... ibid.
3. Droit criminel .... ibid.

IV. Droit ecclésiastique.

1. Introduction 89
2. Lettres des papes, Canons, Décrétales et Bulles. 90
3. Traités particuliers sur des matières canoniques. 92
4. Traités pour et contre l'autorité ecclésiastique.. 95
5. Église gallicane 96
6. Droit ecclésiastique étranger, et Statuts des ordres religieux 101

SCIENCES ET ARTS.

Introduction et histoire.

Traités généraux. Dictionnaires encyclopédiques. Mélanges 104

SCIENCES.

I. Philosophie.

Philosophes anciens et et modernes........ 109

II. Logique. 113

III. Métaphysique.

Traités généraux, Métaphysiciens anciens. Traités particuliers. Traités sur l'homme, sur l'ame, ses facultés, ses sensations.... 114

IV. Morale.

1. Moralistes anciens et modernes............ 115
2. Traités sur les passions, les vertus et les vices. Mélanges, etc........................ 117

V. Économie.

Traités généraux. Règles de la vie civile..... 118

VI. Politique.

1. Traités généraux et particuliers, anciens et modernes. Traités particuliers sur l'art de gouverner, et sur l'institution des princes, etc.. 119
2. Diplomatique. Traités particuliers relatifs aux ministres, aux ambassadeurs, aux courtisans. Recueil de pièces diplomatiques. Mélanges de politique........................ 120

VII. Économie politique.

1. Traités généraux. Population, industrie, police, mendicité, luxe..................... 121

DES DIVISIONS.

2. Finances, Monnaies et Papier de crédit......	123
3. Commerce............................	124
4. Colonies, Navigation intérieure, et Statistique générale........................	125

VIII. Physique.

1. Auteurs anciens........................	126
2. Dictionnaires. Institutions. Traités généraux et particuliers. Traités sur le feu et l'électricité, etc. Expériences de physique. Mélanges.	127

IX. Chimie.

Introduction. Traités généraux. Mélanges, etc..	128

X. Histoire naturelle.

1. Ouvrages des auteurs anciens et modernes, sur différentes parties de l'histoire naturelle...	129
2. Histoire naturelle de la terre, des montagnes, des volcans et des eaux................	130
3. Agriculture. Economie rurale. Traités élémentaires. Traités généraux et particuliers, anciens et modernes. Culture des terres. Jardinage, etc...........................	131
4. Botanique.............................	133
5. Zoologie, ou Histoire naturelle des animaux. Cabinets et Collections d'histoire naturelle.	134

XI. Médecine.

1. Histoire. Introduction. Systèmes. Dictionnaires. Traités généraux. Médecins grecs, latins, etc., et Médecins modernes de différentes nations.	136
2. Anatomie et Physiologie..................	137

3. Hygiène. Diététique, ou traités sur le régime de la vie, les alimens. Traités sur la vie et sur la mort.......................... 138
4. Pathologie et Thérapeutique............... 140
5. Matières médicales et Mélanges de médecine.. 141
6. Chirurgie............................... 142
7. Pharmacie et Pharmacopée................ 143

XII. Mathématiques.

1. Dictionnaires. Elémens. Traités généraux. Ouvrages des mathématiciens modernes qui ont rapport à plusieurs parties de la science... 145
2. Mathématiques pures..................... Ibid.
3. Astronomie............................. 147
4. Marine. Génie des Ponts-et-Chaussées....... 148

XIII. Appendices aux Sciences.

Philosophie occulte, Alchimie et Médecine spagyrique........................... 149

XIV. Arts et Métiers.

Dictionnaire et Traités généraux. Art de l'écriture.................................. 150

XV. Beaux-Arts.

Traités particuliers de dessin, de peinture, de gravure, de sculpture. Musique. Architecture. 151

BELLES-LETTRES.

Introduction à l'étude des Belles-Lettres. Traités généraux. Systèmes d'enseignement. 152

DES DIVISIONS.

I. Grammaire.

1. Origine et formation des langues. Traités sur la grammaire en général. Dictionnaires polyglottes.................................... 153
2. Langues orientales :
Alphabets, Dictionnaires et Grammaires de la langue hébraïque........................ 154
3. Langue grecque :
Introduction. Traités généraux. Dictionnaires et Grammaires........................ 155
4. Langue latine :
Introduction. Traités généraux. Dictionnaires et Grammaires........................ 158
5. Langue française :
Origine, Etymologie. Traités généraux. Dictionnaires et Grammaires.................. 164
6. Langues étrangères. .... Ibid.

II. Rhétorique.

Rhéteurs grecs. Rhéteurs latins, anciens et modernes. Rhéteurs français et étrangers.. 166

III. Orateurs.

1. Orateurs grecs........................ 168
2. Orateurs latins modernes................ Ibid.
3. Orateurs français..................... 170

IV. Poètes.

1. Poètes grecs anciens................... 171
2. Poètes latins......................... 172
Poètes latins anciens.................. 173

Poètes latins modernes.................... 176
Poètes français....................... 179

V. Art dramatique.

1. Dramatiques anciens.................... 180
2. Dramatiques français, italiens et anglais..... 181

VII. Mythologie.

Fables et Apologues.................... Ibid.

VIII. Romans.

Romans latins et français................. 182

IX. Philologie.

1. Traités généraux, Critique et Mélanges litté-
 téraires........................ 183
2. Satires. Invectives. Apologies............. 184
3. Gnomiques. Sentences. Apophtegmes. Adages.
 Proverbes. Bons mots. Ana et Esprits.... Ibid.
4. Hiéroglyphes. Symboles. Emblèmes et Devises. 186

X. Polygraphes.

1. Polygraphes grecs et latins, anciens et modernes. Ibid.
2. Polygraphes français..................... 189

XI. Entretiens et Dialogues. 191

XII. Épistolaires.

1. Epistolaires hébraïques, grecs et latins anciens. Ibid.
1. Epistolaires latins modernes............... 192
3. Epistolaires français.................... 195
4. Epistolaires italiens, espagnols, anglais....... Ibid.

HISTOIRE.

INTRODUCTION.

Traités sur la manière d'écrire et d'étudier l'histoire. Atlas historiques............ 196

I. GÉOGRAPHIE.

1. Introduction et Dictionnaires............ 197
2. Géographie ancienne................... Ibid.
3. Géographie moderne.................... 199
4. Géographie maritime................... 201

II. VOYAGES.

1. Collections de Voyages................. Ibid
2. Voyages en Europe, Asie, Afrique et Amérique. 202

III. CHRONOLOGIE.

1. Systèmes et Traités de chronologie générale.. 203
2. Systèmes et Traités de chronologie particulière à certaines époques. Chronologie historique, ou l'histoire réduite en tables............ 205

IV. HISTOIRE UNIVERSELLE ANCIENNE ET MODERNE. 206

V. HISTOIRE DES RELIGIONS ET SUPERSTITIONS.

Histoire de l'Eglise chrétienne........... 208
Introduction, histoire générale et particulière, ancienne et moderne, de l'église chrétienne. Ibid.
Histoire ecclésiastique de différents pays..... 212
Histoire des Conciles.................... 219
Histoire des Papes, des Cardinaux, des Conclaves, des Archevêques, etc................. 221

Histoire des ordres religieux et militaires....	226
Histoire des religieux réguliers et des chanoines.	227
Vies des Martyrs, des Saints et autres personnes célèbres par leur piété................	239
Histoire des Lieux saints, des Cimetières, des Reliques, etc.......................	243
Histoire des Hérésies et des Schismes.......	244

VI. Histoire ancienne.

1. Histoire générale et particulière de plusieurs peuples anciens......................	247
2. Histoire des Juifs......................	248
3. Histoire générale et particulière de la Grèce.	249
4. Histoire générale et particulière du peuple romain et de ses Empereurs............	Ibid.

VII. Histoire Bizantine. — 252

Histoire moderne.

Europe.

1. Histoire générale de l'Europe moderne, avec l'histoire particulière de certaines époques..	255
2. Histoire de France.....................	256
Histoire générale avec l'histoire particulière de certaines époques...................	Ibid.
Histoire particulière des Rois de France, sous les trois dynasties, jusqu'en 1789........	261
Révolution, République, Empire et Restauration......................	267
Cérémonial français...................	268
Mélanges d'histoire politique de France ; Gouvernement ; Offices civils et militaires; Milices, Marine, Monnaies, etc.................	Ibid.

DES DIVISIONS. 313

Histoire de la Province de Normandie....... 269
Histoires particulières des anciennes provinces et des villes de France................ 271
3. Histoire de la Belgique et de la Hollande..... 274
4. Histoire de l'Italie et de la Suisse.......... 276
5. Histoire d'Espagne et de Portugal.......... 278
6. Histoire générale d'Allemagne............. 279
7. Histoire de la Grande-Bretagne et de l'Irlande. 281
8. Histoire générale des Peuples septentrionaux de l'Europe......................... 285
9. Histoire de la Pologne.................. Ibid.
10. Histoire du Danemarck, de la Norwège, de la Suède et de la Russie................ 286
11. Histoire générale de l'Empire ottoman, avec l'histoire particulière des possessions turques en Europe........................ 287

Asie.

Histoire des Peuples de l'Asie............. 288

Amérique.

Histoire générale et particulière.......... 289

Océanie......... 290

IX. HISTOIRE DE LA CHEVALERIE ET DE LA NOBLESSE, AVEC L'HISTOIRE HÉRALDIQUE ET GÉNÉALOGIQUE. Ibid.

X. ANTIQUITÉS.

Dictionnaires, Traités généraux et Mélanges, Mœurs, Usages et Monumens antiques.... 291

XI. HISTOIRE LITTÉRAIRE.

Histoire générale et particulière de la littérature, des langues, diplomatique, etc.......... 293

XII. Bibliographie.

1. Traités généraux sur les livres et les bibliothèques. Bibliographes généraux et des ordres religieux.................... 294
2. Bibliographes professionnaux.............. 295
3. Bibliographes périodiques ou Journaux...... 296
4. Catalogues des Bibliothèques publiques et particulières......................... 297

XIII. Biographie.

1. Biographie générale ancienne et moderne.... 298
2. Biographie ancienne................... 299
3. Biographie moderne................... 300
4. Vies et éloges des hommes illustres dans les Sciences et les Lettres, rangés par nation. 301

XIV. Extraits historiques. Ibid.

FIN DE LA TABLE DES DIVISIONS.

TABLE

DES AUTEURS ET DES MATIÈRES.

A.

Abbé (Petr. l'), Eustachius, 1195.
Abelly (Lud.), Medulla theologica, 294; Vie de Vinc. de Paul, 1583.
Abraderaconis (Charl.-Franç. d'), Primauté de Saint-Pierre, 470.
Abrégé des actes du clergé, 682.
Acherus (Luca d'), Spicilegium, 155.
Acominatus (Nicet.), Historia, 1700.
Acropolita (Georg.), Historia bizantina, 1701.
Acta eccles. mediolanensis, 150.
Acta inter Bonifacium VIII... et Philipp. Pulchrum, 1749.
Actes des apôtres (les), 82.
Ader (Guil.), de pestis cognitione, 948.
Adrichomius (Christ.), Theatrum terræ sanctæ, 26.

Ælianus (Claud.), de animalium natura, 914, 915, 916.
Æmylius (Paulus); de rebus gestis Francorum, 1729.
Æneas Sylvius, varii tractatus, 1268; opera, 1269; commentarii, 1270.
Æschinus, opera, 1141.
African (Jean-Léon), Description de l'Afrique, 1352.
Agathia (Scholast.), de imperio Justiniani, 1692.
Agnès (Athanase de S.), le Chandelier d'or du temple de Salomon, 1530.
Aigneau (David), l'ancienne Médecine à la mode, 920; Traité pour la conservation de la santé, 941.
Aimoinus, de gestis Francorum, 1736.
Albenas (Jean-Poldo d'), Discours historial de Nismes, 1824.
Albert-le-Grand, Vie, Gestes, etc.,

des saints de la Bretagne armorique, 1607.
Albertus (B. Magnus), Opera, 269.
Alciatus(A.), Emblemata, 1258, 1259.
Alcoran, 536.
Aldrovandus (Ulyssis), Opéra, 911.
Alegambis (Philip.), Bibliotheca scriptor. Soc. Jesu, 1542.
Alexander ab Alexandro, Genialium dierum, lib. 6, 1239, 1240.
Alexander (Alensis), Summa Theologiæ, 287.
Alexander (Hier.), Lexicon græcolatinum, 1057.
Alexander (Nat.), Theologia, 281; Institutio concionatorum, 345; Apologie des Dominicains, 513; Causa regaliæ, 627; Historia ecclesiastica, 1410.
Allatius (Leo), de Symeonum scriptis diatriba, 1264; Consensio eccles. occid. et orient., 1458.
Allegoriæ utriusque Testamenti, 30.
Alonso (J.), Hist. de la Orden. de nuestra sen. de la Merced, 1522.
Altessera (Ant. Dadinus), Asceticon, 1516.
Alvernus (Guil.), Opera, 288.
Amaltheum prosodicum, 1162.
Ambrosius (S.), Opera, 230; Epistolæ, 231; Opuscul. de officiis, 232.
Amelote (Denis), Abrégé de la Théologie, 283; Vie de Charles de Condren, 1578.

America, 1923.
Ami des Malades (l'), 968.
Amman (Jo. Conrad.), Dissertatio de loquela, 932.
Ampère, Essai sur la Philosophie des sciences, 729.
Amy (Hon. l'), Abrégé chirurg., 966.
Anastasius (Biblioth.), Hist. ecclesiastica, 1694.
Anatomia ecclesiæ catholicæ, 459.
Andrew, Philosophie des manufactures, 830.
Angelo (Gabr.), Lettere di complimenti, 1333.
Anglia, 1896.
Annales congreg. beatissimæ V. M., 1568.
Annales Germanorum, 1866.
Annales rerum anglicarum, 1891.
Annatus (Petrus), Apparatus ad positivam theologiam, 284.
Anquetin, Dissertation sur Ste. M. Magdeleine, 102.
Anselmus (Divus), Opera, 247; Opuscula, 248.
Antenagora, Tractatus aliquot, 180.
Anticosme, ou adieu au monde, 439.
Antiquitas britannicæ Ecclesiæ, 1446
Antoninus (S.), Summa, 278, 279; Hist, 1388; Opus chronic., 1389.
Antonius (S. Paduanus), Opera, 255.
Apffel, Histoire de la Littérature allemande, 1944.
Aphtonius, Progymnasmata, 1126.

Apologie pour l'Université de Paris, 1949.
Apparatus greco-latinus, 1053.
Appianus (Alex.), Hist rom., 1682.
Aquino (S. Thoma de), Comment. super libris Boetii, 760.
Archange (le R. P.), Règle du tiers-ordre de S. François d'Assise, 719
Arimonio (Greg. de), in Sententias, 265.
Aringhus (Paulus), Roma subterranea, 1633.
Aristophanis, Comediæ, 1218.
Aristotelis Opera, 747, 762; logica, 770, 771; metaphysica, 780; ethica, 789, 790, 791, 792, 793; politica, 813; de natura, 866, 867, 868.
Armacanus (Alex. Patricius), le Mars françois, 1785.
Armouville (J.-R.), le Guide des artistes, 829.
Arnaïa (Jean de), Conférences spirituelles, 425.
Arnauld (Ant.), de la Lecture de l'Écriture sainte, 89; Défense de la traduction du N. T., 94; tradition de l'église, 304; renversement de la morale de J.-C, 472.
Arnauld d'Andilly (Robert), OEuvres chrétiennes, 1208; Vies des SS. Pères des déserts, 1614.
Arnauld (E. R.), Introduction à la Chimie, 876.
Art de régner, 815.

Art de vérifier les dates, 1380.
Arturus (R. P.), sacrum Gynecæum, 1600; Martyrologium franciscanum, 1601.
Astesanns, Summa, 292; de Casibus conscientiæ, 320.
Aubery, Mémoires pour l'histoire du cardinal de Richelieu, 1777.
Aubigné (sr d'), Hist. univers., 1386.
Augustinus (S.), Opera et supplementum, 187, 188; autres ouvrages, 77, 189, 190, 191, 192, 193, 194, 195, 196, 197, 198, 199, 200, 201, 202, 203, 204.
Ausonius, Opera, 1186.
Autores antiquitatum variarum, 1936
Autores linguæ latinæ, 1069.
Autores rerum moscoviticarum, 1910.
Autun (Jacques d'), l'Incrédulité savante, 1004.
Auvray (Jean), Vie de Jeanne Absolu, 1588.
Avannes (M. D'), Esquisses sur Navarre, 1808.
Avertissement de Vinc. de Lerins, 493
Aviron (D'), Paraphr. sur la Cout. de Normandie, 600.

B

Bacci (Pietro Jacomo Aretino), Vita del B. Filippo Neri, 1577.
Badius (Jodocus Ascens.), Vita Jesus Christi, 32.

Balderius, Chronique d'Arras, 1809.
Ballerini (Pierre), Méthode d'étudier, 1027.
Balnzius (Steph.), Collectio Concilior., 137.
Balzac (de), Œuvres, 1282; Lettres, 1326, 1327 1328.
Barbay (Petrus), in Aristotelis philosophiam, 748, 749; in metaphisicam Aristotelis, 781.
Barbosa (August), Jus eccles., 639.
Barclaius (Joan.), Argenis, 1226-27.
Barlet (Annibal), Cours de Physique résolutive, 970.
Baron (Hyac.-Theod.), Codex medicamentarius, 971.
Baronius (Cœsar), Annales ecclésiastiques, 1400.
Barralis (Vinc.), Chronologia sanct. insulæ Lerinensis, 1605.
Barre (Larent. de la), Hist. christ. vet. Patrum, 1618; Vie de Marie-Agnès Dauvaine, 1623.
Barry (le R. P. Paul de), la sainte faveur auprès de Jésus, 437.
Bartault (R. P. Franç.), le Capucin écossais, 1550.
Bartoli (Daniello), della Vita di S. Ignatio, 1537.
Basilius (Magnus) opera, 174, 175.
Basnage (Henry), Coutume de Normandie, 599.
Batavia illustrata, 1841.
Baudier (Michel), Hist. du cardinal d'Amboise, 1759, 1760; Histoire de l'administration du du cardinal Ximénès, 1860.
Baudoin (Jean), Recueil d'Emblêmes, 1260.
Bandrand(Mich.-Ant.),Geographia, 1336; Lexicon geogr., 1337-38.
Bayus (Jac.), Institutiones, 457.
Becquerel, Traité expérimental de l'Électricité, 872.
Beda, Opera, 254.
Beguin (J an), Élémens de Chimie, 877.
Beka (Joan.) de Episcopus ultrajectinis, 1434.
Bellarminus (Rob.), Institutiones linguæ hebraicæ, 1041.
Bellay (du), Mémoires, 1757.
Bellier (Pierre), les Œuvres de Philon le juif, 177.
Bellum Belgicum, 1834.
Bénévent (Hiér. de), Faicts héroïques de Henry-le-Grand, 1765.
Bentivoglio (cardinal), Raccolta di Lettere, 1331, 1332; Guerres de Flandre, 1840.
Berault (Josias), Coutume de Normandie, 597, 600.
Bergomatis (Jac.-Philip.), Supplementum supplementi chronicarum, 1390; supplementum chronicarum, 1391.
Bernard (Vital), Miroir des Chanoines, 1599.

ET DES MATIÈRES.   319

Bernardus (D.) opera, 225; Sermones, 226, 227; Sermons, 228, Lettres, 229.

Bernières (Louvigny de), œuvres spirituelles, 404.

Berthault (P.), Florus francicus, 1733, 1734.

Bertraud (Gabr), Vérités anatomiques, 927.

Bérulle (Pierre Cardinal de), œuvres, 396.

Besly (Jean), histoire des comtes de Poictou, 1816.

Besson (Joseph), Syrie sainte, 1456, 1457.

Bengeus (Anton.), tractatus de beneficiis ecclesiast., 662 bis.

Beurrier (le R. P.), Homélies, 349.

Beveregius (Guiliel.), Codex canonum eccles, 133.

Beverovicus (Joh.) epistolica quæstio, 940.

Beyerlinck (Laur.), magnum Theatrum vitæ humanæ, 722; Opus chronographicum, 1392.

Bible (la sainte), 8.

Biblia sacra, 2, 4, 7.

Bibliotheca calcographica, 1991.

Bibliotheca veter. patrum, 151, 154.

Bibliothèque des prédicateurs, 344.

Bibliothèque portative des Voyages, 1360.

Bie (Jacques de), la France métallique, 1942.

Biel (Gabr.), expositio Canonis missæ, 108, 109; in sententias, 264.

Bilain (Ant), Jura reginæ in ducatum Brabantiæ, 548.

Billius (Jac.), Locutiones græcæ, 1047.

Billy (Jacques de), second advènement de N. S., 306.

Binet (Etienne), œuvres spirituelles, 421.

Biographie universelle, 1980.

Birgitta (S.), Revelationes, 384.

Biroat (Jacques), Panégyriques des Saints, 355; Sermons, 371.

Blanc (Aug. le), hist. congreg. de auxiliis div. gratiæ, 1589.

Blanc (Le), Traité histor. des Monnoyes de France, 1797.

Blesensis (Petrus), opera, 487.

Blois (François de), Vie de saint Gaucher, 1586.

Blondellus (David.), Genealogia francica, 1738.

Blosseville (Ernest de), Mémoires de John Tanner, 1924; histoire des Colonies pénales de l'Angleterre, 1925.

Blumerel (Joan.), Elegantiarum poeticarum flores, 1163, 1164.

Boccatius (Joan), opus de claris Mulieribus, 1981.

Bochartus (Sam.), Geographia sacra, 1343.

Bocquillot (Lazare-André), Liturgie sacrée, 110.
Bodin (Jean), Republique, 814.
Boethius (Hect. Deidonanus), Scotorum historia, 1895.
Boileau (l'abbé), Pensées choisies, 329, 330.
Boissard, de Divinatione, 1003.
Bollo (R. P. F. Petrus de), Œconomia canonica, 659.
Bombast (Aureoli Philip. Theophr.) opera medico chimica, 923.
Bompart (Marcellin), le nouveau Chasse-Peste, 967.
Bona (Joan.), Res liturgicæ, 105; divina Psalmodia, 114; opera, 268.
Bonacina (Martin), opera. 289.
Bonaventura (S.), opera, 243; in sententias, 244; stimulus divini amoris, 377.
Bonfinius (Ant.), Res ungaricæ, 1870.
Bonifacius (Octavus), Decretales, 646, 648.
Bontemps (Hon.), Oraison funèbre d'Anne d'Autriche, 1156.
Borcholten (Joan.), Commentaria, 556.
Bordeloos (Gérard), l'ardente ou flamboyante Colonne de la mer, 1358.
Bordenave (Jean de), Estat des églises cath. et collégiales, 1455.

Boreau (A.), Flore du centre de la France, 908.
Borellus (Camillus), de Regis Præstantia, 547.
Bosius (Ant), Roma sotterranea, 1634.
Bossuet, Exposition de la doctrine de l'église catholique, 453, 454; divers écrits et mémoires, 458; Instructions pastorales, 482; defensio déclarationis conventûs cleri gallici, 694; défense de la déclaration du clergé de France, 695.
Bouchet (Jean), le triomphe de la noble dame amoureuse, 1233; Annales d'Aquitaine, 1811, 1812.
Bouhours, vie de saint François-Xavier, 1545.
Boulduc (Jac.), de ecclesia ante legem, 1396.
Boullaye le Gouz (sieur de la), Voyages, 1361.
Bourgoing (Franç.), Histoire ecclésiast., 1422.
Boursier (Laurent), Prémotion physique, 299, 300.
Boutauld (le P.), le Théologien dans les conversations, 498.
Boverius (Zach.), Annales minor. capucinorum, 1547.
Brancatus (Laurent.), opuscula, 298.
Brébeuf (De), Entretiens solit, 445.

Brederodius (Petr. Cornel.), Thésaurus dictionum juris civilis, 541.
Brerewood (Ed.), Recherches curieuses sur la diversité des langues, 1030.
Breul (Jacq. Du), Antiquitez de Paris, 1828.
Brevets d'invention, 1012.
Breynius (Jac.), Plantæ exoticæ, 905.
Brietius (Philip.), Parallela geographiæ, 1345.
Brisius (Flaminius), Tractatus duo, 664.
Brissonius (Barnab.), De significatione verborum quæ ad jus pertinent, 539.
Brodeau (Julien), Recueil d'arrêts, 613.
Brouë (Pierre de la), Défense de la grâce efficace, 507.
Brouverus (Christoph.), Antiquitates fuldenses, 1437.
Brucherius (Joan), Adagia, 1255.
Brucys, Paraphrase de l'art poétique d'Horace, 1179.
Brunet (Jean-Louis), Parfait notaire apostolique, 617.
Brunet (Jac.-Ch.), Manuel du libraire, 1953.
Bruno (S.), Opera omnia, 236, 237.
Bruno (S. Astensis), Opera, 252.
Bucelinus (Gabr.), Germania topo-chrono-stemmato-graphica, 1440.

Buchananus (Georg.), Rerum scoticarum historia, 1894.
Buchadus (D.), Decreta, lib. xx, 644.
Budæus (Gulielm.), Commentarii linguæ græcæ, 1042; opera, 1273.
Budgets de l'État, 840.
Buffier, Vie du comte Louis de Sales, 1632.
Buffon, OEuvres, 884.
Bulæus (Cæs. Egassius), Historia Universitatis parisiensis, 1947.
Bulletin du Ministère de l'Agriculture et du Commerce, 855.
Bulletin de la Société d'encouragement pour l'industrie nationale, 1013.
Bulletin de la Société Ebroïcienne, 743.
Bullus (Georgius), Defensio fidei Nicœnæ, 533.
Bulteau (D. H.), Abrégé de l'histoire de l'ordre de Saint-Benoist, 1527; Essai de l'Histoire monast. d'Orient, 1515.
Bungus (Petrus), Numerorum mysteria, 978.
Buonaventura (Fr.), Vita del Nicolo Albergati, 1491.
Buret (Eug.), de la Misère des classes laborieuses, 828.
Burgundus (Vincentius), Speculum quadruplex, 721.

Bussières (Joan.), Historia francica, 1730.

Bussy (Gentil de), de l'Établissement des Français dans la régence d'Alger, 865.

Buxtorfus (Joan.), Thesaurus grammaticus, 1037 ; Lexicon, 1038.

Buzelinus (Joan.), Gallo-Flandria, 1813.

C

Cabassutius (Joan.), Notitia conciliorum, 129; Theoria juris canonici, 641.

Cabecas (Frey), Hist. de S.-Domingos, 1557.

Cabrera, Vitæ et res gestæ Pontif. rom., 1478.

Cachupin (Franc.), Vie du P. Louis Dupont, 1543.

Cælestinus (Sfondratus), Nodus prædestinationis, 307.

Cælius (August.), Historia saracenica, 1916.

Cæsar (C.-Jul.), Commentarii, 1673, 1674, 1675; Commentaires, 1676, 1677,

Caignet (Ant.), Dominical des pasteurs, 366.

Caillière (M. de), le Courtisan prédestiné, 1548, 1549.

Calehus (Tristanus), Historia patriæ, 1849.

Calepinus (Ambr.), Diction. octo ling., 1034.

Calmet (D. Augustin), Nouvelles dissertations sur l'anc. et le nouv. Test., 50; commentaire sur le 4e livre des rois, etc , 55; sur l'évangile de S. Mathieu, 81 ; règle de S. Benoist, 1528.

Calvinus (Joannes), Lexicon juridicum, 537.

Camdenus (Guil.), Britannia, 1883; Annales rerum anglicarum, 1892.

Camus (Jean-Pierre, évêque de Belley), la Caritée, 440; Emplois de l'ecclésiastique du clergé, 447; Anti-Basilic, 460; Paisible justification, 499; Récits hist., 1229 ; Variétez hist., 1230 ; Divertissement histor., 1231; Palombe, 1232; Parthénice, 1234.

Canal (Pierre), Dictionnaire français et italien, 1119.

Candidus (D. Liberius), Tuba magna, 519.

Canel (A.), Essai histor. sur l'arrond. de Pont-Audemer, 1805.

Canones conc. trident., 139.

Canonicorum ordine disquisitiones (De), 1596, 1597.

Cantacuzenus (Joan.), Historia, 1703.

Capellus (Lud.), Chronologia sacra, 1383.

Capreolus (Jac.), Sphæra, 989.

Caracciolus (Ant.), de Sacris eccl., neapolitanæ monumentis, 1452.

Caracciolus (Ludov.), Speculum principum, 816.

Carrauza (F. Bartho.), Summa concilior., 138.

Carolus a S. Paulo, Geographia sacra, 1342.

Carpentier (D P.), Alphabetum tironianum, 1946.

Carystius (Dioclis), Epistola ad Antigonem regem, 1009.

Casaubonus (Isaacus), Epistolæ, 1311.

Cassianus (Joan.), Opera, 238; Institutiones monasticæ, 239; Instituta renuntiantium, 240; Institutions, 241; Conférences, 242.

Cassiodorus (M. Aurel.), Opera, 245, 246.

Castellus (Edmundus), Lexicon heptaglotton, 1033.

Catalogus bibliothecæ cordesianæ, 1974.

Catechismus conc. tridentini, 342.

Catel (Guil.), Histoire des comtes de Tolose, 1820.

Catena aurea super psalm., 60.

Catherine (Sainte), Epistres, 441.

Cato (Dionysius), de Moribus ad filium, 796.

Cato (M.), de Re rustica, 900.

Caussin (Nicolas), Cour sainte, 399.

Cave (Guil.), Historia litteraria scriptor. Ecclesiast., 1959 ; Chartophilax ecclesiasticus, 1963.

Cedrenus (Georg.), Compendium historiar., 1696.

Ceillier (Dom Remy), Histoire générale des auteurs sacrés, 1964.

Ceremoniale Episcoporum, 117.

Ceriziers (le sr de), Eloges sacrés, 402.——Jonathas, ou le vrai ami, 810.

Cerutus (Bened.), Musæum Calcæolarii, 917.

Ceva (Bonifacius de), de Perfectione christiana, 379.

Chambon, Droits de contrôle, 620; Traité de l'éducation des moutons, 898.

Chambre (de la), Traité de la connaissance des animaux, 788, 909; Caractères des passions, 802; Observations sur l'iris, 875 ; Débordement du Nil, 890.

Champsneufs (Pet. de), Anthologia, 1070.

Changy (Franc.-Madeleine de), Vies des huit vénérables veues relig. de l'ordre de la visitat. Sainte-Marie, 1570; vies des relig. de l'ordre de la visitation, 1571; vies des quatre premières mères de l'ordre de la visitation, 1572.

Chanteresne (de), Traité de l'Éducation d'un prince, 819.

Chanut (l'abbé), Concile de Trente, 141, 142, 143.

Chapeavillus, Scriptores qui gesta Pontif.... scripserunt, 1497.

Charas (Moyse), Pharmacopée royale, 969.

Charpy (de S*te*-Croix), Vie de Gaëtan Thienne, 1561.

Charron (Pierre le), Les trois véritéz, 456.

Chassenite (Bonnet de la), Discours d'éloquence, 1152.

Chastenet (Bourgeois du), Hist. du conc. de Constance, 1475.

Chastenet (Léon.), Vie d'Alain de Solminihac, 1503.

Chatard (Joachim du), Ordonnances de Charles IX, 576.

Chesnée (Monstreul de la), Floriste français, 901.

Chevalier (Joan.), Polyhymnia, 1194.

Chevalier (Michel), Hist. des voies de communication aux Etats-Unis, 1002.

Chevreau, l'Escole du sage, 805; Tableau de la fortune, 809.

Chevreul (L.), de la Loi du contraste simultané des couleurs, 880.

Chiffletius (Joan. Jac.), Commentarius Lothariensis, 551; Opera politico-historica, 552; Portus iccius, 1743; Vesontio, 1832.

Chiocco (Andr..), Musæum calcæolarium, 917.

Chirurgien charitable (le), 964.

Choiseul Gouffier, Voyage de la Grèce, 1363.

Choix de pièces tirées des anciens Mercures, 1968.

Chomel (Noël), Dictionnaire œconomique, 897.

Choppinus (Renatus), de Domanio Franciæ, 550; Leges Andium, 609; Mores civ. parisiorum, 610; Privilegia rusticorum, 615; Politia forensi, 668.

Chorier (Nicol.), Histoire du Dauphiné, 1817.

Christophorsonus (Joan.), Scriptores græci hist. ecclesiast., 1403. 1409.

Chronica turcica, 1911.

Chronologie des Archev. de Rouen, 1493.

Chrysostomus (Dion.), Orationes; 1142.

Chrysostomus (S. Joan.), Opera grecè, 165; Opera latinè, 166; Discours, 167; Homeliæ, 168, 169, 172; Homélies, 170, 171, 173.

Ciaconius, Vitæ et res gestæ Pontif. rom., 1478.

Cicatellus (Santius), Vita P. Camilli de Leslis, 1560.

Cicero (M. Tullius), de Officiis, 759; Opera, 1266; Epistolæ, 1301, 1302.

Citolini (Alessandro), la Tipocosmia, 727.

Clavasio (Fr. Angelus de), de Casibus conscientiæ, 322, 323.

Clave (Estienne de), nouvelle Lumière philosophique, 871; Cours de chimie, 878.

Clavius (Christophor.), Opera mathematica, 980; Compendium, 996; In sphæram Joan. de Sacro Bosco, 998.

Clemangiis (Nicolaus de), Opera, 530.

Clemens (D.), Opera, 185.

Clenardus (Nic.), Tubula in grammaticen hebræam, 1039; Institutiones in linguam græcam, 1043, 1046.

Cluverius (Philip.), Introductio in universam geographiam, 1346.

Code de Henry III, 577.

Codex canonum, 642.

Codex legum antiquarum, 572.

Codex, Pharmacopée française, 977.

Codinus (Georg. Curopolata), de Officiis et aulæ Constantinopol., 1706.

Coeffeteau, Hist. romaine, 1688.

Coignet, Instruction aux princes, 818.

Colbert (Ch. Joachim), Lettres, 1324.

Colet (Louise), Penserosa, 1214.

Collection d'Edits, 588.

Collet (Pierre), Examen et Résolutions ou difficultés, etc., 111.

Colom (Jacques), l'Ardente ou flamboyante colonne de la mer, 1358.

Colombus (Joan.), Res gestæ Valentinorum et Diensium Episcop., 1450.

Colonia (P. Dominicus de), de Arte rhetorica, 1131, 1132.

Combe (Gui du Rousseau de la), Traité des matières criminelles, 635; Recueil de jurisprudence canonique, 661.

Combefis (Franc.), Bibliotheca græc. patr., 152; Auctarium novum patrum, 153; Bibliotheca patrum, 343.

Combes (Pierre de), Recueil de procédures criminelles, 637.

Comines (Philip. de), Mémoires, 1753.

Commelyn (J.), Histoire de Frédéric-Henry de Nassau, 1843.

Commenius (J.-A.), Janua linguarum, 1031.

Commentaires sur le Pimandre de Mercure Trismegiste, 783.

Commentarium linguæ latinæ, 1073
Comnena (Anna), Alexias, 1699.
Compendium chronologiæ, 1377.
Compendium rhetoricæ, 1136.
Compte genéral de l'administration des finances, 841.
Compte général de l'administration de la justice civile, 860; de la justice criminelle, 861.
Compte général des recettes et des dépenses de la ville de Paris, 844.
Comptes et Budgets du départ. de la Seine, 843.
Conciliorum collectio regia, 130.
Concilium Ebrudini, 146.
Conciones funebres, 353.
Concordantiæ bibliorum, 22, 23, 24.
Condé (P. N. de), Hist. du R. P. Charles de Lorraine, 1506.
Condillac, Logique, 774.
Conducteur industriel (le), 834.
Congrès méridional, 744.
Congrès scientifique de France, 740.
Constitutiones ord. sancti Francisci, 717.
Consultation de douze avocats, 708.
Contarini (Gasp.), Delle republica de Venetia, 1851.
Conversations chrétiennes, 494.
Coppin (Pierre), Annales de Baronius et de Sponde, 1401.
Corbichon (Jehan), le Propriétaire des choses, 737.

Corbin (Jacq.), Hist. sacrée de l'ordre des Chartreux, 1581.
Cordemoy (l'abbé de), Traité contre les Sociniens, 467; Discours physique de la parole, 931.
Corderius (Balthasar), Opera S. Dionysii areop., 182.
Corneille, Dictionnaire géographique, 1339.
Corpus francicæ historiæ, 1728.
Corpus juris civilis, 560.
Corpus juris canonici, 638.
Cossartius (Gabr.), Concilia, 131; Orationes et carmina, 1278.
Coste (Hilarion De), Portrait de Franç. de Paul, 1585; Hist. catholique, 1631; Vies des reines, 1989.
Coton (Pierre), Institution catholique, 489.
Coulon, Rivières de France, 1354.
Courtin (Germain), le Guide des chirurgiens, 965.
Cousin (Jean), Histoire de Tournay, 1837.
Coutumes de Normandie, 593, 594.
Covillard (Joseph), le Chirurgien opérateur, 963.
Coyffier (Gilbert De), Défense de la vérité de la foy catholique, 509.
Crantzius (Alb.), Res saxonicæ, 1876; Chronica, 1908.
Cresollius (Lud.), Vacationes autumnales, 1147.

Creux (Le), Recherches sur la formations des Ruisseaux, etc., 894.

Crinitus (Petr.), De honesta disciplina, 1238.

Crispinus (Joan.), Lexicon græco-latinum, 1056.

Critici sacri, 98.

Croix (le R. P. Gabriel de la) Maximes pernicieuses, 450.

Croix (Jean de la), Œuvres spirituelles, 416, 417, 418; Nuict obscure de l'âme, 429.

Crucus (Joan.), Mercurius batavus, 1317.

Crusius (R. P. Joan.), Aula ecclesiastica, 700

Curé désintéressé (le), 451.

Curtius (Quintus), De rebus gestis Alexandri magni, 1669.

Cuvier (G.), Rapport historique sur les progrès des Sciences naturelles, 885.

Cyprianus (D. Cœcilii), Opera, 221, 222.

Cyrillus (S.), Opera, 178.

D.

Dadræus (Joan.), Loci communes, 728.

Dagoneau (F. Joan.), Susanna danielica, 73; le Pénitent, 442.

Dalechamp (Jacques), Histoire générale des plantes, 906.

Dambouderius (Jocodus), Paræneses christianæ, 312.

Danetius (Petrus), Dictionarium latinum et gallicum, 1096, 1097.

Daniel (Gabr.), Réponse aux Lettres provinciales, 331; Recueil de lettres au R. P. Alexandre, 333; Histoire de France, 1725.

Dantine (Dom Maur), Pseaumes de David, 10.

David, Psaultier, 9.

Davity (Pierre), Description de l'Europe, 1349; de l'Asie, 1350; de l'Afrique et de l'Amérique, 1351; Estats, Empires et Principautez du monde, 1387.

De cibarium facultatibus, 939

De conservanda valetudine, 937.

De convenientia vocabulorum rabbinicorum cum græcis, 1032.

Dechales (R. P. Claud. Fr. Milliet), Cursus mathematicus, 979.

Dechamps (Steph.) De heresi Janseniana, 510.

Défense des Professeurs en théolog. de l'Univers. de Bordeaux, 332

Défense des Règlemens pour la réformation de l'ordre de Citeaux, 714.

Defensio regia, 1889.

Delamare, Traité de la Police, 831.

Delavigne (Casim.), la Popularité, 1221.

Delbène (Barthol.), Civitas veri, 800.
Delphus (Christ. Adrich.), Jerusalem descriptio, 1665.
Demosthenis Opera, 1141.
Dempsterus (Th.), Antiquitates romanæ, 1690.
Denyaldus (Robert.), Rollo northmanno-britannicus, 1798.
Desbordes-Valmore, Pauvres fleurs, 1215.
Description de l'Egypte, 1366 bis.
Desmarettes (J. B. Lebrun), Concordia librorum regum, etc., 25.
Despauterius (Joan.), Grammatica, 1104, 1105, 1106, 1107.
Devarius (Matth.), De particulis linguæ græcæ, 1060.
Deville (Ach.), Tombeaux de la Cathédrale de Rouen, 1635.
Dextrus (Flav. Lucius), Histor. ecclesiast., 1408.
Diaconus (Petr.), Chronica sacri monast. casinensis, 1592.
Dialogi contra sum. Pontificat. 531.
Dialogues de la vie civile, 812.
Dibon (Paul), Essai historique sur Louviers, 1804.
Dictionariolum latino-græco-gallicum, 1099.
Dictionarium latinæ linguæ, 1082.
Dictionarium latino gallicum, 1083.

Dictionnaire des passagers, allemand-français, 1125
Dictionnaire françois latin, 1101, 1102.
Dictiones latinæ, 1077.
Dictions latines, 1078.
Diodorus siculus, Bibliotheca historica, 1668.
Dionysius (S. Areop.), Opera, 182.
Discours, allocutions et réponses de Louis-Philippe, 1154.
Discussion de l'adresse au Roi, session de 1841, 820.
Divers actes, etc., des religieuses de Port-Royal, 497.
Diversitez naturelles de l'Univers, 883.
Doissy (Martin), Manuscrit de Louis XVIII, 1788.
Domat, Droit public, 545; Legum delectus, 561; Lois civiles, 563.
Dominicy (Ant.), Assertor Gallicus, 1741; Ansberti familia, 1744.
Dony d'Attichy (Louis), Hist. génér. de l'ordre des Minimes, 1584.
Dottin (Henr.), les Noces de Thétis et de Pélée, 1217.
Doujat (J.) Hist. du droit canonique, 640.
Draudius (Geor.), Bibliotheca classica, 1975.

Dubois (Gérard), Hist. ecclesiæ parisiensis, 1427.

Dubosc (le R. P.), le Philosophe indifférent, 495; Triomphe de S. Augustin, 508.

Duca (Mich.), Histor. byzant., 1702.

Ducandas (Louis), Recueil de décisions, 666.

Ducange (Carol. Dufresne D.), Hist. Bizantina, 1707; Glossarium ad script. mediæ et infimæ græcitatis, 1050; Glossarium ad script. mediæ et infimæ latinitatis, 1081.

Duchesne (Andr.), Historiæ Francorum scriptores, 1735; Histor. Norman. scriptores, 1799; Hist. des ducs de Bourgogne, etc., 1815; Histoire d'Angleterre, 1878; Hist. de la maison de Châtillon, 1930.

Duchesne (François), Histoire des Papes, 1482.

Duchesne (Joseph), le Pourtraict de la santé, 933; Maladies du cerveau, 943; Conseils de médecine, 944.

Dugdale (Guliel.), Monasticon anglicanum, 1447.

Dugenne, Panorama historique de Pau, 1819.

Duguet (Jacq.-Joseph), Explication de l'ouverture du côté de J.-C., 37; Explication de l'ouvrage des six jours, 54; Caractères de la Charité, 337.

Duhamel (J.-B.), Biblia sacra, 5; Jura reginæ in ducatum Brabantiæ, 548; Historia Academiæ scientiarum, 1948.

Duhan (Laurent.), Philosophus in utramque partem, 767, 768.

Dulaurens (J.-G.), Manuel des contribuables, 632.

Dumoulin (Pierre), le Rabelais réformé, 1653.

Duperon (le cardinal), Œuvres diverses, 1279.

Du Pin (Louis-Ellies), Prolégomènes sur la Bible, 87; Doctrine chrétienne, 401; Traité sur l'Amour de Dieu, 405; Traité de la Doctrine chrétienne, 490; Traité sur l'Amour de Dieu, 500; de antiqua eccl. Disciplina, 656; Défense de la Censure de la Faculté de Théologie de Paris, 1638; Bibliothèque ecclésiastique, 1958.

Dupleix (Scipion), Corps de philosophie, 772; Physique, 870; Histoire de France, 1727.

Dupont (Louis), de la Perfection du Chrétien, 415; Méditations, 444.

Dupuy (Pierre), Traités touchant les Décrets du roi, 549; Traités concernant l'histoire de France, 1647, 1648.

Durand (Ursinus), Thesaurus nov. anecdotor., 160.

Durantus (Guil.), Speculum, 660.

E.

Edit du Roi, 589.
Elémens de Mathématiques, 982.
Elenchus motuum in Anglia, 1885.
Elucidatorium ecclesiast., 113.
Enchiridion christianæ institutionis, 295.
Enchiridium prosodicum, 1166.
Encyclopédie méthodique, 745.
Encyclopédie du 19e siècle, 746.
English martyrologe, 1602.
Enquêtes sur les fers, 850.
Enquêtes sur les houilles, 848.
Enquêtes sur les sucres, 849.
Enquêtes sur les tabacs, 854.
Enquêtes relatives à plusieurs prohibitions, 846, 847.
Entretiens d'Ariste et d'Eugène, 1293.
Epictetus, Enchiridion, 798.
Epiphanius (D.), opera, 181.
Epistolæ græcanicæ, 1300.
Eprémesnil (D'), second Plaidoyer, 612.
Erasmus (Des. Roterod.), Copiæ verborum, 1135, 1138; Adagia, 1251, 1252, 1253; Epist., 1307.
Erpenius (Thoma), Historia Saracenica, 1915.
Erythræus (Janus Nicius), Epistolæ, 1320.
Esclache (Louis de l'), Logique, 775, 776.
Esprit de la Cout. de Normandie, 601.
Estang (le sieur de l'), de la Traduction, 1071.
Estius (Guill), Comment. in epist. B. Pauli, 84.
Etat de la France (l'), 1793.
Etats généraux, 827.
Etioles (Leroy d'), Lettre à l'Académie de Médecine, 951.
Eusebius, Chronicon, 1370.
Eustathius (S. S. N.), Comment. in Hexahemeron, 49.
Exemplaria litterarum, 1319.
Exposition histor. des Hérésies, 1652.
Exposition des produits des Manufactures, 835.
Ezéchiel traduit en françois, 72.

F.

Fabulæ Fontanii, 1224.
Fabrice (Hiér.), Œuvres chirurgicales, 957.
Fabricius (Georg.), Saxonia illustrata, 1874.
Fabrus (Jac.), Contradictiones apparentes S. Script., 97.
Factum pour J.-B. Thiers, 503.
Fardoil (Nic.), Harangues, Discours et Lettres, 1287.
Fasciculus temporum, 1376.
Febvre (Louis Chantereau Le),

Mariage d'Ansbert et de Blithilde, 1744; Généalogie de la maison de Lorraine. 1928.

Febvre (Le), du Destin, 1005.

Félibien, Entretiens sur les vies et sur les ouvr. des Peintres, 1017.

Fénélon, Œuvres spirituelles, 389; Instruction pastorale, 479.

Fénice (Jean-Ant.), Dictionnaire françois et italien, 1121.

Fennel (E.), Mémoires sur la Validité des ordinations des Anglais, 525.

Fernandus (Carol.), De Animi tranquillitate, 394.

Fernel (Jean), Physiologie, 929; Pathologie, 949.

Feron (Jean Le), Histoire des Connestables, 1794.

Ferrand (l'abbé), Dictionnaire critique de la langue françoise, 1115.

Ferrarius (Johan.-Bapt.), Hesperides, 904.

Ferrarius (Philip.), Lexicon geographicum, 1337, 1338; Catalogus sanctorum Italiæ, 1612.

Ferrier (Jérémie), de l'Ante-Christ., 463.

Ferrier (Du), le Catholique d'estat, 825.

Ferrière (Claude De), Traité des Fiefs, 622; Droits de Patronage, 626.

Ferronus (Arnold.), de rebus gestis Gallorum, 1729.

Feüillet (Jean-Bapt.), Vie du pape Pie V, 1488.

Fevret (Charles), Traité de l'abus, 665.

Fichet (Alex.), Arcana studiorum, 1028.

Figures de la Bible, 29.

Financier citoyen (le), 845.

Finæus (Orontius), de Arithmetica practica, 984.

Firmianus (Petr.), Gyges gallus, 1245; Sæculi genius, 1246, 1247.

Flachat (Stéphane), Canal maritime de Paris à Rouen, 864.

Fléchier, Histoire du cardinal Ximénès, 1861.

Fleurs de Chirurgie, 962.

Fleurs des Saints, 1611.

Fleury (Claude), Mœurs des chrétiens, 502; Histoire ecclésiastique, 1418.

Florentius (Wigoriniensis), Chronicon, 1877.

Floriot (P.), Morale chrétienne, 313, 314.

Fodéré (Jacq.), Narration hist. des couvents de l'ordre de S.-François, 1518.

Foix (Paul de), Lettres, 1323.

Folieta (Ubertus), Elogia clarorum Ligurum, 1990.

Fonseca (Fr. Ant.), Commentar. in libr. mosaicos, 52.
Font (M. de la), Principes de la théologie morale, 311.
Forcatulus (Step.), de Gallorum imperio, 1721; Gratia relata Henrico tertio, 1755.
Forge (Louis de la), Traité de l'esprit de l'homme, 785.
Formules d'actes, 583, 584.
Forster (Charles), la vieille Pologne, 1905.
Fouquet (Louis), de la Probabilité, 326.
Franciscus (S. Assiati), Opera, 255.
François, (Archevêque de Rouen), Observations sur l'épist. de S. Paul aux Romains, 85, 86; l'œuvre de pacification, 496; Historia ecclesiast., 1415.
Frassenius (R. P. C.), Disquisitiones biblicæ, 96.
Freherus (Marquardus), Jus græco-romanum, 540.
Freminville (Edme de la Poix de), Pratique universelle, 624.
Fréron, Année littéraire, 1967; Journal étranger, 1969.
Fresnoy (de), la Vie de J.-C., 36.
Frey (Janus Cæcil.), Panegyris triumphalis, 1145.
Frizon (Petr.), Gallia purpurata, 1424.

Froimont (le Sr de), l'Abbé commendataire, 663.
Fromageau, Dict. des cas de conscience, 318.
Fromentières (Jean-Louis), Sermons, 370.
Fuente (Fray Miguel de la), Compendio historial de N. senora del Carmen, 1567.
Fulbertus (D.), Opera, 1277.
Fungerus (Joan.), Etymologicon trilinguæ, 1068.
Furetière (Ant.), Dictionn. françois, 1116.

G.

Gabriac (Alexis de), de l'Influence exercée sur le commerce et l'industrie de la Saxe, 857.
Gadebled, Dictionnaire topographique du départ. de l'Eure, 1357.
Gaillardus (Justus), Facta dictaque memorabilia Bapt. Fulgosii, 1994.
Gaitte (Jac.), Tractatus de usura, 670.
Gallemart (Joan.), Concil. tridentinum, 140.
Garassus (Francois), Doctrine curieuse des beaux-esprits, 504.
Gariel (Petr.), Series præsulum Magalonensium, 1504.

Garsia (Petrus), in determinationes apologales, Joan. Pici Mirandulani, 466.

Gassendus (Petrus), Opera, 763; Vita Tichonis Brahei, 1993.

Gaultier, Table chronographique, 514.

Gauret, Style universel, 566.

Gazet (Guil.) Histoire ecclésiast. des Pays-Bas, 1432.

Gélée (Théoph.), Traduction des œuvres d'André de Laurens, 924.

Gellius (Aulus), Noctes atticæ, 1235, 1236.

Gembergius (Hermannus), Nomenclator octilinguis, 1035; Proverbia, 1256.

Genebrardus (G.), Psalm. Davidis, 61; Canticum canticorum, 67; Chronographia, 1375; Histoire de Flavius Joseph, 1662, 1663.

Génillé (Mart. Fumée de), Hist. des Indes occidentales, 1919.

Gerbais (Joan.), Dissertatio de causis majoribus, 658 ; Traité du célèbre Panorme, 1476.

Gerbertus, Epistolæ, 1308.

Géricourt (Louis de), Lois ecclésiastiques de France, 690.

Germain (D. Mich), Museum italicum, 164.

Germain (C. de Saint), Traduction de la physiologie de Jean Fernel, 929.

Germanicarum rerum scriptores, 1865, 1867.

Gersonius (J.), Opera, 233, 234, 235.

Gesnerus (Conradus), Historia animalium, 910.

Gesta collationis Carthagini, 523.

Gesta Dei per Francos, 1710.

Ghini (Constantin.), Dell' imagini sacre dialoghi, 1593.

Giattinus (Joan. Bapt.), Hist. conc. Tridentini, 1473.

Gibert (Jean Pierre), Usages de l'Eglise gallicane, 696.

Gilles (Nicolle), Annales de France, 1720, 1724.

Girard (Bernard de), de l'Estat des affaires de France, 1746.

Girardus à Zutphania, De reformatione virium animæ, 388.

Giraud (J.-B.), Fabulæ Fontanii, 1225.

Giuntini (Francisc.), la Sfera del mondo, 990.

Glade (P.-V.), du Progrès religieux, 784.

Glanvilla, Opus de rerum proprietatibus, 735, 736.

Glay (le), Chronique d'Arras, 1809; Catalogue des manuscrits de la bibliothèque de Cambrai, 1972.

Glyca (Mich.), Annales, 1698.

Gobinet (Charles), Instruction de la Jeunesse, 334.

Godeau (Ant.), Paraphrase des Pseaumes, 63; Instructions synodales, 296; Tableaux de la Pénitence, 414; OEuvres chrestiennes et morales, 1289; Hist. de l'église, 1421; Vie de saint Augustin, 1507.

Godefroy (Denys), Hist. de Charles VI, 1752; Hist. des Connestables, 1794.

Godefroy (Théod.), Entrevues, 1750; Cérémonial françois, 1789, 1790; Histoire de Louis XII, 1754.

Godefroy (Jacques), Commentaires sur la cout. de Normandie, 600.

Goffridus (abbas), Epistolæ, etc., 387.

Goibau-Dubois, conformité de la conduite de l'Eglise de France, 526.

Gononus (Bened.), Chronicon SS. Dei panæ, 1621.

Goræus (Joan.), Opera, 925.

Gosselinus (Ant.), Historia Gallorum, 1719.

Goujet, Vies des Saints, 1608.

Gouz (de la Boullaye le), Voyages, 1361.

Graduale ord. Cartus., 122, 123, 124, 125.

Grain (Bapt. le), Décade de Henry-le-Grand, 1764.

Gramondo (Gabr. Barthol.), Historiæ Galliæ, 1772; Historia, 1778.

Grand (Ant. Le), Histor sacra, 1657.

Grandamicus (P. Jac.), Demonstratio immobilitatis terræ, 997.

Grangier (J.), Francia ab interitu vindicata, 1146.

Gratianus (D.), Decretum aureum, 650.

Gratianus (Ant. Maria), Vita Joan. Franc. Commendoni card., 1489, 1490.

Gravelle (François de), Abrégé de la Philosophie, 786.

Gregorius (Divus), Opera, 205, 206, 207; Moralia, 208; Dialogues, 209; Homélies, 210.

Gregorius IX (D. papa), Decretales, 645, 647, 649.

Grenade (Louis de), Catéchisme, 340; OEuvres spirituelles, 395.

Grenailles (de), le Sage résolu contre la fortune, 808.

Gretserus (Jac.), Institutiones linguæ græcæ, 1044, 1045.

Griffet (Henry), Année du Chrétien, 400.

Grimaudet (Franc.), Paraphrase du droit des dixmes, 669.

Gros (l'abbé Le), du Renversement des libertés de l'Eglise gallicane, 693.

Grotius (Hugo), Historia Gothorum, 1900.

Grouvel (J.), Répertoire des lois, 591.

Gualterius (Johan.), Chronicon chronicorum, 1394.

Guarini (Battista), Il Pastor fido, 1222.

Guenois (Pierre), Conférence des Ordonnances royaux, 573.

Guesnay (Joan. Bapt.), Annales provinciæ massiliensis, 1439.

Guesnois, Entretiens d'Ariste et d'Eugène, 501.

Guevara (Auth. de), Urundtlicke ghemeene, 1334.

Guicciardinus (Franc.), Historia sui temporis, 1846.

Guibert (Philibert), Œuvres, 973, 974, 975.

Guichenon (Sam.), Bibliotheca sebusiana, 1590; Histoire de la royale maison de Savoie, 1933.

Guido Bribanso, super sententias, 257.

Guiffart, Discours du vide, 874.

Guiionii (Jac., Joan., And. et Hugo), Opera, 1276.

Guilhelmus Mimatens., Rationale div. officior., 106.

Guillaume (archev. de Tyr), Hist. de la guerre sainte, 1717.

Guillemeau (Ch.), Aphorismes de chirurgie, 958.

Guillimannus (Franc.), De rebus Helvetiorum, 1855.

Guinard (Madame), Auguste et Noémi, 1212.

Guy du Rousseau de la Combe, Recueil de Jurisprudence civile, 570.

Guyon (Loys), le Miroir de la beauté et santé corporelle, 942.

H.

Habert (Germ.), Vie du cardinal de Berulle, 1775.

Hæschelius (Dav.), Photii myriabiblon, 1951.

Halicarnasseus (Dion.), Antiquitates rom., 1678.

Hallier (Fran.), Defensio ecclesiast. hierarchiæ, 465; Hierarchia ecclesiastica, 1414.

Hamon, Traitez de piété, 432.

Hangest (Hieron.), Liber de causis, 734.

Harangues héroïques, 1148.

Harangues, 1151.

Harlay (François de), Synodicon eccles. parisiens., 147; Descriptio artificii logici, 779.

Harpsfeldius (Nicol.), Hist. anglic. ecclesiast., 1442.

Harvillæus (Henr.), Isagoge chronologica, 1373.

Hauranne (Jean du Vergier de), Lettres chrétiennes, 403.

Havensius (Arnold.), de Erectione

nov. in Belgio episcopatuum, 1435.

Haye (Joan. de la), Biblia maxima, 44.

Heda (Wilhelm.), de Episcopis ultrajectinis, 1434.

Hédouville, Journal des Savans, 1965.

Heisterbachcensus (Caesar.), Illustria miracula, 386.

Helloix (Petr.), Vitae illustr. eccles. Orient. Scriptorum, 1630.

Hélyot (Hippolyte), Idée d'un chrétien mourant, 434.

Henricpetrus (Jac.), De rebus gestis Gallorum, 1729; De regibus Francorum, 1729.

Henriet (Prothasius), Harmonia evangelica, 19.

Henrion (D.), Usage du compas de proportion, 985.

Henry, Histoire de la littérature allemande, 1944.

Henschenius (Godefr.), de tribus Dagobertis, 1747.

Heresbachius (Conrad.), Hist. Anabaptistica, 1640.

Héricourt (Louis d'), Discipline de l'église, 654.

Hermant (Godefroy), Vie de S. Athanase, 1495; Vie de S. Ambroise, 1498; Vie de S. Basile-le-Grand, 1512.

Hermia (Philosophus), Tractatus aliquot, 180.

Herpin (René), Apologie pour la république de Jean Bodin, 814.

Hersent (Ch.), le Mars françois, 1785.

Hieronymus (S.), Opera, 211; Epistolae, 212, 213, 214, 215, 1318; Epîtres familières, 216, 219, 220; Lettres, 217, 218; Opus in vitas patrum, 1617, 1619.

Hispania illustrata, 1857.

Histoire des comtes de Ponthieu, 1929.

Histoire des Conciles généraux, 1477.

Histoire des ducs d'Épernon, 1758.

Histoire ecclésiastique, 1420.

Histoire de France, 1767.

Histoire de Louis-le-Juste, 1748.

Histoire du ministère de Richelieu, 1776.

Histoire de l'ordre monastique, 1513, 1514.

Histoire des papes, 1483.

Histoire des cinq propositions de Jansénius, 1651.

Histoire du temps, 1795.

Historia ecclesiastica, 1407.

Historia Flagellantium, 1642.

Historia Monothelitharum, 1639.

Historia rerum belgicarum, 1836.

Historia naturalis de avibus, 912.

Historia degli huomini illustri, 1595.

Historia particolare di Venetia, 1850.

Historiae anglicanae scriptores, 1881.

Historiæ Franc. scriptores, 1739.
Histor. Rom. scriptores, 1684, 1685.
Hoius (Andr.), Historia universa, 1393.
Holkot(Robert.), In sententias, 261.
Holoandrus (Greg.), Interpretatio oper. D. Clementis, 185.
Holstenius(Luca),Collectio romana, 1413.
Homeliæ Patrum, 163.
Homerus, Carmina, 1158.
Honorius (Philip.), Thesaurus politicus, 1716.
Horatius (Q.Flaccus),carmina, 1173, 1174, 1175, 1176, 1177, 1178.
Hospitalius (Mich.), Epistolæ, 1189.
Houart, Anciennes Lois des Français, 606.
Hoüay, Coutumes anglo-normandes, 605.
Houppeville (De), la Génération de l'homme par le moyen des œufs, 930.
Houtteville (l'abbé), Religion chrétienne, 462.
Hugo (Dom.), Super Epistolas et Evangelia, 78; Expositio in quatuor evangeliorum, 79.
Hugo (de S. Charo), Expositio in evang., etc., 48.
Hugo de Prato, Sermones perutiles de sanctis, 360, 361.
Huré (Charles), Dict. de l'Écriture sainte, 104.

I.

Iamblichus. de Vita Pythagoræ, 755.
Idée du christianisme, 435.
Ignatius Loyola, Exercitia spiritualia, 382.
Ignatius, Epistolæ, 179.
Imago primi seculi soc. Jesu, 1540.
Imbertus (Joan.), Enchiridion juris scripti, 567.
Imitatione Christi (de), 381.
Index expurgatorius librorum, 1954.
Index in Theophrasti, Dioscoridis, Plinii opera, 907.
Inglaris (Aloysius), Inscriptiones, 1190.
Injuste accusation de Jansénisme, 506, 507.
Instructions chrestiennes, 346.
Instruction pastorale sur la communion, 316.
Instructions pour les dimanches et les fêtes, 347.
Instructions et missives concernant le concile de Trente, 1468, 1472.
Interprétation des Pseaumes, 62.
Intrigliolus (Don Nicol.), de Casibus conscientiæ, 324.
Irenicus (Franc.), Descriptio Germaniæ, 1864.
Isaïe traduit en françois, 69.

Isidorus (S. Hispalens.), Opera, 251.

Isidorus (S. Pelusiotæ), Opera, 183.

Isoard, Science économique des manufactures, 832.

Isocratis, Orationes et Epistolæ, 1144.

Issali (Jean), Plaidoyers de Lemaistre, 611.

Ives, Morales chrétiennes, 412.

J.

Jacob (Lud.), Bibliotheca pontificia, 1480 ; Traité des bibliothèques, 1950.

Jansenius (Cornelius), Paraphr. in psalterium, 58 ; le Mars français, 1785.

Jaquelot, Entretiens de Maxime et de Thémiste, 532.

Jarric (Pierre du), Histoires des choses mémorables, 1918.

Jay (Gabr. Franc. le), Bibliotheca rhetorum, 1127.

Jay (Michel le), Biblia polyglotta, 1.

Jean (le R. P. dom), Conduite chrétienne, 430, 431.

Jérémie et Baruch, traduits en françois, 70.

Jesus-Marie (R. P. Alphonse de), Maximes pernicieuses, 450.

Johnstonus (Robert.), Historia rerum britannicarum , 1880.

Josephus (Flav.), Opera, 1659, 1660, 1661, 1662.

Jostonus (Johan.), Deudographias, 903.

Jouffroy (Th.), Droit naturel, 546.

Journal historique, 1971.

Jousse, Traité du gouvernement des paroisses, 703.

Jouyse (David), Examen du livre de Lamperière , 946.

Jubert (Laur.), Erreurs populaires, 955.

Juigné (de), Dictionnaire historique, 1982.

Julianus Imperator, Opera, 761.

Junius (Franciscus), Acta sanctorum Apostolorum, 17.

Justellus (Henric.), Bibliotheca juris canonici, 643.

Justification des prétendus Jansénistes, 475.

Justinianus imp. Institutiones, 553, 554, 555, 557; Codex, 558, 559, 562.

Justinianus (Petr.), Historia rerum venetarum , 1852.

Justinus (S.), Opera , 180.

Justinus, Histor. ex Trogo Pompeio, 1655; de Histor. philippicis, 1656.

Juvenalis (Junius), Satyræ, 1180, 1181.

Juvencius (Jos.), Candidatus rhetoricæ, 1133, 1134.

L.

Labaume (Eug.), Histoire de la Révolution française, 1786.

Labbe (Phil.), Concilia, 131; Synopsis conciliorum, 134; Regulæ accentuum et spirituum græcorum, 1059; Heroicæ poeseos deliciæ, 1204; Géographie royale, 1355; Histor. byzantina, 1691.

Laborde (Léon de), Voyage de l'Arabie Pétrée, 1366.

Laboureur (le), Histoire de Charles VI, 1751.

Lacépède (comte de), OEuvres, 886.

Ladoneus (Steph.), Antiquitates Augustoduni, 1825.

Laersius (Cherubinus), Magnum Bullarium, 652.

Laertius (Diogenis), Vitæ philosophorum, 1983.

Laet (Joan. de), Notæ dissertationem Hug. Grotii de origine gentium americanarum, 1922.

Lafaille, Annales de Toulouse, 1821.

Lallemant (le R. P.), les saints désirs de la mort, 438.

Lallouette (Ambr.), Extraits des ouvrages de quelques pères, 157.

Lambert (Joseph), Manière d'instruire les pauvres, 446.

Lambert Bally (de Saint-Sauveur le vicomte), Coutumes de Normandie, 592.

Lamet, Dict. des cas de conscience, 317.

Lamont (Jean de), Panégyriques des saints, 356.

Lampérière (Jean de), l'Ombre de Nécrophore, 954.

Lamy (Bernard), Apparatus biblicus, 90; de Tabernaculo fœderis, 100; Traité de l'ancienne Pâque des Juifs, 101; Preuves de la vérité de la morale chrétienne, 406.

Lancelot (Cl.), le Jardin des racines grecques, 1061; Dissertation sur l'hémine de vin, etc., 1937.

Lanfrancus (B.), Opera, 250.

Lange, Pratique civile, 565.

Langius (V. Joseph.), Florilegium magnum, 723.

Lanovius (Franc.), Chronicon generale ord. Minor., 1552.

Laonicus (Chalcondyla), Historia, 1705.

Lapeyre (Jacq. d'Auzoles), l'Epiphanie, 301; Géographie, 1344; Chronologie, 1379.

Lapide (Cornelius à), Commentar. in sacr. script., 46.

Las Cases (le comte de), Mémorial de Sainte-Hélène, 1787.

Laudunus (Martinus de), Epistola, 394.

Laugeois (Ant.), Moralités chrétiennes, 348 ; Idée de la foi, 1206.

Launoy (Joan.), de Mente conc. Trid. circa contritionem, etc., 305.

Laurens (André du), Œuvres, 924.

Laurens, Job et les pseaumes, 11.

Laval (Ant. de), Paraphr. sur les Pseaumes, 64; Desseins de professions nobles et publiques, 1288.

Laval (J. le Frère de), Histoire des guerres civiles, 1745.

Lavardin (Jean de), Histoire de Georges Castriot, 1914.

Leblanc, Portefeuille industriel, 838; Métallurgie pratique du fer, 839.

Lebrun (R. P. Laur.), Novus apparatus Virgilii poeticus, 1160.

Lecat, Théorie de l'ouïe, 928.

Lefebvre-Duruflé, Rapport présenté au conseil général de l'Eure, 862.

Legras (le Père), Ouvrage des SS. Pères, 162.

Lejeune (Paul), Relation des missions, 1461.

Lelong (Jacques), Bibliothèque historique de la France, 1960; Discours histor. sur les éditions des polyglottes, 1965.

Lelong (Michel), Aphorismes d'Hippocrate, 921; Ecole de Salerne, 935, 936, 938.

Lemée (Réné), le Prélat accompli, 1502.

Lémery (Louis), Traité des alimens, 934.

Lémery (Nic.), Cours de chimie, 879.

Lemnius (Levinus), de Plantis sacris, 103.

Lemonnier (Petrus), Cursus philosophicus, 766.

Lenfant (Jacq.), Hist. du conc. de Constance, 1474.

Lenzo (Cosma), Annales cleric. regular., 1559.

Leo (F. Carmelita), Studium sapientiæ, 732.

Léonard (Fréd.), Recueil de traitez de paix, 1792.

Leporcq (Jean), Sentiments de S. Augustin sur la grâce, 477.

Leroy (Onésime), Etudes sur la personne et les écrits de Ducis, 1242.

Lesclache (Louis de), Fondemens de la religion chrétienne, 420.

Leslæus (Joan.), de Origine Scotorum, 1893.

Lessius (Leonard.), de Justitia et jure, 325.

Lettres d'un ecclésiastique, 521.

Lettres de messieurs des missions étrangères, 1650.

ET DES MATIÈRES. 341

Lettres de Polémarque à Eusèbe, 529.

Lettres d'un théologien, 480.

Lettres théologiques, 516.

Leva (Bonifacius de), Viaticæ excursiones, 806.

Leven van den H. Bruno, 1582.

Lexicon juris civilis, 538.

Lhomme (J-B.-C.-R.), Traité de l'éducation des mérinos, 899.

Libavius (Andr.), Alchimia, 1006; Praxis alchimiæ, 1007; Syntagma, 1008.

Licetus (Fortun.), De lucernis antiquorum reconditis, 1940.

Licquet (T.), Histoire de Normandie, 1800; Catalogue de la bibliothèque de Rouen, 1976.

Linand (M. B.), Traité des eaux minérales de Forges, 892.

Lipsius (Justus), Commentar. in Senecam, 750; Opera, 1272.

Lira (Nicol. de), Postillæ, 40, 41, 42, 43, 44, 45; in novum Test., 76.

Littleton, Anciennes Lois des Français, 606.

Liturgies (les anciennes), 112.

Lizetius (Petrus Alvernus), Adversum-pseudo evangelicam hæresim, 474.

Logique, 773, 777.

Lombardus (Petr.), Sententiæ, 262, 263.

Lombert, traduction de S. Cyprien, 223, 224.

Lopez (Didacus), Concionator evangelicus, 374.

Lopez (Franc.), Hist. des Indes occidentales, 1919.

Louandre (F. C.), Histoire d'Abbeville, 1810.

Loüet (Georges), Recueil d'arrêts, 613.

Loy (Michaelis de), Idea pactorum, 619.

Luca (Franc.), Romana correctio in latinis Bibliis, 6.

Lucanus (M. Annæus), de Bello civili, 1183.

Lucensis (Jos. Laur.), Amalthea onomastica, 1062, 1063.

Lucianus, Selecti mortuorum dialogi, 1294.

Lucius (Joan.), De regno Dalmatiæ, 1871.

Luckius (Jean. Jac.), Sylloge numismatum, 1938.

Lucretius (Tit.), de Rerum natura, 1187.

Ludolphus cartus, Vita Christi, 35.

Ludolphus de Saxonia, Vita Jesus-Christi, 32, 33, 34, 35, 36.

Luitprandus, Opera, 1711.

Lumières de l'éloquence (les), 1139.

Lunadoro (Girolamo), Relatione della corte di Roma, 1853.

Lupus (B. Servatus), Opera, 256.

Luynes (le duc de), Ouvrages de piété tirés des SS. Pères, 158 ; Sentences et instructions chrétiennes, 159.

Lycosthenis (Conrad.), Apophthegmata, 1254.

M.

Maan (Joan.), Ecclesia Turonensis, 1428.

Mabillon (D. Joan.), Museum Italicum, 164; Traité des études monastiques, 1024; Réflexions sur la réponse de M. l'abbé de la Trappe, 1026; Acta sanctorum Ord. sancti Benedicti, 1524; De re diplomatica, 1945.

Mably (l'abbé de), Observations sur l'hist. de la Grèce, 1670; Observations sur les Romains, 1689; Observations sur l'hist. de France, 1737; Destin de la France, 1791.

Macedo (Ant. de), Lusitania infulata, 1449; Lusitania liberata, 1862.

Macrobius (Amb. Aurel. Theod.), In somnium Scipionis, 1237.

Maffeius (Joan. Petr.), De vita et moribus Ignatii Loiolæ, 1538.

Maginus (Jos. Ant.), Geographia universa, 1347.

Magnus (Joan.), Historia Gothorum, 1899.

Magnus (Olaus), Historia de gentibus septentrion., 1901.

Magu, Poésies, 1216.

Maimbourg (M.), Hist. du pontificat de S. Grégoire-le-Grand, 1486; Histoire du pontificat de S. Léon-le-Grand, 1487; Œuvres, 1636.

Maistre (N. Le), Instauratio antiqui episcop. principatus, 1511.

Maître (Ant. Le), Vie de S. Bernard, 1569.

Major (Joan.), in sententias, 258, 259, 260.

Malingre (Cl.), Annales de la ville de Paris, 1827.

Mallet (Ant.), Hist. des Papes, 1484.

Manassis (Constant.), Breviarium hist., 1697.

Mandements, 478, 481, 483, 484.

Manrique (Ange), Vie de la mère Anne de Jésus, 1629.

Mantuanus (Bapt.), Opera, 1197, 1198; Parteniæ, 1199; de sacris Diebus, 1200.

Manzini (Jean-Bapt.), Harangues académiques, 1157.

Marande (le sieur de), le Théologien françois, 286; Inconvéniens d'estat, 473; Abrégé de toute la philosophie, 765.

Marca (Petrus de), Dissertationes sacræ, 310; de Libertatibus ecclesiæ gallicanæ, 672; Histoire de Béarn, 1818.

Marcel (Pierre Leopold), du Régime dotal, 621.

Marchantius (Jac.), Vitis florigera, 1606.

Marchetty (Fr.), Vie de Jean-Bapt. Gault, 1501.

Mareschal (Mathias), Traité des droits honorifiques, 623.

Margarinus (Cornelius), Bullarium Casinense, 707.

Marlot (Guil.), Hist. metropolis remensis, 1426.

Marque (Jacques de), Introduction à la chirurgie, 959, 960, 961.

Marrier (Mart), Bibliotheca cluniacensis, 1580.

Marsollier (l'abbé de), Vie de dom Armand-Jean Lebouthillier de Rancé, 1573, 1574; Vie de S. François de Sales, 1509.

Marsus (Petrus), Commentar. in primum librum Cicer. de officiis, 757.

Marteau, Philosophie morale, 797.

Martene (Edmund.), de Antiquis eccles. ritibus, 115; de Antiq. monach. ritibus, 126, 127.; Thesaurus novus anecdotor., 160.

Martialis (M. Val.), Epigrammata; 1182.

Martialis (P. à S. Joan, Bapt.), Bibliotheca scriptorum Carmelitarum, 1955.

Martianay (dom Jean), la Vérité des livres de la sainte écrit., 92.

Martin (Simon), Vie de Catherine de Vis, 1628.

Martinius (Matthias), Lexicon philologicum, 1079.

Martinius (Mart.), de Bello tartarico historia, 1921.

Massillon, Sermons, 368, 369.

Massonus (Papirius), Descriptio fluminum Galliæ, 1353; de Episcopis qui rom. eccles. rexerunt, 1481; Annales, 1723; Elogia, 1977.

Matthæus Westmonasteriensis, Flores historiarum, 1877.

Matthieu (Pierre), Histoire des troubles de France, 1756.

Matthiolus (Petr. Andr.), Commentarii, 952, 953.

Mechet (dom Louis), Gouvernement de l'ordre de Citeaux, 1535.

Médine (Pierre de), l'Art de naviguer, 1001.

Melanctho (Petr.), Epistolæ, 1307.

Melito (R. P.), Gregoriana correctio, 987.

Melissa, Epistolæ, 755.

Mémoires des sages et royales économies d'estat, 1766.

Ménard, Histoire de Nismes, 1823.
Menardus (Fr. Hug.), Concordia regularum, 1525,
Ménage, les Origines de la langue françoise, 1112.
Menestrier (le père), des Décorations funèbres, 1020.
Menochius (Joan. Steph.), de Republica Hebræorum, 1664.
Mercier, Parfait praticien, 564.
Mercure français, 1970.
Mercure de Gaillon, 1806.
Mercure suisse (le), 1856.
Mereletus (Joh.), Bellum sequanicum, 1831.
Merserus (Nic.), De conscribendo epigrammata, 1159.
Merville (Pierre), Coutume de Normandie, 596.
Messenguy, Vie des Saints, 1608.
Messinghamus (Th.), Vita et acta sanctorum Hiberniæ, 1604.
Meteranus (A. E.), Historia belgica, 1835.
Méthode pour apprendre la langue grecque, 1058.
Méthode pour apprendre facilement la langue latine, 1108, 1109.
Meurisse, Hist. des Evesques de Metz, 1505.
Meursus (Joan.), Glossarium græco-barbarum, 1052.
Michel (Gabriel), Coutumes générales, 608.

Millot (l'abbé), Hist. de France, 1726.
Miracles du diacre Paris, 518.
Mirandole (Joan. Pic.), Commentationes, 1275.
Moissy (l'abbé de), Méthode des SS. Pères, 156.
Molina (D. A. de), Instruction des prêtres, 448.
Molinier (E.), Vie de Barth. de Donadieu, 1510.
Moncæius (Franc.), Aaron purgatus, 1658.
Monlucianus (Ant. Mizaldus), Centuriæ novem in aphorismos arcanorum, 1009.
Monet (Philibert), Inventaire des deux langues, 1114; Capta Rupecula, 1771; Origine des armoiries à la gauloise, 1926.
Monstier (Arth. du), Neustria pia, 1425.
Monstrelet (Enguerrand de), Chroniques, 1740.
Montaigne (Mich. de), Essais, 1280.
Montanus (Bened. Ariæ), Commentar in duodec. Proph., 75.
Monteil (Amand-Alexis), Traité des matériaux manuscrits, 1973.
Montesquieu, Esprit des lois, 544.
Monumenta patavina, 1941.
Morelius (Guillel.), Verborum latinorum cum græcis gallicisque conjuctorum comment., 1085, 1086.

Moréri (L.), Dictionnaire historique, 1979.
Morgues (Matthieu de), Diverses pièces, 1774.
Morin (Lous-Réné), Histoire de Louviers, 1803.
Morisotus (Cl. Barthol), Epistolæ, 1313; Historia orbis maritimi, 1359.
Morocurtius (Joan.), Threnodia adversus Lutheranos, 1202.
Morus (Thom.), Opera, 1267; Epistolæ, 1307.
Moulin (Charles du), Coutumes générales, 608.
Moulins (Jean des), Histoire générale des plantes, 906.
Moyne (Pierre le), Peintures morales, 804.
Mundelheim (Nibridius à), Antiquarium monasticum, 1517.
Munier (Jean), Recherches sur la ville d'Autun, 1826.
Murer (Henric.), Helvetia sancta, 1615.
Mureti (Ant.), Epistolæ, 1310.
Musée industriel, 833.
Musica, 1018.
Myca, Epistolæ, 755.

N.

Nanus (Dominicus), Polyanthea, 724.
Nau, l'Œil clairvoyant d'Euphornion, 1249.
Navigation fluviale, 863.
Neper, Arithmétique, Logarithmétique, 983.
Neugebaverus (Salomon), Historia rerum polonicarum, 1904.
Nicéphore, Histoire ecclésiast., 1406.
Nicephorus, Historia Byzantina, 1704.
Nicius (Janus Erythr.), Epistolæ, 1320.
Nicolle (P.), De l'unité de l'église, 491; Préjugés contre les Calvinistes, 522.
Nicquet (Honorat), Hist. de l'ordre de Font-Evraud, 1587.
Nisard, Études de Mœurs, etc., 1243.
Nodier (Ch.), Notions élementaires de linguistique, 1029
Nœuds de l'amour (les), 1854.
Noguier (Ant.), Histoire tolosaine, 1822.
Nouveau style des notaires apostoliques, 616.
Nouveau tocsin des Jésuites, 527.
Nouvelle description des Pays-Bas, 1356.
Nouvelon (de), Hercule furieux, 1220.
Nourais (P. A. de la), Association des douanes allemandes, 856.

Nova collectio statutorum ord. Cartusiensis, 710.
Novarinus (Aloysius), Electa sacra, 380.
Novum Testamentum, 12, 13, 14, 15, 16.
Nuevo Testamento, 18.
Nupied (M. N.), Coutume de Normandie, 595.

O.

Observations adressées par la chambre de commerce de Lille, à M. le Ministre du comm., 859.
Observations pour connaître et traiter les maladies vénériennes, 950.
Observations sur les écrits modernes, 1244.
Ockam (Guilermi) Dialogi, 505.
Officina latinitatis, 1048.
Ogerius (Carol.), Ephemerides, 1364.
Ogier (François), Actions publiques, 372.
Olier, Lettres spirituelles, 424.
Olivier (Mathieu), Chroniques générales de l'ordre de Saint-Benoist, 1526.
Opmeerus (Petr.), Opus chronographicum, 1392.
Optatus (S.), Opera, 249.
Opusculum de sena planta, 1010.
Oraisons funèbres, 350, 351, 352.

Orbigny (Alcide d'), Voyage dans l'Amérique méridionale, 1368.
Ordonnances, édits, etc., 603.
Ordonnances de Louis XIII, 578.
Ordonnances de Louis XIV, 579, 580, 581, 582.
Ordonnances royaux sur le fait de la justice, 574.
Ordonnances sur le fait des aydes, 590.
Origenis in sacr. script., 184.
Orlandinus (Nicol.), Hist. soc. Jesu, 1539.
Orléans (Pierre-Joseph), Vie du P. Pierre Coton, 1544.
Osorius (Jérosme), Histoire du Portugal, 1863.
Ossat (Cardinal d'), Lettres, 1325.
Ossude, la Mémoire de Louis XIV justifiée, 1784.
Oudin (César), Grammaire italienne, 1117, 1118; le Trésor des deux langues, espagnolle et françoise, 1123; Supplementum de scriptoribus, 1961, 1962.
Ovidius (Pub. Nas.), Metamorphoseos, 1184; Métamorphoses, 1185.
Oyon (J.-B.), Collection des lois, etc., 631.

P.

Pagez (Jean), Essais sur les miracles de la création du monde, 887.

Pagus (Ant.), Critica in annales Baronii, 1402.

Pajot (Carolus), Diction. latino-gallico-græcum, 1087, 1088, 1089, 1090. — Diction. franc. latin, 1103.

Pallavicinio (Sforza), Trattato dello stile et del dialogo, 1140; Historia concil. tridentini, 1473.

Pamelius (Jacob.), Missale SS. Patrum, 119.

Pamphilus (Eusebius), Thesaurus temporum, 1369; Histoire ecclésiastique, 1404.

Pampolitanus (D. Richardus), Enarratio in Psalterium, 59.

Panigarole (François), Leçons catholiques, 488.

Panvinius (Aug. Onuphr.), Fasti Romanorum, 1687; De ludis circensibus, 1935.

Papin (Nic.), Raisonnemens philosophiques, 893.

Paraphrases totius philosophiæ naturalis, 738.

Paraphrase en vers sur le Cantique des cantiques, 68.

Paraphrase sur les dix livres de l'Ethique d'Aristote, 794.

Paris (Dom Julien), du premier esprit de l'ordre de Citeaux, 1534.

Paris (Matthæus), Historia major, 1879.

Pascal, Pensées, 452.

Passy (Ant.), Géologie de la Seine-Inférieure, 889.

Passy (Hippolyte), de l'Aristocratie, 821.

Paulinus (D.), Opera, 253.

Paulo (Carol. a S.), Geographia sacra, 1342.

Paulus (F.), Lectura, 290.

Pause (Joan. Plantavitius de la), Chronologia Præsulum lodovensium, 1382.

Paz (Franc. Augustin du), Histoire de Bretagne, 1931.

Pégurier (Laurent), Décision touchant la comédie, 336.

Pelagus (Alvarus), de Planctu ecclesiæ, 657.

Pelens (Julien), Action. forenses, 568.

Pellico (Silvio de Saluces), Devoirs de l'homme, 811.

Pentateuchus historicus, 53.

Pererius (R. P. Bened.), Commentar. in Genesim, 51.

Perez (Jacob.), Expositio in psalmos, 56.

Perottus (Nic.), Cornucopiæ, 1072.

Perpétuité de la foy (la), 461.

Perpinianus (Petr. Joan.), Orationes, 373.

Pesnelle, Cout. de Normandie, 602.

Pestalosi, Avis de précaution, 947.

Petavius (Dionys.), Theologia, 280;
Miscellaneæ, 761; Uranologium,
993; Rationarium temporum,
999, 1000; Opera poetica, 1191;
de Doctrina temporum, 1374.
Petit (Jean-Franc. le), Chronique de Hollande, 1842.
Petrarcha (Franc.), Opera, 1271;
de Viris illustribus, 1988.
Petrus, Histor. Albigensium, 1641.
Petrus Martyr., Epistolæ, 1314.
Pexenfelder (Mich.), Florus Biblicus, 31.
Peyrat (Guil. du), Hist. ecclésiast.
de la cour, 1433.
Pezron (dom Paul), Défense de
l'antiquité des temps, 1381.
Phalaris, Epistolæ, 1299.
Phalesius (Hubertus), Concordantiæ Bibliorum, 21.
Philelphus (Franc.), Epistolæ,
1315, 1316, 1321.
Philonis Judæus, Opera, 176, 177.
Philostratus (Fil.), de Heroïbus
trojanis, 1988.
Philoxenus (Cyrillus), Glossaria,
1049.
Photius, Epistolæ, 1298.
Pièces curieuses, 1773, 1779.
Pierre de Sainte-Catherine (dom),
Cérémonial monastique, 128.
Pigray (Pierre), Epitome des préceptes de médecine et de chirurgie, 918, 919.

Pimander, 725.
Pinet (Ant. du), Commentaires
de Mathiolus, 953
Pirrus (Rocchus), Sicilia sacra,
1453, 1454.
Pisanella, de Casibus conscientiæ,
321.
Pistorius (Joan.), Historia polonica,
1902.
Pithagora epistolæ, 755.
Pithou (Pierre), Libertés de l'Église gallicane, 691.
Pitseus (Joan.), Relationes hist.
anglicanæ, 1884.
Planchette (dom Bern.), Vie de
saint Benoist, 1507.
Plantaleo (Henric.), Prosopographia heroum Germaniæ, 1868.
Plantavitius (Joan.), Thesaurus
synonimicus, 39; Chronologia
præsulum Lodovensium, 1382.
Platina, Liber de vitâ Christi,
1479.
Plato, Opera, 754.
Plessis d'Argentré (Carolus du),
Elementa theologica, 282.
Plinius (C. secundus), Historia
mundi, 881; De viris illustribus, 1988.
Plinius (C. Cæcil.), Epistolæ,
1304.
Plotinus, De rebus philosophicis,
758.
Plutarque, Œuvres morales, 1265,

795; Vies des hommes illustres, 1984, 1985, 1986, 1987.

Poème de saint Louis, 1207.

Poille (Jacques), Œuvres, 1209.

Politi (Adr.), Dittionario toscano, 1122.

Polus (Mattheus), Synopsis criticorum, 99.

Polycarpus, Epistolæ, 179

Pomerius, Sermones, 362.

Pommeraye (Franc.), Concilia eccles. Rothomagens., 148, 149; Histoire des Archevêques de Rouen, 1494.

Pontanus (Georg. Barthold.), Bohœmia pia, 1438.

Pontanus (Joh. Isaac.), Discussiones historicæ, 1713.

Pontchasteau (S. J. Camboust de), Vie de S. Thomas, Archev. de Cantorbéry, 1499.

Ponte (Petr. de), Incomparanda Genovefa, 1201.

Porta (Santius), Sermones, 357.

Portefeuille industriel, 1015.

Portrait de la modestie chrét., 427.

Possevin (Jean-Bapt.), Vie de S. Charles Borromée, 1492.

Pothier, Commentaire sur l'ordon. de 1670, 636.

Pottier (A.), Catalogue de la bibliothèque de Rouen, 1976.

Pouget (le P.), Catéchisme de Montpellier, 338, 339.

Pouillé des bénéfices du diocèce de Rouen (le nouveau), 629.

Pouillet, Portefeuille industriel, 838.

Pragmatica sanctio, 697, 698, 699.

Prandus (Hier.), in Ezechielem, 71.

Préau (Gabriel du), Histoire de la Guerre sainte, 1717.

Prétendus réformez (les), 1643.

Preuves des libertés de l'Église gallicane, 692.

Prévost (Aug. Le), Notes sur l'hist. de Normandie, 1801; Collection de vases antiques, 1939.

Priezacus (Daniel.), Miscellaneæ; 1274.

Primaudaye (Pierre de la), Académie française, 807.

Prince (le), 1780.

Priolus (Benj.), De rebus gallicis, 1783.

Privilége pour les dixmes novalles, 704.

Priviléges de l'ordre de Citeaux, 713.

Privilegia ord. Cisterciensis, 712.

Probus (Æmylius), Vitæ virorum illustrium, 1988.

Procès-verbal de l'assemblée extraordinaire des archevêques et évêques, 688.

Procez-verbal de l'assemblée gé-
rale du clergé de France, 687.
Procès-verbaux du clergé de France,
683.
Procès-verbaux des conseils géné-
raux de l'agriculture, etc., 858.
Procès-verbaux au sujet des con-
vulsionnaires, 517.
Promptuarium Iconum, 1978.
Prophètes (les douze petits), 74.
Proverbes de Salomon, 66.
Prynne (Gul.), Antiquæ constitu-
tiones regni Angliæ, 1444.
Psalmi, 57.
Psalterium Davidicum, 116.
Puccini (Vincent), Vie de sainte
Marie-Magdeleine de Pazzi,
1563.
Pulgar (Ferd. de), Epistolæ, 1314.
Purchotius (Edmundus), Institu-
tiones philosophicæ, 769.
Puteanus (Erycus), Epistolæ, 1309.
Puy (G. du), Merveilles des quatre
cents faussetés du sieur Duplessis
511, 512.

Q.

Quercetanus (Andr.), Bibliotheca
cluniacensis, 1580.
Quesnel, Mémoires, 705.
Questions inouyes, 981.
Quinquarboreus (Joan.), Novæ
hebraïcæ institutiones, 1040.

Quintilianus (M. Fabius), Institutiones oratoriæ, 1128.

R.

Racueneau (Paul), Relation des
missions, 1464.
Raffaneau, Œuvres diverses, 1290.
Raimundus (Lulius), Rhetoricorum evulgatio, 1130.
Ramus (Petr.), Ciceronianus et
brutinæ quæstiones, 1129.
Rancé (l'abbé de), Instructions de
S. Dorothée, 186; Sainteté de la
vie monastique, 449; Règle de
S. Benoît, 711; Réponse au
traité des études monastiques,
1025.
Ranchin (Franc.), Opuscules,
945; Œuvres pharmaceutiques,
972.
Rapin (le P.), Esprit du christianisme, 492; le Magnanime,
1153.
Rapine (Ch.), Hist. générale des
frères mineurs, 1553.
Rapport du Jury central, sur les
produits de l'industrie française,
836.
Rapport du Jury de la Seine, sur
les produits de l'industrie française, 837.
Rapport au Roi, sur la situation
financière des communes, 842.

Rassicod (Etienne), Notes sur le conc. de Trente, 144.
Ravisius (Joan.), Epitheta, 1161.
Raynaudus (Theoph.), Opera, 270; Hoplotheca, 271.
Rayssius (Arnold.), Hierogazophylacium Belgicum, 1436.
Recueil de la fondation du collége Mazarini, 1829.
Recueil de mémoires, 1763.
Recueil de pièces, 1770.
Recueil de pièces relatives à l'ordre de Cisteaux, 1523.
Recueil de pièces, 706.
Recueil de la Soc. libre de l'Eure, 742.
Recueil de la Société polytechnique, 1014.
Recueil de pièces d'éloquence et de poésies, 1149, 1150.
Recueil des édits, etc., concernant les mariages, 575.
Recueil des édits, déclarations, etc., 586.
Recueil des édits, etc., 587.
Recueil d'ordonnances, 607.
Recueil des actes, titres, etc., concernant les affaires du clergé de France, 681.
Recueil des questions traitées et conférences du bureau d'adresse, 730, 731.
Recueil histor. des bulles, 1649.
Réflexions sur les différens de la religion, 485.

Regia Parnassi, 1167, 1168, 1169.
Reginæ palutium eloquentiæ, 1137.
Réglemens de l'abbaye de la Trappe, 715.
Règles pour l'intelligence des saintes écritures, 88.
Regula ord. S. Francisci, 718.
Regulæ soc. Jesu, 716.
Reineccius (Reinerus), Chronicon hierosolymitanum, 1917.
Reinesus (Th.), Epistolæ, 1312.
Relation des délibérations du clergé de France, 686.
Relation des missions des pères de la comp. de Jésus, en la nouvelle France, 1463.
Relation des missions, 1466.
Relation de la persécution du Japon, 1460.
Remarques sur la langue françoise, 1113.
Remèdes secrets, 1011.
Renaudot (Eus.), Hist. patriarcharum Alexandr., 1467.
Renaudottus (Eusebius), Liturgiæ orientales, 118.
Réné-Benoît, Cérémonies du sacre, 121.
Réné (Franc.), Essais des merveilles de nature, 888.
Renom (Jean de), Œuvres pharmaceutiques, 976.
Repertorium alphabeticum sententiarum vet. et nov. Test., 43.

Réponse au livre intitulé: Véritable gouvernement de l'ordre de Citeaux, 1536.

Réponse aux lettres provinciales de Louis de Montalte, 1295.

Rerum anglicarum scriptores, 1882.

Rerum bohemicarum scriptores, 1872.

Rerum hispanicarum scriptores, 1858.

Rerum sicularum scriptores, 1848.

Revius (Jac.), Historia urbis Daventriæ, 1844.

Reynerus (Clem.), Apostolatus Benedictin. in Anglia, 1519, 1520.

Rhodiginus (Lud. Cæl.), Lectiones antiquæ, 1241.

Ribier (Guil.), Mémoires d'estat, 1761.

Riccobonus (Ant.), Liber de historia, 1335.

Richard (l'abbé), Agneau pascal, 443.

Richard (Franc.), Relation des missions, 1465.

Richelieu (Cardinal duc de), Instruction du chrétien, 397; Perfection du chrétien, 398; principaux points de la foy catholique, 468.

Richeome (M. Louis), Adieu de l'ame dévote, 428; Panthéon huguenot, 524.

Richer, de l'autorité du Clergé, 680.

Richerius (Edmundus), Vindiciæ doctrinæ majorum, 674; Apologia pro Joan. Gersonio, 676. Defensio libelli, 679.

Richeterus (Gregorius), Axiomata politica, 826; Appendix ad regulas historicas, 1998.

Rishtonus (Eduar.), Hist. schismatis anglicani, 1644.

Rivière (Louis de la), Hist. de la vie de Marie Tessonnière, 1622.

Rivière (Polycarpe de la), Angélique, 407; l'Adieu du monde, 433.

Rochas (Henri de), Connaissance des eaux minérales, 891.

Rochette (Claude Le Brun de la), le Procès civil, 614.

Rodriguez (Alphonse), Perfection chrétienne, 422, 423.

Rœmond (Ch. de), la Couronne royale, 1769.

Rœmond (Florimond de), Ante-Christ et Anti-Papesse, 464; Hist. de la naissance de l'hérésie, 1637.

Roger (Simon), le Sénèque expliqué, 1303.

Roias (D. Joan. de), Commentarii in Astrolabium, 988.

Romanay (Guy Coquille, sieur de), Œuvres posthumes, 702.

Romuald (Pierre de Saint), Thrésor chronologique, 1378.
Rondelet (Guil.), Histoire des poissons, 913.
Roque (Gilles André de la), Blasons de la maison de Bourbon, 1927; Histoire de la maison de Harcourt, 1932.
Rossel, Vies des Saints, 1608.
Rosset (F. de), Jours caniculaires, 882.
Ros-Weydus (Heribertus), Vitæ patrum, 1620.
Rouault, Traité des monitoires, 701.
Rouillard (Sébast.), les Gymnopodes, 1248; Parthénie, 1431.
Rousseau (J.-J.), Œuvres, 1292.
Routier (Charles), Pratiques bénéficiales, 604, 630.
Routorga, Essai sur l'organisation de la tribu dans l'antiquité, 1654.
Roverius (Petr.), Reomaus, 1591.
Roy (Jean-Lucas de), Elémens de chimie, 877.
Rueus (Fran.), De gemmis, 103.
Rupertus, De divinis officiis, 107.

S.

Saavedra (Didacus), Idea principis christiano-politici, 817; Symbola, 1261, 1262.
Sacchinus (F.), Hist. soc. Jesu, 1541.
Sacrobosco (Joan.), Textus de sphæra, 792.
Sagard (Gabr. Théodat), Voyage au pays des Hurons, 1367.
Sainctes (Claude de), De rebus Eucharistiæ, 303.
Saint-Agatange, Eclaircissements de Méliton, 1297.
Saint-Agran (le sieur de), Entretiens d'Hermodore et du voyageur inconnu, 1296.
Saint-Gelais (Jean de), Hist. de Louys XIII, 1754.
Saint-Hilaire (Etienne Geoffroy), Philosophie anatomique, 926.
Saint-Jean (Mathias de), Panégyrique de l'ordre de N.-D. du Mont-Carmel, 1521.
Saint-Jure (Jean-Bapt.), Livre des éluz, 426; Vie de M. de Renty, 1576.
Saint-Martin (Ant. de), Conduites de la grâce, 413.
Saint-Sorlin (sieur de), Response à l'insolente apologie des religieuses de Port-Royal, 1646.
Saint-Yon (Colonel de), Hist. militaire de la France, 1762.
Sainte-Beuve (Jacq. de), Cas de conscience, 319.
Sainte-Marie (Franç. de), Hist. des Carmes déchaussés, 1562.
Sainte-Marie (Honoré de), Tradition des Pères, 161.

Sainte-Marie (Jean de), Vies et actions des saintes de l'ordre de S. Dominique, 1554.

Sainte-Marthe (Dom Denys de), Hist. de S. Grégoire-le-Grand, 1485.

Sainte-Thérèse (Louis de), Traité théologique, 417.

Salazar (Steph.), Genealogia Jesu Christi, 38.

Sales (Ch. Aug. de), Pourpris historique de la maison de Sales, 1934.

Sales (Franc. de), Epistres, 390, 393; OEuvres, 391; Entretiens, 392; de l'Amour de Dieu, 419.

Sallé, Code des curés, 667.

Sallo (Denis), Journal des savans, 1966.

Salmasius (Claud.), Defensio regia, 1887; Responsio ad Joan. Miltonum, 1888.

Saluste (Guil. de), la Semaine, ou Création du monde, 1210.

Salustius (C. Crisp.), Conjuratio Catilinæ, 1681.

Salvandy (de), Biographie de Buonaparte, 1992.

Salvian (évêque de Marseille), OEuvres, 335.

Sammarthanus (Scev.), Poemata et elogia, 1192.

Sammarthani (Scæv. et Abel.), Opera, 1203; Gallia christiana, 1423.

Sanchez (Didaco del Aquila), Duplex antidotus, 471.

Sanguin (Claude), Heures en vers françois, 120.

Sanson (Nicol.), Geographia sacra, 1340, 1341.

Sarasin, OEuvres, 1284.

Sarpi (Fra Paolo), Hist. du conc. de Trente, 1469, 1470, 1471.

Sassuolo (Lazaro Fenucci da), Ragionamenti sopra alonne osservationi della lingua volgare, 1120.

Satyre, 1211.

Saurin (Jacques), Sermons, 534.

Sausseyus (Carol.), Annales eccles. Aurelianensis, 1429.

Sauvage (Denis), Histoire de Paolo Jovio, 1712.

Sauvageon (G.), In universa medicina Barth. Perdulcis, 922; De la poudre de sympathie, 966.

Savaron (Jean), Chronologie des États généraux, 1796.

Savary (Jac.), Album Dianæ leporicidæ, 1196.

Saxo Grammaticus, Historia Danorum, 1907.

Scaliger (Josep. Julius-Cæsar), Exercitationes, 764; Opus de emendatione temporum, 1371, 1372.

Scapula (Joan.), Lexicon græco-latinum, 1048.
Scotus (Joan. Duns), Super sententias, 266, 267.
Scot Scotus (Alex.), Apparatus latinæ locutionis, 1066, 1067.
Scribanus (Carol.), Antuerpia, 1838.
Scriptores imperatorum germanicorum, 1869.
Séances publiques de la Société Linnéenne de Normandie, 741.
Senault (Jean-Franç.), Panégyriques des Saints, 354; l'homme criminel, 409; l'homme chrétien, 411; De l'usage des passions, 803; Vie de la mère Magdeleine de S. Joseph, 1565; Vie de madame Catherine de Montholon, 1624.
Seneca (L. Annæus), Opera, 750.
Sénèque, Œuvres, 752, 753; De la colère, 801.
Senlis (Sébast. de), Flambeau du juste, 410.
Sentimens de M. Descartes, 520.
Serarius (Nicol.), Res moguntiacæ, 1441.
Serclier (Jude), le grand Tombeau du monde, 308.
Sermes (sieur de), Traité de l'harmonie universelle, 1019.
Sermones discipuli, 363, 364.
Sermones dominicales, 365.

Sermones perutiles de sanctis, 359.
Sermons sur les mystères, 367.
Serpillon (Fr.), Code criminel, 634.
Serres (Jean de), Hist. de France, 1731, 1732.
Serres (Olivier de), Théâtre d'agriculture, 895, 896.
Severinus (Anitius Manlius), Opera, 756.
Severtius (Jac.), Chronologia, 1500.
Severus (Sulpicius), Opera, 1411, 1412.
Shaskspeare (William), Œuvres, 1223.
Sigonius (Carol.), Fasti consulares, 1686.
Silhon, le Ministre d'estat, 824; Eclaircissement sur l'administration de Mazarin, 1782.
Silloge, Variorum tractatuum, 1890.
Silos (Josephus), Hist. clericor. regular., 1558.
Simlerus (Josias), Bibliotheca, 1952.
Simocatta (Theophyl.), Historia, 1709.
Simon (Richard), Hist. crit. du vieux Testament, 93.
Simonidis (Gaspar.), Compendium biblicum, 27.
Sincellus (Georg.), Chronographia, 1693.

Skinner (Steph.), Etymologicon linguæ anglicanæ, 1124.

Smaragdus (Abbas), Diadema monachorum, 388.

Smetius (Henr.), Prosodia, 1165.

Smitheus (Rich.), Flores hist. ecclesiast. Anglorum, 1443.

Snellius (Villibrodus), Doctrina triangulorum, 985.

Socratis (Scholasticus), Historia eccesiast., 1405.

Soldat suédois (le), 1909.

Solier (Franc.), Hist. ecclés. du Japon, 1459.

Solinière (Pierre), Expériences de Physique, 873.

Sommerdick (Aarsens de), Voyage d'Espagne, 1362.

Souchetus (Joan-Bapt.), Vita B. Bernardi, 1529.

Soulier, Abrégé des édits, arrêts et déclarations, 585.

Sozomenus (Hermia), Hist. eccles., 1405.

Spanhemius (Fred.), Disputationes theologicæ, 293.

Spelmannus (Henric.), Concilia decreta, etc., 145; Glossarium archaiologicum, 1080.

Spinola (Ambr.), Vita P. Caroli Spinolæ, 1546.

Spontanus (Henric.), Cæmeteria sacra, 486.

Stadius (Joan.), Ephemeris, 994.

Statuta facultatis theologiæ parisiensis, 720.

Stephanus (Carolus), Dictionarium historicum, 1091, 1092, 1093.

Stephanus (Henric.), Thesaurus linguæ græcæ, 1051, 1054, 1055.

Stephanus (Robertus), Biblia sacra, 3.

Steward (Dugald), Philosophie des facultés de l'homme, 787.

Stobæus (Joan.), Loci communes, 1250.

Stœflerus (Joan.), Ephemeridum opus, 995.

Stoflerinus (Joan.), Elucidatio fabricæ, 991, 992.

Strabo, Res geographicæ, 1348.

Strabus (Fuldens.), Biblia sacra, 45.

Strada (Famianus), De bello Belgico, 1833; Het Eerste deel der Neder-Landsche oorloghe, 1845.

Stransky (Paul), Republica Bojema, 1873.

Style des Huissiers, 618.

Suarez (R. P. Franciscus), Metaphysicæ disputationes, 782.

Suetonius (C. Tranq.), XII Cæsares, 1679, 1680; De claris grammaticis et rhetoribus, 1988.

Suidas, Vita imperatorum, 1988.

Surius (F. Laur.), Apologia, 91; Comment. rerum in orbe gestarum, 1395; Histoire de toutes Choses mémorables, 1996.

Sweertius (Franc.), Athenæ belgicæ, 1839.
Sylvester, Summa summarum, 291.
Symbola divina et humana, 1263.
Symmachus (Q. Aurel.), Epistolæ, 1305, 1306.

T.

Tableau décennal du commerce, 851.
Tableau général du commerce, 852.
Tableau général du mouvement du cabotage, 853.
Tacitus (C. Corn.), Opera, 1671. 1672.
Taix (Guillaume de), Mémoires des affaires du clergé de France, 684 et 685.
Talon (Nicol.), Histoire sainte, 28.
Tarbé, Manuel des poids et mesures, 986.
Tardy (Cl.), Traité du mouvement circulaire du sang, 956.
Tasso (Bernardo), Lettere, 1330.
Tatianus (Assyrius), Tractatus aliquot, 180.
Tennenrius (Jac. Alex.), Veritas vindicata, 1742.
Terrien, Commentaires, 598.
Textor (Jo. Ravisius), Cornucopiæ, 726.

Thaulerus (D. Joan.), Exercitia piissima, 302.
Theanus epistolæ, 755.
Theatrum philosophiæ christ., 739.
Themistius (Euphr.), Orationes, 1143.
Theodorus (Cantuariensis), Penitentiale, 327,
Theophanis (J. P. N.), Chronographia, 1695.
Theophilus (Antioch.), Tractatus aliquot, 180.
Thérèse (Ste), Œuvres, 408.
Thesaurus (A. D. Emman.), Christi servatoris genealogia, 1205.
Thesaurus linguæ sanctæ, 1036.
Thesaurus novus, 1075, 1076.
Thesaurus vocum omnium latinarum, 1084.
Thiériot (J.-N.), De l'Influence exercée sur le commerce et l'industrie de la Saxe, etc., 857.
Thiers (J.-B.), Traité de la dépouille des curés, 625, 671; Critique de l'Histoire des Flagellans, 1594.
Thieys (J. L.), Fastes poétiques de l'Hist. de France, 1213.
Thoma Aquinatis, In Evangelium B. Joannis, 80; in Epist. B. Pauli, 83; Opera, 272; Prima secundo, 273; Summa, 274, 276; Liber secundus partis secunda, 275; Opuscula, 277.

TABLE DES AUTEURS

Thomas à Kempis, De Imitatione Christi, 375; Opera, 376.

Thomassin (R. P. Louis), Discipline de l'église, 653.

Thuanus (Jac.), Historia, 1714; Index, 1715.

Tilius (Joan.), De Regibus Francorum, 1729.

Tillemont (Lenain de), Mémoires pour servir à l'Histoire ecclésiast., 1419.

Tissier (Bertr.), Bibliotheca patrum cisterciensium, 1957.

Titelmannus (Franciscus), Compendium philosophiæ, 733.

Toinard (Nic.), Evangeliorum harmonia, 20.

Tolet (Franç.), l'Instruction des prêtres, 328.

Toletus (D. Fr.), Commentaria in libros Aristot. de physica, 869.

Tort (Franç. Le), Enchiridion scholasticorum, 1257.

Tortelius (Joan.), de Orthographia dictionum, 1110.

Tostatus (Alphon.), Opera, 47.

Tourneux (Nic. Le), Concordia libr. Regum, etc., 25.

Tourneux (Le), Abrégé de la théologie, 285.

Tractatio juris civilis, 542.

Traité de l'autorité du Pape, 673.

Traité de la Cour, 822, 823.

Traité historique du Chapitre général de l'ordre de Citeaux, 1532.

Traité de la puissance ecclésiast. et temporelle, 675, 678.

Traité de la Vérité de la Religion chrétienne, 455.

Traité des bénéfices ecclésiastiques, 662.

Traité des récompenses et des peines éternelles, 436.

Traité des régales, 628.

Trésor de l'Histoire de France, 1722.

Trésor des harangues (le), 1155.

Tricot, les Rudiments de langue latine, 1111.

Trieu (R. P. Philippus du), Manuductio ad logicam, 778.

Trigautio (Nicol.), De christiana expeditione apud Sinas, 1920.

Trithemius (Joan.), Opera, 383; De triplici regione claustralium, 394; Polygraphia, 1016; Opera, 1718.

Troubles de France, 1768.

Tuldenus (Diodor.), De cognitione sui, 799.

Turlot (Nicolas), Trésor de la doct. chrétienne, 341.

Turpin (Mathieu), Histoire de Naples et de Sicile, 1847.

Turselinus (Horat.), Epitome historiarum, 1995.

Typotius (Jac.), Symbola, 1943.

U.

Ughellus (Ferdin.), Italia sacra, 1451.
Ulloa (Alph.), Libro dell' origine dell' imperio de Turchi, 1912.
Urfé (Honoré d'), Astrea, 1228.
Ursins (Jean Juvénal des), Histoire de Charles VI, 1752.
Usserius (Jac.), Antiquitates eccles. Britann. 1445, 1448.

V.

Vair (Du), OEuvres, 1281.
Valdory (G.), Discours du siège de Rouen, 1802.
Valerius (Max.), Commentarius historicus, 1997; Exempla memorabilia, 1999.
Valesius (Franc.), De sacra philosophia, 103.
Valleclausa (Petrus à), Immunitas autorum syriacorum a censura, 515.
Vallet (Pierre), le Jardin de Louis XIII, 902.
Van (L. Franc. du), Analyse de l'Augustin de Jansénius, 476.
Vandalia et Saxonia, 1875.
Van Espen (Zegerus Bernard.), Tractatus historico-canonicus, 135; Opera, 689.
Varillas, Histoire des révolutions, 1645.
Vasseur (Jac. Le) Diva virgo mediopontana, 385; Annales de l'église de Noyon, 1430.
Vastovius (Joan.), Vitis aquilonia, 1610.
Vatout (J.), Château d'Eu, 1807; de Fontainebleau, 1830.
Vattier (Pierre), Histoire mahométane, 1913.
Vayer (Franc. de la Mothe Le), OEuvres, 1283.
Vergilius (Polydorus), Historia anglicana, 1886.
Vernant (Jacques de), Censura facultatis theol. parisiens., 677.
Vernon (Jean Marie de), Vie de Mess. Ch. de Saveuses, 1626.
Victorellus, Vitæ et res gestæ pontif. rom., 1478.
Vida (Marc. Hier.), Opera, 1193.
Vie de S. Jean Chrysostôme, 1496.
Vie de M. Pavillon, 1508.
Vie de dom Barthélemy des Martyrs, 1555, 1556.
Vie de Saint Augustin, 1616.
Vie de Mess. Bénigne Joly, 1627.
Vie de Madame Hélyot, 1625.
Vie de sœur Catherine de Jésus, 1566.
Vie de saincte Thérèze de Jésus, 1564.
Vies des Saints de l'ordre des frères Prescheurs, 1579.

Vies des Saints, 1609, 1613.
Vignerius (M. Joan.), Institutiones theologiæ, 309.
Vignier (Nicol.), Bibliothèque historiale, 1384; Traicté de l'ancien estat de la petite Bretagne, 1814.
Villa Vitis (Franc. Hier. de), Panis quotidianus, 378.
Villalpandus (J.-B.), in Ezechielem, 71.
Villeflore (De), Doctrine de S. Augustin, 204.
Ville Hardouin (Geoffroy de la), Histoire de l'empire de Constantinople, 1708.
Vimont (Bart.), Relation des missions, 1462.
Vincentius (Beatus), Sermones, 358.
Viret (Pierre), Epistre envoyée aux fidèles, 535.
Virgilius (Pub. Maro), Opera, 1171, 1172.
Virolle, Guide des Syndics, 633.
Visch. (R. D. Carol.), Bibliotheca scriptorum ord. Cistereiensis, 1956.
Vita Georg. Peurbachii, 1993.
Vita Joan. Regiomontani, 1993.
Vita Nicol. Copernici, 1993.
Vitalis (Ordericus), Hist. ecclesiast., 1417.
Vivis (Lud.), Epistolæ, 1307.

Vocabularius, 1100.
Voellus (Guil.), Bibliotheca juris canocici, 643.
Voiture (De), Œuvres, 1285; Entretiens, 1286.
Voltaire, Œuvres, 1291.
Voragine (Jac. de), Legenda sanctorum, 1603.
Vorburgicus (Joan. Philip.), Hist. romano-germanica, 1683.
Vossius (Gerardus Joan.), Etymologicon linguæ latinæ, 1064; De vitiis sermonis, 1065.
Vossius (Isaacus), De septuag. interpretibus, 95.

W.

Waddingus (Luca), Annales Minorum, 1551.
Waghenare (Petr. de), Sanctus Norbertus, 1598.
Wagner (P. Franc), Universæ phraseologiæ corpus, 1074.
Wailly (Alfr. de), Gradus ad Parnassum, 1170.
Walter, Métallurgie pratique du fer, 839.
Waræus (Jacob.), De Hiberniâ, 1897, 1898.
Wassembergius (E.), Gesta Vladislai, 1903.
Wendelinus (Gottefridus), Leges salicæ, 571.

Wicquefort (A. de), Voyage d'Adam Olearius en Moscovie, 1365.

Wormius (Olaus), Antiquitates Danicæ, 1906.

X.

Xavier (S. François), Lettres, 1322.

Xenophontis, Scripta, 1666; Cyropedia, 1667.

Z.

Zacharie, capucin de Lisieux. *Voyez* Firmianus Petr.

Zasius (Uldaricus), Intellectus juris civilis, 543.

Zenocaro (Guliel.), De Republica, etc., 1859.

Zonara (Joan.), Commentar. in concil., 136.

Zonaras (Jean), Histoires et Chroniques du monde, 1385.

Zucchi (Barth. da Monza), Scelta di lettere, 1329.

MANUSCRITS

DE LA

BIBLIOTHÈQUE

DE LA VILLE DE LOUVIERS.

Ouvrages ascétiques, philosophiques, mystiques.
Liturgie.

1. L'ancien et le nouveau Testament. Manuscrit in-folio, sur parchemin vélin.

Ce manuscrit est partagé en deux colonnes séparées par des arabesques pleines de grâce et de fraîcheur. Les capitales sont enluminées ou en or. Il commence par cette introduction : « Prologus incipit epistola sancti Iheronimi presbyteri ad Paulinum de omnibus dive historie libris rubrica. »

Immédiatement après l'Apocalypse de saint Jean, se trouve une table donnant des explications sur tous les noms propres hébreux *et autres*. A la suite de cette table vient le livre de Baruch. Puis, on lit ces mots, qui sont détachés du sujet : *Explicit Baruch. — Scriba Jérémie.*

A la suite de l'ouvrage, et en forme d'appendice, on remarque une autre table qui paraît ne pas appartenir à la même main, et dont l'exécution, dans tous les cas, n'est pas en harmonie avec la beauté de ce manuscrit.

Il est à regretter que ce chef-d'œuvre du scribe Jérémie ait perdu quelque peu de son éclat par l'humidité et les atteintes profanes d'un relieur maladroit.

Deux pages ont été arrachées par une main sacrilége ; l'homme, en fait de ruines, est toujours plus cruel que le temps.

L'écriture est de la fin du xive siècle.

2. Biblia sacra. Grand in-fol., parchemin.

Ce manuscrit, qui vient de l'abbaye de Bon-Port, est un chef-d'œuvre de calligraphie. Il est orné d'enluminures très bien conservées. L'écriture est du xive siècle ; la table qui se trouve à la fin de ce volume, et à laquelle l'humidité a fait beaucoup de tort, est écrite avec un soin tout particulier.

Ce manuscrit, comme son frère Jérémie, a subi le sacrilége. Quelques pages en ont été arrachées. Le scribe a caché son nom. — Seulement, on lit ces mots à la fin de la Bible, et avant la table : «Explicit liber Apocalypsis sti Johis : hic liber est scriptus qui scripsit sit benedictus amen. Amavit eum Dns. »

Nota. Après la table, et sur une feuille de papier ajoutée, on trouve : 1° Catalogue des livres manuscrits de l'abbaye de Bon-Port, qui furent remis *à la réquisition* de Monsieur de Colbert, ministre, dans sa Bibliothèque, le douze may mil six cent quatre-vingt-trois.

2° État des livres qui ont été donnés en échange des manuscrits cy-dessus, par M. de Colbert, le   may 1683.

Cet échange, fait à la réquisition du ministre, appartient à l'histoire. Nous publions, dans ce Catalogue, la liste des manuscrits enlevés à la célèbre abbaye, et celle des volumes qu'elle a reçus en échange. Ce sera tout à la fois une curiosité bibliographique et historique.

A cette époque, Louis Colbert, fils du ministre, était abbé de N. D. de Bon-Port.

MANUSCRITS :

Biblia sacra.
Biblia sacra altera.

Genesis, Exodus, Leviticus, Numerus, Deuteronom. Josue, Judices, Ruth, Libri Regum.

Eadem, pars antiqui Testamenti.

Novum Testamentum.

Quatuor Psalteria glossata.

Parabolæ Salomonis, Ecclesiastes, Cantica canticorum et Actus Apostolorum glossati.

Numerus glossatus.

Quinque libri Salomonis glossati. .

Glossa super Parabolas Salomonis et Cantica.

Libri Regum glossati.

Interpretationes hebraicorum nominum cum glossa morali super ant. Testam.

Glossa in parte antiqui Testamenti.

Evangelium S. Matthæi glossatum.

S. Joannes et S. Marcus glossati.

S. Joannes et S. Lucas glossati.

S. Lucas et Joannes glossati.

Glossa super Paulum.

Explanationes S. Hieronymi in Prophetas.

Explanationes aliæ S. Hieronymi in Prophetas.

S. Hieronymus in quatuor Evangelistas.

Opera diversa S. Hieronymi.

Epistolæ S. Hieronymi.

Epistolæ D. Hieronymi.

S. Augustinus super Genesim et Pastorale S. Gregorii.

S. Augustinus super Psalmos.

S. Augustinus in Evangelia S. Joannis Apostoli.

Homeliæ S. Augustini de verbis Domini.

S. Augustinus de Civitate Dei.

Exceptiones S. Gregorii papæ super quedam capita libri Genesis.

S. Gregorius super Cantica.

Tractatus S. Gregorii super Cantica.

Homeliæ S. Gregorii super Ezechielem prophetam.

Homeliæ S. Gregorii super Cantica.

S. Gregorius in librum Job.

Exceptiones S. Gregorii in Novum Testamentum.

Homeliæ S. Gregorii.

Homeliæ S. Gregorii.

Pastorale S. Gregorii.

Liber moralium S. Gregorii.

Pars alia S. Gregorii.

Prima pars sermonum S. Bernardi super Cantica.

Secunda pars sermonum S. Bernardi super Cantica.

Homeliæ S. Bernardi super Evangelium, Missus est, et alia opera.

Sermones S. Bernardi abbatis de adventu Domini.

Nicolaus de Lira super Evangelia.

Nicolaus de Lira super Salomonem et Prophetas.

Thomas de Vancellis super Cantica.

Hugo de sancto Victore super S. Lucam.

Glossa Hugonis super Isaiam.

Isaias Glossatus.

Radulphus in librum Levitici.

Magister..... quædam super quatuor Evangelistas et interpretationes hebraïcorum nominum.

S. Philippus cancellarius super Evangelia.

Tertia pars summæ S. Thomæ de Incarnatione.

Quatuor libri magistri sententiarum Petri Lombardi.

Petri Lombardi alter.

Flavius Joseph, aut historia judaicæ antiquitatis.

Historia scholastica.

De jure scripto et non scripto, et concordia discordantium canonum.

Magister Guillelmus de Gisclavirta.

Sermones magistri Philippi Cancellarii parisiensis.

Sermones magistri Jacobi de Vitriaco.

Decem collationes Patrum, authore Cassiano.

Homeliæ Patrum.

Tractatus de laudibus beatæ Mariæ Virginis.
Vitæ et passiones sanctorum.
Vitæ et passiones sanctorum.
Vitæ et passiones sanctorum.
Vitæ et passiones sanctorum.
Summa de vitiis.
Tractatus de sacramentis.
Liber Helprici de arte calculatoria.
S. Augustinus de Civitate Dei.
Le Chapelet des Vertus en françois de l'an 1487.
Virgilius.
Lectionarium.
Novum alii tractatus.

LIVRES IMPRIMÉS DONNÉS EN ÉCHANGE.

Histoire de Joseph, in-fol., 2 vol.
S. Augustin, in-fol., 3 vol.
S. Grégoire, in-fol., 3 vol.
S. Jérôme, in-fol., 3 vol.
Glosse ordinaire, in-fol., 6 vol.
S. Chrysostome, in-fol., 5 vol.
Histoire de l'Eglise de Godeau, in-fol., 3 vol.
Fevret de l'Abus, in-fol.
Vie monastique, in-4, 2 vol.
Abrégé de Mézeray, in-12, 8 vol.
Genèse, in-8.
Ecclésiaste et la Sagesse, in-8.
Les Douze petits Prophètes, in-8.
Dictionnaire historique de Moréri, in-fol., 2 vol.

3. Manuscrit sans titre, écrit sur parchemin, in-8, couverture en bois.

Ce manuscrit traite des matières et sentences religieuses, telles que « de Charitate, de Sapientia, de Humilitate, de

Indulgentiâ, de Compunctione. » Les rapprochements qu'on a pu faire portent à croire que l'écriture appartient au xe siècle. Il n'y a point de nom d'auteur. Ce manuscrit est complet, à cela près de quelques feuillets qui manquent à la fin.

4. Historia veteris et novi Testamenti. Un vol. petit in-fol, parchemin vélin.

Manuscrit provenant de l'abbaye de Bon-Port.

Ce manuscrit, divisé en deux colonnes, est parfaitement écrit : l'écriture paraît appartenir au xive siècle ; les lettres capitales sont en or ou enluminées. A la fin de ce manuscrit, le scribe a tracé, pour faciliter l'intelligence de son livre, et pour que chacun puisse profiter de son utilité, l'histoire abrégée, par forme de généalogie, depuis Adam et Eve, des Patriarches, des Juges, des Rois, des Prophètes, des Pontifes et des contemporains « Cōtēporaneos. » Cet abrégé est un chef-d'œuvre de calligraphie. On ne peut se figurer toute la beauté de ce travail. Le scribe a terminé son œuvre par une très curieuse confidence, véritable mystère à pénétrer. Voici l'énigme : « Explicit scolastica historia. »

Cujus expensis si tantū addidissem quantum expendi et iterum tantum et dimidium tanti et dimidium dimidii propter operam illuminandi, corrigendi, ligandi, summam ducentorum XL solidorum sine dubio perfecissem.

Sex decies duo bis si vis dispargē nobis.

Sic expensarū numus cognoscitur harū.

(La Solution du problême donne 64 sols.)

MANUSCRITS.

5. D. Thomæ Aquinatis continuum in evangel. sancti Mathæi. Un vol. grand in-fol., sur parchemin vélin.

Ce manuscrit est partagé en deux colonnes. — La richesse des lettres capitales et des commencements de chapitres est au-delà de toute expression. Malheureusement le scribe n'a pas terminé de sa main ce précieux manuscrit. L'écriture est du xve siècle. L'humidité a fait un peu de tort aux dernières pages. Le scribe a caché son nom. Une vignette qui se trouvait au commencement a été enlevée.

6. Quatuor libri magri sntiaru Petri Lobardi. Un vol. in-fol., parchemin vélin.

Ce manuscrit, qui vient de la Chartreuse de Gaillon, est partagé en deux colonnes, et parfaitement écrit. L'écriture est de la fin du xve siècle.

Cet ouvrage est un cours de théologie, dont l'auteur, qui vient d'être nommé, est Pierre Lombard, évêque de Paris, surnommé le maître des sentences, qui florisssit au xiie siècle.

7. Catalogus questionu beati Thome de Aquino in primu sentetiaru libr.

Ce manuscrit, qui vient de la Chartreuse de Gaillon, est partagé en deux colonnes séparées par des lignes en forme d'arabesques, est orné d'enluminures et de peintures à la main de la plus grande richesse, et qui ont conservé leur éclat primitif.

Ce manuscrit, ainsi que celui qu'on va décrire plus bas, est le plus beau trésor de la Bibliothèque de Louviers. A la fin se trouve l'indication suivante :

Beati Thomc Aquatis hoc in pmum sententiarum

scriptum : inclytus Joannes de Arogonia Ferdinandi regis filius : s̄æ Ro. ecclīē card. : presbiter, suo propō sūptu : scriptore Venceslao Crispo Slagenuerdiensi natione magis q̄. religione Bohemo : Fecit anno salutis millᵒ C. C. C. C. LXXX IIII, quarto non. septembr̄.

On voit que ces mots indiquent les noms et la nation du scribe, et que celui-ci a entrepris son œuvre sous le patronage de Jean d'Aragon, fils du roi Ferdinand, et que ce livre a été fini en septembre 1484.

L'ouvrage est de saint Thomas d'Aquin, et fait partie de ses œuvres théologiques. Ce sont des commentaires sur le premier livre du maître des sentences dont on a parlé nᵒ 6.

8. Catalogus questionum beati Thome de Aquino ex ordine predicatorum hujus sui scripti super secundum magistri sententiarum librum, etc. Grand in-fol., parchemin vélin.

Ce manuscrit, partagé en deux colonnes, ne le cède en rien à celui désigné sous le nᵒ 7. Le scribe s'est même surpassé ; à la tête du manuscrit se trouve une table des matières avec lettres enluminées et lignes d'écritures diverses, dont l'exécution est un chef-d'œuvre de calligraphie.

On lit ces mots au commencement du volume :

Sancti Tome Aquinatis opus in secundum magistri sententiarum librum sumptu Ferdinandi regis invicti exarandum, scriptore Venceslao. — Incipit.

Ces mots sont suivis de l'épigraphe suivante :

Spiritus ejus ornant celos obstretricante manu

ejus eductus est coluber tortuosus. Job. XXVI capitulo.

Le manuscrit est terminé par cette indication :

Angelici doctoris beati Thome Aquinatis celeberrimu opus in secundū magistri sentētiarum librum sūptu Ferdinandi regis exaratū āno salutis m° CCCC LXXXIX. Venceslao Crispo natione Bohemo scriptore.

FINIT.

La date de la confection est de 1489. Ce manuscrit est donc postérieur de cinq ans à celui n° 7. Comme ce sont les commentaires sur le second livre des Sentences, il est permis de présumer, par simple conjecture, que le scribe a mis cinq années à écrire son second tome des Commentaires.

C'est aux frais du roi Ferdinand que le scribe Vinceslaus Crispus a écrit son œuvre.

Nota. Les commentaires de saint Thomas d'Aquin, sur les deux autres livres du maître des sentences, ne se trouvent pas malheureusement dans la Bibliothèque de Louviers.

9. Règles et Pratiques des Chartreux. Gros in-18, en parchemin.

L'écriture de ce manuscrit remonte au XIIIe siècle.

Il commence par ces mots : « Incipiūt capti p[e] pti[e] cōsuetudine ordis cartusien. »

Il est divisé en trois parties.

La première partie de ses Pratiques a été arrêtée par le chapitre général de l'ordre des Chartreux, vers la fin du XIIe siècle. — La date n'est pas indiquée.

La seconde partie a été arrêtée dans le chapitre général l'an 1259.

La troisième partie est un commentaire des explications sur le divin office par le frère Laycoy, etc.

Manuscrits relatifs à l'Histoire, à la Littérature et aux Arts.

10. Antiphonarium diurnum ad usum ordinis Cartusiensis cum psalmis ad horas diurnas cantandis.

11. Autre Psautier des Chartreux de Gaillon. In-folio, imprimé avec des vignettes.

Ces deux psautiers, qui proviennent de l'abbaye des Chartreux de Gaillon, méritent à peine les honneurs de la description.

Le numéro 10 se sauve par une assez belle reliûre.

12. Vie des hommes illustres de l'ordre des Célestins.

Ce manuscrit est une traduction de l'italien d'un ouvrage de don Célestin Telera de Manfredonia, faite par Hyppolite Charruau, profez et coadjuteur de la Chartreuse de Bourbon de Gaillon.

Au surplus, l'indication la plus exacte qu'on puisse donner est de transcrire le titre.

(Ce manuscrit provient des Chartreux de Gaillon.)

L'histoire sacrée des hommes illustres en sainteté de la compagnie des Célestins de l'ordre de saint Benoît, recueillie et décrite par dom Célestin Telera de Manfredonia, deffiniteur, et abbé Célestin, traduite de l'italien par V. P. D. Hyppolite Charruau, profez et coadjuteur de la Chartreuse de Bourbon de Gaillon, imprimé à Boulogne par Jacq. Desmonts, 1648.

13. Ascetarum Aphorismi ex canonibus conciliorum regulis patrum et sententiis doctorum collecti. 1620, in-fol.

Ce manuscrit, sans nom d'auteur, provient de l'abbaye des Chartreux ; il est écrit en latin, et ne manque pas d'un certain mérite, en tant que Dictionnaire d'introduction pouvant servir aux adeptes qui veulent lire les livres ascétiques.

14. Entretiens savants, sans nom d'auteur.

Manuscrit du xviie siècle, in-8.

L'auteur commence son livre par le rapport entre les armes et les savants ; ensuite vient une longue épître à la louange de Louis XIV. Cet ouvrage traite des matières relatives aux sciences et à la littérature.

L'auteur porte des jugements sur les ouvrages de son temps.

15. Assemblée du clergé de France. In-fol.

Ce manuscrit est le procès-verbal de l'assemblée générale du clergé de France, tenue à Paris pendant les années 1605 et 1606, à l'endroit de la contestation du clergé de France avec l'hôtel-de-ville de Paris.

16. Extrait, par ordre alphabétique, de diverses matières relatives à l'histoire et à la morale, sans nom d'auteur. In-4.

C'est une compilation qui ne peut avoir qu'une très médiocre importance.

17. Mémoire du P. Nicolas Caussin, xviie siècle. Manuscrit grand in-fol., sur papier.

Ce manuscrit commence par les éloges des douze dames illustres, grecques, romaines et françaises, dépeintes dans l'alcove de la reine.

A la suite, un recueil de lettres écrites par le père Caussin, confesseur de Louis XIII.

La première, à une personne illustre, sur la curiosité des horoscopes; il traite, dans cette lettre, ce personnage illustre *d'Altesse.*

La seconde, à la reine, intitulée le Théologien d'État.

La troisième, à la reine, sur le secret de la paix.

La quatrième, au Pape Urbain VIII, par laquelle le père Caussin explique au Saint-Père les motifs de son renvoi de la cour. La lettre est datée de Quimper, où Caussin avait été exilé.

Cette lettre est pleine de faits historiques qui ne sont pas sans importance.

La cinquième lettre est adressée à Louis XIII; elle est relative à la disgrâce du père Caussin.

La sixième est adressée à la reine, sur le même sujet.

La septième est une longue lettre de consolation adressée à la reine-mère Marie de Médicis.

La huitième est adressée à M. le duc d'Orléans.

La neuvième, à M. le prince de Condé.

La dixième, à M. le comte de Soissons.

La onzième, à madame la comtesse de Soissons.

La douzième, au cardinal de Richelieu.

La treizième, à madame de Chevreuse.

La quatorzième, au cardinal de la Rochefoucault.

La quinzième, à M. Séguier, chancelier de France.

La seizième, à M. Desnoyers.

La dix-septième, à madame de Hautefort.

La dix-huitième, à............
La dix-neuvième, au président Barillon.
La vingtième, au président de Mesme.
La vingt-unième, au président Bailleul.
La vingt-deuxième, au révérend père Virmond.
La vingt-troisième, au révérend père.........
La vingt-quatrième, au révérend père Dufour.
La vingt-cinquième, à madame de Mont-Martre.
La vingt-sixième, à madame d'Irreville.
La vingt-septième, au marquis de Neulac.
La vingt-huitième est la vie de M. le président Barillon, adressée à lui-même.

Épître intitulée : Consolation à la France.
Autre Épître sur la forme du gouvernement.
Épître sur le choix des ministres et officiers.
Épître sur les tributs.
Épître sur la paix et la guerre.
Consolations aux ames d'élite qui souffrent la rigueur du temps.
L'angélique du bien de la vocation religieuse et de la persévérance.
Lettres latines, du 7 mars 1638, adressées au pape.

Dans toutes ces lettres ou épîtres, le père Caussin ne ménage pas le cardinal Richelieu, auteur de sa disgrâce.

Ces lettres contiennent des révélations très importantes ; elles ont sans doute été imprimées ; cependant, elles ne figurent pas dans la nomenclature des ouvrages qu'on attribue au père Caussin.

18. Almæ et regalis Borboniensis Cartusiæ rerum gestarum collectio. 1690, in-4.

Ce manuscrit est écrit en latin, et signé par l'auteur, des lettres initiales de son nom F. H. D.

C'est l'histoire de tout ce qui se rattache à la fondation des Chartreux de Gaillon. L'auteur s'étend avec beaucoup trop de complaisance sur les circonstances du plus mince intérêt, et ne nous apprend guère qu'une chose que tout le monde sait, c'est que la Chartreuse de Gaillon a été fondée par le cardinal de Bourbon.

19. Les Méditations de saint Augustin, mises en vers français, avec le latin, et une description des Charmes de la solitude au Mont-Dieu. M. D. C. C. VIII.

Manuscrit sans nom d'auteur.
C'est une paraphrase très peu élégante et très peu poétique.

20. Martyrologium anglicanum continens numerum reverendissimorum et illustrissimorum sanctorum trium regnorum, Angliæ, Irlandiæ et Scotiæ, collectum et contractum et etiam augmentatum in hac editione, a domino Joanne Wilsono presbytero. Octobre 1639, in-4.

Il y a conformité de nom avec Jean Wilson, célèbre musicien anglais, contemporain de l'auteur de ce martyrologe; il est donc à présumer que ces deux Jean Wilson appartiennent à la même famille.

21. Vita sancti Hugonis. In-fol.

Manuscrit sans nom d'auteur, écrit en latin, qui provient de l'abbaye des Chartreux de Gaillon, et dont la rédaction appartient sans doute à un moine de cette abbaye.

MANUSCRITS.

22. Journal ecclésiastique selon les Conciles et les Saints Pères, traduit sur le texte latin, l'an 1709.

Ce manuscrit, écrit en français, peut être consulté avec fruit pour faire des recherches.

23. Abrégé de la Vie de sœur Barbe, servante dans la ville de Compiègne, extraite de la Vie du Père de Condren.

C'est un ouvrage mystique qui ne peut guère être prisé que par les gens de l'espèce du père de Condren.

24. Pratique de l'œuvre hermétique.

Manuscrit en français qui peut avoir du mérite pour les amateurs.

25. Historia sancti Brunonis.

Ce manuscrit, écrit en latin, ne contient que quelques pages.

26. Anecdotes sur la bulle Unigenitus. 2 vol. in-4.

Ce manuscrit contient peu de faits remarquables. Le style est des plus mauvais. Sans nom d'auteur.

27. Le maréchal de Luxembourg au lit de mort.

Tragi-comédie, sans nom d'auteur.

L'auteur de ce manuscrit est coupable d'avoir parodié les moments d'un grand homme. Du reste, cette comédie ne manque pas d'intérêt : les scènes sont bien menées, le style fait honneur à l'auteur ; elle contient quelques faits historiques.

28. Manuscrit in-4, sur papier, mal exécuté; mais contenant, sur l'abbaye de Citeaux, des documens historiques qui peuvent intéresser.

La Bibliothèqne de Louviers possède encore une trentaine de manuscrits tous modernes et consacrés à la philosophie scholastique ; on a pensé qu'ils ne devaient pas être admis à l'honneur du catalogue.

FIN.

www.ingramcontent.com/pod-product-compliance
Lightning Source LLC
Chambersburg PA
CBHW060559170426
43201CB00009B/830